Zdeněk Fleischer
Dr. Bohumil Schütz

Kakteenpflege

Eine Anleitung

100 Farbfotos
50 Schwarzweißfotos
19 Zeichnungen

Verlag Eugen Ulmer Stuttgart

Die Originalausgabe erschien unter dem Titel „Pěstování kaktusů“ im Verlag Státní zemědělské nakladatelství, Praha
Die Fotos sind von Dr. Bohumil Schütz

CIP—Kurztitelaufnahme der Deutschen Bibliothek

Fleischer, Zdeněk:
Kakteenpflege: Eine Anleitung/ von Zdeněk Fleischer und Bohumil Schütz.
Stuttgart: Ulmer, 1982.
Einheitssachtitel: Pěstování kaktusů
ISBN 3-8001-6113-3

NE: Schütz, Bohumil

Wollgrasweg 41, 7000 Stuttgart 70 (Hohenheim)
Einbandgestaltung: Alfred Krugmann
mit einem Foto von Dr. G. Gröner, Stuttgart
Printed in CSSR

VORWORT

Kakteen sind schon seit einigen Jahrhunderten bekannt, haben aber erst in jüngerer Zeit einen größeren Liebhaberkreis gefunden. Inzwischen nimmt die Zahl der Kakteenfreunde noch immer zu.
Die steigende Wertschätzung dieser Pflanzen ist nicht nur mit der Freude an den schönen Blüten, den bizarren Formen oder der dekorativen Bedornung zu erklären, sondern hat auch handfeste Gründe, die im Bereich der Pflege und der Haltung von Kakteen zu suchen sind. Zum größten Teil aus kargen und niederschlagsarmen Regionen stammend, verlangen sie eine geringere Pflege als die meisten herkömmlichen Zimmerpflanzen. Unregelmäßige Wassergaben und die trockene Luft zentralbeheizter Zimmer nehmen Kakteen weniger übel. Trotzdem wird sich der ernste Kakteenfreund regelmäßig mit seinen Pflanzen beschäftigen und versuchen, ihnen optimale Wachstumsbedingungen zu bieten.
Unter diesem Gesichtspunkt haben zwei erfahrene Kakteenfreunde dieses Buch geschrieben. Sie sind als Autoren von Fachveröffentlichungen und Neubeschreibungen von Kakteenarten sowie als Mitglieder der Internationalen Kakteen-Gesellschaft (I. O. S.) bekannt. Dr. Bohumil Schütz führte lange Jahre als Präsident den Verband Tschechischer Kakteenfreunde und hat auch dieses Buch aus dem Tschechischen übersetzt.
Zdenek Fleischer (†) war von Beruf Kakteenzüchter. Seine Ausbil-

dung hat er in den Fachinstituten in Eisgrub und Heidelberg erhalten. In seinem Betrieb und später als Chefgärtner der großen Kakteenzüchterei in Brünn hat er sehr viele Kakteen kultiviert. Dr. Schütz betreut eine reichhaltige Privatsammlung und hält seine Kakteen schon seit mehr als 30 Jahren ausschließlich in Hydrokultur.
Die reichen Erfahrungen der Autoren spiegeln sich in einer umfassenden Darstellung aller Gebiete der Kakteenpflege wider. Dabei wurde der Gedanke verfolgt, durch die eingehende Beschreibung der Heimatgebiete und der natürlichen Standorte der Kakteen Hinweise auf ihre Bedürfnisse in der Kultur zu geben. Diese Hinweise sind zwar in ersten Linie für den angehenden Liebhaber gedacht, bieten aber auch dem erfahrenen Kakteenfreund noch interessante Informationen. Manche, inzwischen vielleicht als traditionell geltende Methoden, sind aber noch immer insofern wertvoll, als der Anfänger in der Regel nicht schon von Beginn an über eine perfekte Ausstattung für die Kakteenhaltung verfügt. So wird er von den problemlosen Kakteenarten und ihrer Pflege hin zu den schwierigeren Pflanzen geleitet.

Der Verlag

INHALT

EINLEITUNG

Schon lange bevor die ersten Europäer den Boden der Neuen Welt betraten, spielten Kakteen eine wesentliche Rolle im Leben der eingeborenen Bevölkerung. Angehörige indianischer Stämme nutzten saftige Kakteenfrüchte oder weiche Kakteenstengel als Nahrungsmittel, verarbeiteten das Kakteenholz und verwendeten auf verschiedene Art die Haare der Cephalien.

Aber die Kakteen hatten auch mythische Bedeutung. Eine *Opuntia* (Teonochtli) wurde zum Symbol des höchsten Gottes, der Sonne. Ein wichtiges Requisit bei religiösen Zeremonien war der größte mexikanische Kugelkaktus, *Echinocactus ingens.* Er diente als Altar und Opfertisch, auf dessen lange Dornen das menschliche Opfer gelegt wurde. Auch manchen kleinen Kakteenarten wurde eine religiöse Bedeutung zugeschrieben. Man verwendete sie als Amulette, denen die Indianer übernatürliche Kräfte nachsagten. Chiculi (*Lophophora williamsii*), Mulato (*Mammillaria micromeris*), Rosarapa (*Mammillaria lasiacantha* var. *denudata*), Sumani (*Ariocarpus fissuratus*) galten als Glücksbringer, die vor Blitzschlag, Krankheit und anderen Schicksalsschlägen schützten. Rosarapa sollte angeblich sogar das Eigentum vor Diebstahl schützen. Man glaubte, daß der Dieb zur Strafe der Irrsinnigkeit verfallen würde. Chiculi war wegen der narkotisierenden Eigenschaften unentbehrlich bei religiösen Festen. Analysen haben erwiesen, daß diese Art einige sehr wirkungsvolle Alkaloide enthält.

Die ungewöhnlichen, exotischen Formen mancher Kakteen haben die Aufmerksamkeit europäischer Seeleute erregt. Sie nahmen die Pflanzen als Souvenir mit nach Hause. Hie und da wurde auch versucht, die Kakteen weiterzupflegen. Das war nur bei Opuntien erfolgreich, die sich bald akklimatisierten, und zwar zuerst in Spanien. Sie haben sich bald im ganzen Mittelmeerraum verbreitet und sind verwildert. Außer den Opuntien wurden besonders die Melokakteen mit bunten Cephalien eingeführt. Alle Bemühungen sie zu erhalten, blieben ohne Erfolg. Die Enthüllung der Kulturgeheimnisse wurde erst in neuerer Zeit möglich. Die wirkliche Kakteenliebhaberei begann im dritten Jahrzehnt des vorigen Jahrhunderts. Nach der Beendigung der napoleonischen Kriege wurde die langjährige Blockade des europäischen Festlandes aufgehoben. Langsame Segelschiffe wurden durch weit schnellere Dampfschiffe ersetzt. Damals tauchten die ersten Kakteensammler auf, Botaniker interessierten sich für diese Pflanzen, berühmte Sammlungen wurden gegründet, Fachliteratur erschien und auch die entsprechenden geschäftlichen Einrichtungen wurden aufgebaut. Das Zentrum des Interesses für Kakteen lag damals in Frankreich. Das erste Aufleben der Kakteenkunde fällt in das Zeitalter des Biedermeier.

Nach einer vorübergehenden Interesselosigkeit für Kakteen kann man gegen Ende des 19. Jahrhunderts einen neuen Aufschwung feststellen, der diesmal von Deutschland ausging. Zu einer weiteren Entfaltung der Kakteenliebhaberei kam es nach dem Ersten Weltkrieg. Der Vorkämpfer dieses „Kakteenfiebers" war der Reisende und Kakteensammler A. V. Frič.

Inzwischen hat sich die Beliebtheit der Kakteen in nie vorher geahnten Dimensionen entfaltet, und zwar nicht nur in Europa, sondern auch in Japan, Nordamerika und anderswo. In den europäischen Ländern gibt es viele organisierte Kakteenfreunde. Aber noch erheblich mehr befassen sich mit der Kakteenpflege, ohne Mitglieder eines Vereins zu sein. In vielen Ländern werden Fachzeitschriften und Fachbücher herausgegeben, die dieser Liebhaberei gewidmet sind.

Die Errichtung einer Kakteensammlung war vor hundert Jahren sehr gutsituierten Leuten vorbehalten. Im Jahr 1840 wurden für eine Importpflanze des *Ariocarpus kotschoubeyanus* 200 Dollar bezahlt. Dieser Betrag entsprach dem Gewicht der Pflanze in reinem Gold.

Andere Arten waren billiger, aber trotzdem nur für wenige zugänglich. Erst in neuerer Zeit, nachdem die Kakteen in großen Mengen aus Samen gezogen wurden, sanken die Preise auf ein erträgliches Maß. Früher überwogen in den Sammlungen importierte Pflanzen, heute sind es die kultivierten Pflanzen, die den Grundstock der Kollektionen bilden. In mehreren Ländern gibt es Großunternehmen, die jährlich Hunderttausende von Sämlingen aufziehen. Deswegen sind Kakteen verhältnismäßig billig. Es werden zwar noch immer erhebliche Mengen an Wildpflanzen importiert, aber die niedrigen Preise der kultivierten Pflanzen beeinflussen auch deren Bewertung. Das Interesse für die Kakteenhaltung zeigt noch immer steigende Tendenz. Es ist nicht nur das exotische Aussehen und der besondere Reiz der Kakteen, die die Aufmerksamkeit auf sich ziehen. Eine wichtige Rolle spielt auch die Tatsache, daß man eine ziemlich große Anzahl Pflanzen auf kleiner Fläche unterbringen und sogar das Fensterbrett zur Kakteenhaltung verwenden kann. Solche Standorte sind für Kakteen wie Xerophyten sehr günstig.
Viele Kakteenfreunde sind gleichzeitig Sammler, die ständig neue Impulse geben. Das Sammeln lebender Pflanzen verlangt entsprechende Pflege und Aufmerksamkeit. Gerade diese Achtsamkeit ist der Grundsatz einer erfolgreichen Kakteenpflege. Wer gesunde, schöne und reichlich blühende Kakteen besitzen will, sollte sich mit den Grundregeln richtiger Zucht und Pflege vertraut machen. Deswegen ist dieses Buch hauptsächlich auf die Problematik der erfolgreichen Pflege konzentriert. Es wird hoffentlich allen Kakteenfreunden entgegenkommen, besonders denen, für die Kakteen ein Hobby darstellen als auch jenen, die Kakteenzucht im erwerbsgärtnerischen Bereich ausüben wollen. Die Übersicht der wichtigsten Gattungen soll nur eine allgemeine Orientierung ermöglichen. Eingehende Kenntnisse kann man sich nur durch das Studium der großen Monographien und der Fachzeitschriften aneignen.

GRUNDRISS DER MORPHOLOGIE

Kakteen unterscheiden sich äußerlich deutlich von anderen, bei uns wachsenden Pflanzen. Besucher von Gewächshäusern mit größeren Kakteensammlungen haben oft den Eindruck von Pflanzen eines anderen Planeten.
Bizarre Formen erwecken immer Bewunderung und Interesse. Es ist aber höchst interessant, daß trotz des vollständig abweichenden Aussehens Kakteen mit vielen Laubgewächsen verwandt sind. Man kann das verdeutlichen, wenn man ganz junge, soeben gekeimte Sämlinge betrachtet. Viele Arten haben zwei vollständig entwickelte Keimblätter. Es sind insbesonders die Vertreter der Unterfamilie Peireskioideae, die ganz normale, vollständig gleiche Keimblätter (Kotyledonen) wie andere Pflanzenfamilien entwickeln. Bei den Kakteen aus der Unterfamilie Opuntioideae sind die Keimblätter ebenfalls ganz gleich, nur auffälliger verdickt. Das ist ein Zeichen der intensiveren Neigung zur Sukkulenz. Ähnliche Keimblätter besitzen auch zahlreiche Vertreter der Unterfamilie Cereoideae. Bei ihnen lassen sich zwischen einzelnen Gattungen erhebliche Unterschiede machen. Bei den entwicklungsgeschichtlich höheren Gattungen werden die Keimblätter stufenweise kleiner und dabei dicker. Bei den Gattungen an der höchsten Entwicklungsstufe haben die Keimblätter nur noch die Form kleiner halbkugeliger Gebilde, die durch eine dünne, schwach angedeutete Rille getrennt sind. Die Kakteen gehören

zu den Dikotyledonen (Zweikeimblättrige). Es ist keine Seltenheit, daß Sämlinge sogar drei Keimblätter besitzen. Es handelt sich gleichsam um einen Mißwuchs. Bei diesen Pflanzen können auch später in der Entwicklung verschiedene Abweichungen vom Normalbild beobachtet werden. Für die züchterische Praxis ist es unentbehrlich, sich wenigstens in den Grundzügen mit dem Bau der Kakteen und ihren wichtigsten Organen vertraut zu machen. Für die erfolgreiche Zucht und für das Verständnis der systematischen Gliederung der Familie Cactaceae, ihrer Einteilung in Unterfamilien, Gattungen und Arten ist die Kenntnis wenigstens der grundsätzlichen morphologischen Merkmale unentbehrlich. Es geht darum, den Kakteenfreunden die Fähigkeit zu vermitteln, viele Einzelheiten unterscheiden zu lernen und daraus die richtigen Schlüsse für die praktische züchterische Tätigkeit und für die Systematik zu ziehen. Es ist aber nicht möglich im Rahmen dieses Buches die elementaren botanischen Begriffe zu erläutern.

Kakteen sind sukkulente Pflanzen. Der Grad der Sukkulenz ist bei einzelnen Gattungen der Familie Cactaceae recht unterschiedlich. In der Familie Peireskioideae begegnet man Pflanzen von strauchartigem Wuchs, die normal assimilierende Blätter entwickeln. Bei der Unterfamilie Opuntioideae gibt es zwar auch noch Blätter, die aber überwiegend schon stark reduziert sind. Kakteen aus der dritten Unterfamilie Cereoideae haben überhaupt keine Blätter, ihre Körper sind vollständig sukkulent. Auch an den reproduktiven Organen wie Blüten, Früchten und Samen und an der Lage der Vegetationspunkte, aus denen sie sich entwickeln, läßt sich der Entwicklungsgrad einzelner Gattungen beurteilen.

Die Entwicklung zur Sukkulenz ist als Folge der Einflüsse von Umweltfaktoren zu erklären. Dagegen ist die Entwicklung der für die Systematik wichtigeren Blüten, Früchte und Samen bei weitem nicht so klar. Man hat versucht, diese ganze Entwicklungsgeschichte der Kakteen zu rekonstruieren, aber es fehlt an Fossilien, anhand derer man die Vorgänger der heutigen Kakteen beschreiben könnte. Eine fossile *Eopuntia douglassii* wurde schließlich als versteinerte Konifere identifiziert.

Bestrebungen, die Entwicklung metaphysisch zu erklären, auch wenn die Autoren behaupten, daß es sich um Naturgesetze handelt, ist als unwissenschaftlich abzulehnen. Die ganze Entwicklung der Kakteen bis zu den heutigen Formen hatte sicher keinen geradlinigen Verlauf. Sie wurde durch die Einwirkung verschiedener, oft gegensätzlicher Umweltfaktoren beeinflußt und bestimmt, die allmählich die Erbanlagen verändert und das Entstehen neuer Formen und Eigenschaften verursacht haben. Was sich den geänderten Lebensbedingungen nicht anpassen konnte, mußte absterben. Das ist ein Gesetz, das für alle Organismen maßgebend ist.

KÖRPER DER KAKTEEN

Der oberirdische Teil der Kakteen, die Sproßachse, wird „Körper" genannt. Diese Bezeichnung, die von der normalen botanischen Nomenklatur abweicht, ist international und in der ganzen Kakteen-Fachliteratur allgemein gebräuchlich.
In der Mitte des Kakteenkörpers befindet sich ein Gefäßbündel, das von den Wurzeln bis zum Scheitel reicht. Im Scheitel sitzt als Endpunkt der Vegetationskegel. Das zentrale Gefäßbündel ist ringsherum von unterschiedlich dickem, saftigem Gewebe umgeben. Das Ganze wird von der Außenhaut (Epidermis) abgeschlossen.
Die Sproßachsen der einfachsten Kakteen (Peireskien) sind ziemlich dünn. Je mehr die Kakteen entwicklungsgeschichtlich fortgeschritten sind, desto dicker werden ihre Körper. Gleichzeitig reduzieren sich auch die Blätter. Während die Peireskien noch normale Blätter haben, sind sie bei den Opuntien schon stark reduziert. Überreste der Blätter lassen sich nur an sehr jungen Gliedern beobachten. Sie sind kurz, abgerundet oder zugespitzt. Sie fallen bald ab. Andere Kakteen besitzen nicht einmal eine Andeutung von Blättern. Ihre Funktionen, Assimilation und Atmung, hat die Körperoberfläche übernommen. Die Fähigkeit des Kakteenkörpers, Flüssigkeit zu speichern, wie es bei der Mehrzahl der Kakteen der Fall ist, nennt man Sukkulenz. Die Kakteen gehören also zu den sukkulenten Pflanzen. Die Vergrößerung des Volumens der Kakteenkörper bewirkt eine dicke Schicht Parenchymgewebe, das die Fähigkeit besitzt, viel Wasser zu spei-

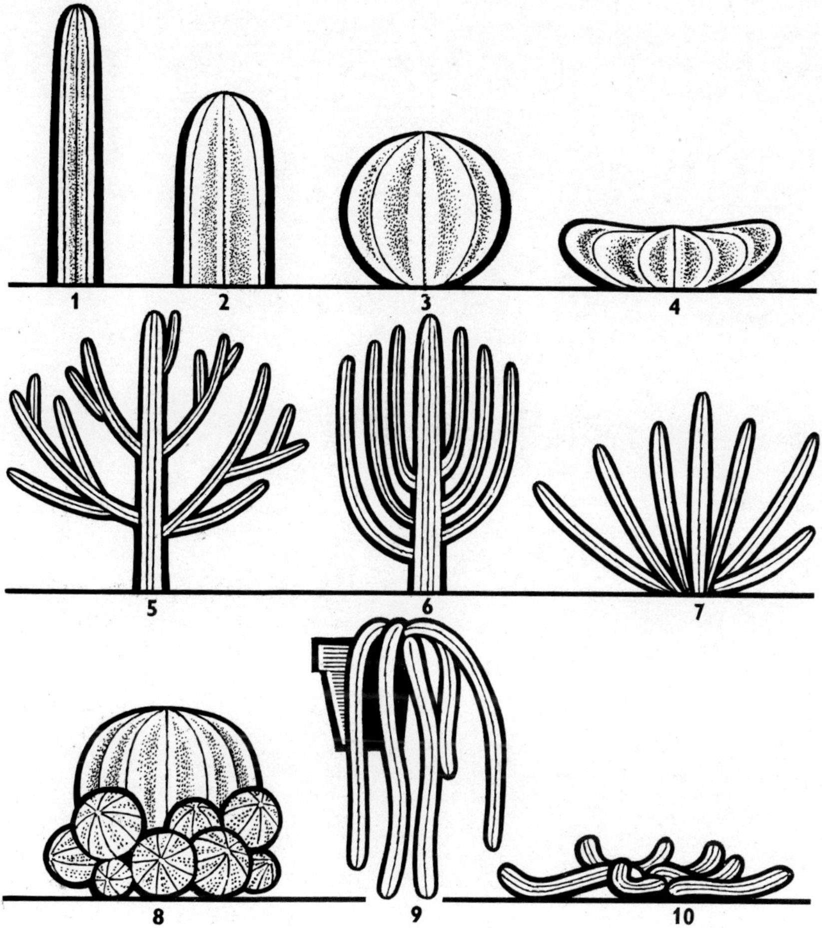

Wuchsformen der Kakteen. 1 = säulenförmig (columnaris); 2 = zylindrisch (cylindricus); 3 = kugelförmig (globosus); 4 = scheibenförmig (disciformis); 5 = baumförmig (arborescens); 6 = kandelaberförmig (candelabriformis); 7 und 8 = rasenförmig (caespitosus); 9 = überhängend (decumbens); 10 = kriechend (repens).

chern. Somit können die Pflanzen auch während längerer Dürreperioden die Stoffwechselvorgänge in Gang halten.
Alle Kakteen sind ausdauernde Pflanzen. Ihre Wuchsformen sind aber recht verschiedenartig. Die einfachsten Peireskien unterscheiden sich bei flüchtiger Betrachtung kaum von Dornrosen oder anderen Sträuchern. Opuntien haben eigentümliche, charakteristische Glieder von flacher, eiförmiger oder zylindrischer Gestalt. Aus jedem Glied können gleichzeitig mehrere neue Glieder austreiben. So entstehen Äste und ganze Sträucher von verschiedenartigem Aussehen.
Die übrigen Kakteen gliedert man im groben in säulenförmige (kolumnare, cereoide), kugelförmige und Epiphyten. Säulenförmige Kakteen sind erheblich höher als der Durchmesser des Körpers beträgt. Wenn sie gerade emporwachsen, ohne sich zu verzweigen, spricht man von säulenförmigem oder kolumnarem Wuchs. Sogenannte Kandelaber haben Äste, die parallel zum Hauptstamm in die Höhe wachsen. Bei den baumartigen Wuchsformen sind die Äste in einem gewissen Winkel zum Stamm geneigt wie bei den meisten Bäumen. Manche cereoiden Kakteen verzweigen sich schon unten, so daß eine strauchartige Form entsteht. Falls die Stengel schwach sind und eine Stütze benötigen, spricht man von Kletterpflanzen. Wenn sie keine Stütze haben, wachsen sie schlingend oder überhängend. Einen überhängenden Wuchs haben die Äste der meisten Epiphyten. Sie siedeln oft in den Kronen der Bäume, und ihre Stengel hängen frei nach unten. Einen Übergang zwischen den säulen- und den kugelförmigen Kakteen bilden Pflanzen mit walzenförmigem oder zylindrischem Wuchs. Bei den Kakteenfreunden sind besonders die kugeligen oder kurzen zylindrischen Kakteen beliebt. Die Körper vieler Kakteen sind völlig kugelförmig, manchmal sind sie flachkugelig oder sogar scheibenförmig. Zahlreiche Kakteen sprossen reichlich, so daß oft ganze Kolonien von Vegetationskörpern entstehen. Man spricht von rasenförmigem oder caespitosem Wuchs. Solche Rasen können auch dann entstehen, wenn sich die Köpfe dichotom teilen. Das ist besonders für gewisse Arten der Gattung *Mammillaria* (*Mammillaria parkinsonii*) typisch. Ein Kopf fängt an, im Scheitel in die Breite zu wachsen und nach und nach teilt er sich in zwei bis drei Teile. Anfänglich sind diese Teile noch untereinander verbunden, aber mit zunehmendem Wachstum trennen sie sich immer stärker, bis alle Köpfe

dem gleichen, aus dem sie entstanden sind. Jeder dieser neuen Köpfe kann sich wieder dichotom teilen.
Auf ähnliche Weise entwickeln sich anfänglich auch die Kammformen oder Kristaten. Sie bilden lange Kämme und sind oft merkwürdig gebogen oder gewellt. Die Ursache dieses Phänomens ist bisher nicht bekannt. Es ist bisher auch nicht gelungen, diese Wuchsart künstlich zu züchten. Manchmal zeigen schon ganz junge Sämlinge den kammförmigen Wuchs, in anderen Fällen erscheinen Kristaten erst als Altersform bisher normal entwickelter Körper.
Eine andere Abweichung vom normalen Wuchs ist die Monstrosität. Bei den Monstrosen ist die ursprüngliche, streng geometrische Wuchsordnung völlig gestört, die Pflanzen wachsen sehr unregelmäßig. Auch die Ursache der Monstrosität konnte bisher nicht entdeckt werden. Der kammförmige oder monstrose Wuchs tritt bei der Nachkommenschaft nur selten auf. In der Regel wachsen aus Samen von Kristaten oder Monstrosen ganz normale Pflanzen. Die Abweichung in der Wuchsform können wohl verschiedene Faktoren verursachen.
Weitere Abweichungen sind Mutationen. Unter den tausenden Sämlingen entstehen manchmal Individuen ohne Chlorophyll. In der Natur müßten sie absterben. Wenn man sie rechtzeitig aufpfropft, wachsen sie weiter. Beim Fehlen von Chlorophyll kommen gelbe oder rote Farbstoffe zum Vorschein, die den Kakteen ein effektvolles Aussehen geben. Die gelben werden als „forma *aurea*", die roten als „forma *rubra*" bezeichnet. Wenn bei einer Pflanze nur Teile der Epidermis gelb sind, wird sie als „forma *picta*" benannt. Einige Sammler sind an solchen Raritäten besonders interessiert.

EPIDERMIS

Die Epidermis ist ein Gewebe, das in der Regel aus einer einzigen Zellenschicht besteht und die Pflanze vor den Einflüssen der Außenwelt wie Trockenheit, plötzlichen Temperaturänderungen, übermäßiger Einstrahlung usw. wirksam schützt. Die Oberfläche der Epidermis besteht aus verdickten Zellwänden (Cuticula), die weder Wasser noch

Gase durchlassen. An der Außenseite sondert sich nicht selten eine wachsartige Substanz in Form von Flocken ab. Manchmal sind auch die Zellen gewölbt und bilden bei Sukkulenten oft kurze Härchen (Trichome). Die Epidermis selbst ist chlorophyllos, sie beteiligt sich nicht an der Assimilation. Bei den Pflanzen extremer Standorte teilt sich die Epidermis manchmal waagerecht und so entsteht die Hypodermis. Sie unterstützt die Epidermis in ihren Aufgaben. Die Hypodermis enthält ebenfalls kein Chlorophyll. Unter der Epidermis bzw. der Hypodermis befindet sich das Grundgewebe mit Chloroplasten und erfüllt die wichtige Aufgabe der Assimilation.
Für die Pflanzen ist der Austausch des Wasserdampfes und der Gase, den die Spaltöffnungen regulieren, unentbehrlich. Die Spaltöffnungen (Stomata) bestehen aus zwei gegenüberliegenden Zellen, die sich von den anderen epidermalen Zellen auffällig unterscheiden. Wenn es feucht ist, entfernen sich die Spaltöffnungszellen voneinander und öffnen einen kleinen Hohlraum. Dadurch können Wasserdampf und Luft in das Assimilationsgewebe eindringen. Aus der Luft benötigt die Pflanze zur Assimilation Kohlendioxid. Bei heißer und trockener Witterung, wenn die relative Luftfeuchtigkeit erheblich sinkt, schließen sich die Spaltöffnungen vollständig.
Die Assimilation nimmt bei den Kakteen im Vergleich zu den üblichen Blattpflanzen einen anderen Gang. Sie kann auch dann ablaufen, wenn die Spaltöffnungen geschlossen sind. Ein Teil der chemischen Reaktionen wird einfach in die Nachtstunden verlegt. Das ist für den Schutz der kostbaren Wasservorräte von besonderer Bedeutung.

AREOLEN UND AXILLEN

An den Kakteen fallen eigenartige Gebilde auf, aus denen Dornen und meist auch Blüten oder Sprosse entspringen. Man nennt sie Areolen. Die Areolen entsprechen etwa den „Augen" der Gehölze. In jeder Areole endet ein Gefäßbündel, das aus dem Zentralzylinder abzweigt. Wenn der endständige Vegetationspunkt im Scheitel aus irgendeinem Grund abstirbt, treibt aus einer Areole ein neuer Sproß oder ein neuer

Kopf. Bei den primitiven Kakteen wachsen aus den Areolen auch Blätter. Die Dornen entstehen in der Areole sukzessiv von unten nach oben. Bei primitiveren Formen können in einer Areole viele Jahre hindurch immer neue Dornen entstehen. Bei den Kakteen höherer Entwicklungsstufe ist dies nicht mehr möglich.
Die Blüten und Sproße wachsen vorwiegend direkt aus den Areolen. Sie entspringen knapp oberhalb der Dornen. Bei manchen Kakteen ist die Stelle, an der Knospe und Sproß entstehen von der Areole mehr oder weniger entfernt. Dies trifft nur für Kakteen zu, die keine Rippen, sondern nur Warzen besitzen. In solchen Fällen ist die obere Seite der Warze (Mamille) mit einer Längsfurche versehen. Solche Furchen sind besonders für die Arten aus der Gattung *Coryphantha* bezeichnend. Dadurch ist aber die Entwicklung der Trennung von Areolen und Vegetationspunkten, wo Blüten und Sprosse entstehen, nicht abgeschlossen. Der Vegetationspunkt wird z. T. bis in die Achsel

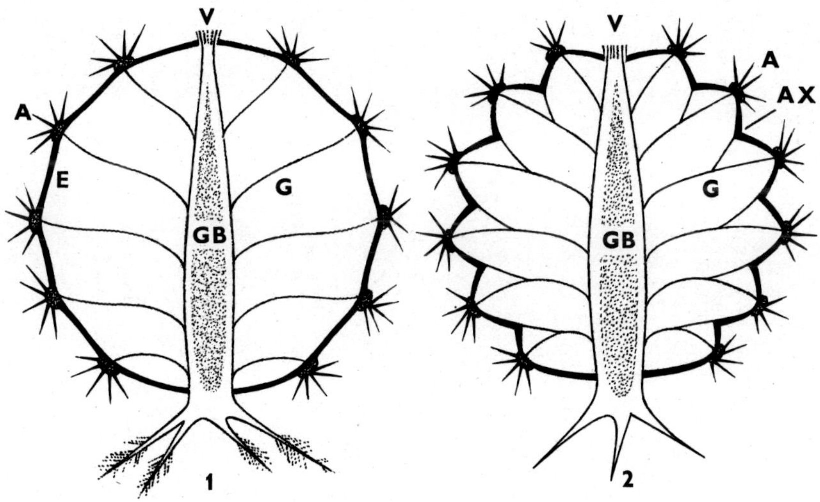

Kakteenkörper (Querschnitt). 1 = *Echinopsis;* 2 = *Mammillaria;* A = Areolen; AX = Axillen; E = Epidermis; G = Gefäße; GB = Gefäßbänder (Achse); V = Vegetationsspitze.

zwischen drei Warzen verschoben. Diese Stelle wird als Axille bezeichnet. Axillen sind typisch für alle Arten der Gattung *Mammillaria* und sowie für einige weitere Gattungen. Bei diesen Pflanzen verzweigt sich das Gefäß, das zu den Areolen führt, in einer gewissen Entfernung in zwei Äste. Ein Zweig setzt sich in Richtung zur Areole fort, der andere führt zur Axille. Die richtige Identifizierung der Stelle, wo sich die Blüten bilden sollen, ist sehr wichtig, wenn man die Gattungszugehörigkeit bestimmen will.
Die Areolen tragen nicht nur Dornen, sondern auch Wolle oder einen Filzbelag. Bei einigen Arten ist die Wolle oder der Filz sehr dauerhaft, bei anderen verschwinden sie bald und die Areolen sind dann kahl. In den Axillen können ebenfalls Wolle, Härchen oder Borsten erscheinen. Auch das sind wichtige Merkmale bei der Bestimmung der Kakteen.

DORNEN

Die schönste Zierde der Kakteen sind die Dornen, oft auch als Stacheln bezeichnet. Von der morphologischen Entwicklung her sind es umgebildete Blätter. Bei den Dornen unterscheidet man den unteren Teil (Basis), den mittleren Teil und die Spitze. Solange die Dornen noch wachsen, entsteht der Zuwachs in der basalen Partie. Deswegen brechen junge Dornen gerade unten, wo das Gewebe noch jung, unreif und weich ist. Allmählich verlieren die Dornen das Wasser. Erst wenn sie ausreifen, werden sie fest und hart.
Was ihre Form anbelangt, können Dornen sehr verschiedenartig sein. In einer besonderen Nomenklatur werden auch die einzelnen Dornenformen erfaßt. Man unterscheidet folgende Grundformen: haarförmige, borstenartige, nadelförmige, pfriemliche und kegelförmige Dornen. Sie können aber auch gekantet, abgeflacht, gekielt oder an der Oberfläche mit einer oder mehreren Rillen versehen sein usw. Einige, hauptsächlich die dickeren Dornen sind oft quergerillt oder geringelt. Selten kommen pergamentartige oder papierartige Dornen vor. Für gewisse Arten sind wiederum Dornen mit hakenförmig gebo-

genen Spitzen typisch. Alle diese, oft feinen Unterschiede sollte jeder Kakteenfreund allmählich verläßlich unterscheiden lernen. Eine gute Lupe ist ein wichtiges Hilfsmittel.
Ebenso wichtig wie die Form ist auch die Färbung der Dornen. Die gegebene Farbe kann man am besten nach Befeuchtung feststellen.

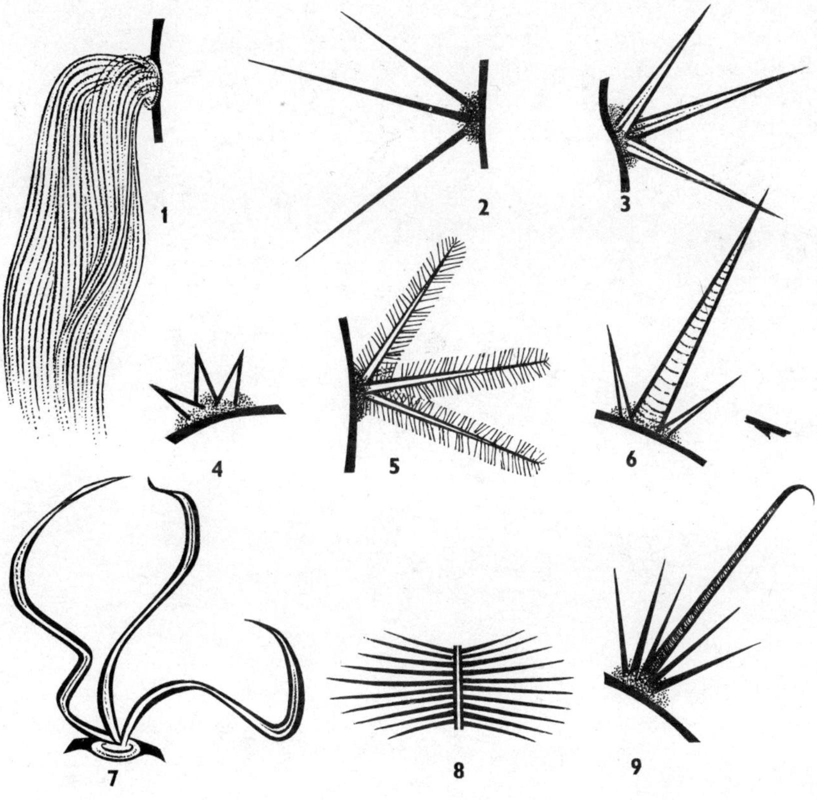

Die wichtigsten Dornenarten. 1 = haarförmig (setaceus); 2 = nadelförmig (acicularis); 3 = pfriemlich (subulatus); 4 = konisch (conicus); 5 = federartig (plumosus); 6 = beringt (annulatus); 7 = papier- oder pergamentartig (papyraceus); 8 = kammartig (pectinatus); 9 = hackenförmig (hamatus).

Bei einigen Mammillarien ist darauf zu achten, daß die weißen Dornen nicht mit den durchscheinend glasigen verwechselt werden. In der Areole sind die Dornen in der Regel an einer oder zwei Serien angeordnet. Die äußere Serie bilden die Randdornen, in der Mitte sind die Zentraldornen. Manchmal ist zwischen den Zentraldornen noch eine weitere, die dritte Reihe vorhanden. Ein Sonderfall sind die Glochiden. Es handelt sich um ganz kurze, schwache und kleine Dornen, die mit mikroskopisch kleinen Widerhäkchen versehen sind. Sie ähneln winzigen Harpunen und brechen leicht ab, haften an der Haut und können sehr unangenehm werden. Bei einigen wenigen Arten gibt es Dornen, die die seltsame Eigenschaft haben, zottig zu werden. Interessant geartet sind die Dornen von *Mammillaria plumosa*, die unter einem Vergrößerungsglas wie weiße Federn aussehen. Eine andere Besonderheit sind die Nektardornen, rudimentäre Dornen, die Tropfen süßen Nektars ausscheiden. Welche Bedeutung das für die Pflanzen in der Natur hat, wurde bisher nicht völlig erforscht. In den Sammlungen ist der süße Saft nur ein Lockmittel für Ameisen.

RIPPEN UND MAMILLEN

Für die Mehrzahl der Kakteen aus der Unterfamilie Cereoideae sind die Rippen ein charakteristisches Merkmal. Peireskiodeae und Opuntioideae sind immer rippenlos. Die Rippen sind hoch oder niedrig, breit oder schmal. Höhe und Breite der Rippen wird verschiedentlich kombiniert und so unterscheidet man hohe und breite, hohe und schmale Rippen usw. Meistens sind die Rippen gerade und verlaufen senkrecht vom Scheitel bis zu den Wurzeln. Manchmal sind sie jedoch spiralenartig gedreht und bei zylindrischen oder säulenförmigen Pflanzen haben sie einen schraubenartigen Verlauf. Wenn man die Rippen oberflächlich betrachtet, sieht man, daß sie abgerundet oder kantig sein können. Die Rippenkante selbst kann wiederum scharf, stumpf, abgerundet oder auch stumpf abgeflacht sein.

Ariocarpus kotschoubeyanus (LEM.) BERG.

Astrophytum coahuilense (MÖLL.) KAYS.

Copiapoa lembkei
BACKBG.

Copiapoa cinerea
(PHIL.) BR. et R.

Coryphantha poselgeriana var. *valida* (J. A. PURP.). HEINR.

Echinofossulocactus coptonogonus (LEM.) LAWR.

Echinofossulocactus longispinus n. n.

Wenn man die Rippen ansieht, muß man den Blick zunächst auch auf die Quereinschnitte lenken. Die bekannte *Echinopsis eyriesii* hat zusammenhängende Rippen ohne irgendwelche Querkerben oder Querrillen. Es gibt aber Arten, deren Rippen durch Querkerben in selbstständige Warzen aufgelöst sind. Flache Quereinschnitte werden manchmal auch als Rillen bezeichnet. Bei den Lobivien sind die Querfurchen schräg zur Rippenachse geführt, ein anderes Mal haben sie die Form des Buchstabens V oder sind bogenförmig.

Auf den Rippenkanten befinden sich die Areolen. Sie sitzen entweder auf den Kanten oder sind in die Rippen mehr oder weniger einge-

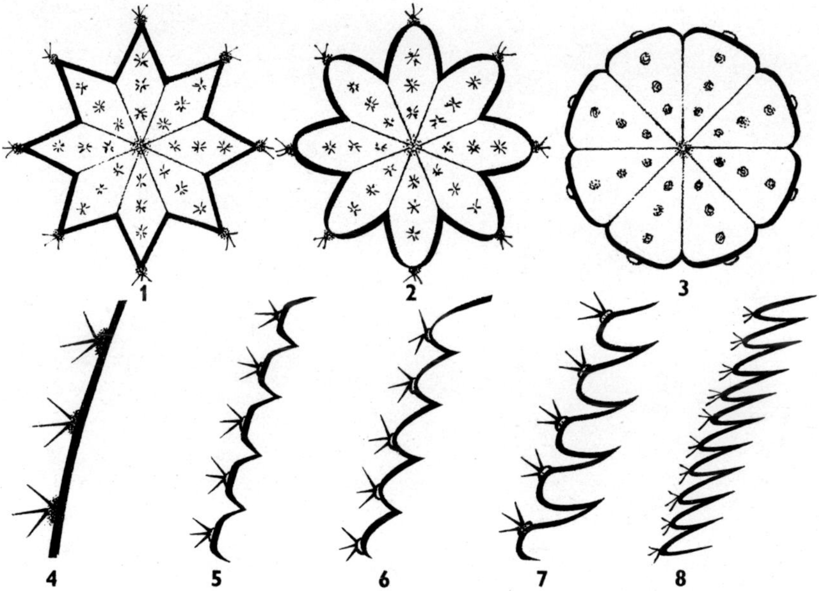

Kakteenrippen. 1 = scharf, scharfkantig; 2 = abgerundet; 3 = flach und niedrig; 4 = zusammenhängend, nicht geteilt; 5 = gegliedert durch Quereinschnitte; 6 = gegliedert in kinnartige Auswüchse; 7 = gegliedert in Höcker; 8 = gegliedert in Mamillen.

senkt. Wenn man die Rippen von der Seite betrachtet, zeigen sich manchmal eigenartige Auswüchse, die einem Kinn gleichen. Diese kinnartigen Auswüchse sind entweder kurz oder stark hervortretend, stumpf, scharf, schmal, dick usw.
Der Verlauf, wie sich die Rippen entwickelten, konnte bisher nicht eindeutig zurückverfolgt werden. Man weiß bisher auch nicht genau, wie sich die Kakteenformen ohne Rippen entwickelt haben und wie deren Blüten aus Axillen entspringen, die zwischen den Warzen situiert sind.

WURZELN

Der unterirdische Teil der Kakteen, die Wurzel, kann verschiedenartig gestaltet sein. Bei der Kulturpflanze, die oft verpflanzt und deren Wurzelsystem dabei verletzt wird, entwickelt sich ein anderes Wurzelwerk als in der Natur. Einige Arten neigen zur Ausbildung einer einzigen Pfahlwurzel, die tief in die Erde eindringt. Sie besitzen nur wenige Seitenwurzeln. Das Gegenteil ist ein Wurzelsystem, bei dem sich die Wurzeln knapp unter der Erdoberfläche verzweigen und oft erhebliche Längen erreichen. Man kennt auch Kakteen mit ausgesprochenen Rübenwurzeln und solche, bei denen ein Geflecht feiner, reich verzweigter Faserwurzeln direkt am Wurzelhals entspringt.
Wurzeln können nur dann Nährstoffe aufnehmen, wenn sie wachsen. Kurz hinter der wachsenden Wurzelspitze werden haarfeine Wurzeln gebildet. Nur sie entnehmen der Erde die Feuchtigkeit mit den darin gelösten Nährstoffen. So wie die Wurzel weiter wächst, verschiebt sich auch die Zone, in der sich die Saugwurzeln entwickeln. Es ist wichtig zu wissen, daß die Wurzeln die Flüssigkeit nicht über ihre ganze Länge ansaugen, sondern nur in dem begrenzten Teil, knapp hinter der Wurzelspitze auf einer Länge von nur etwa 1 cm.
Während der Trockenperiode wachsen die Kakteenwurzeln nicht, aber an den ruhenden Wurzeln entstehen Ansätze neuer Wurzeln. Wenn sich die erwartete Feuchtigkeit einstellt, fangen sie sofort an zu wachsen und kurz darauf auch an zu saugen. Solche Wurzelansätze nennt der Kakteenkenner Wartewurzeln. Man kann sie mit bloßem

Auge sehen. Die Entstehung der Wartewurzeln läßt sich dadurch unterstützen, daß allzu lange Wurzeln während der Ruheperiode eingekürzt werden.
Bei den epiphytischen Kakteen entstehen die Wurzeln entlang des ganzen Sprosses oder auch in den Achseln der Glieder. Sie hängen frei im Raum oder halten sich an den Ästen fest.

BLÜTEN UND FRÜCHTE

Bei den primitiven Kakteen entstehen Blüten an den Enden der Äste und haben den Charakter umgewandelter Sprosse. In solchen Fällen ist der grüne Fruchtknoten noch mit den Dornen tragenden Areolen umgeben. Solche Knospen können sich noch in einen Sproß umwandeln. Nach dem Abbrechen bewahren derartige Knospen die Fähigkeit, Wurzeln zu bilden und sich zu einer neuen Pflanze weiterzuentwickeln. Solche Knospen findet man bei zahlreichen Opuntien. Höher entwickelte Typen lassen die Bewurzelung der Knospe nicht mehr zu. Der Fruchtknoten ist jedoch oft noch mit Areolen und Dornen besetzt. Je höher der Grad der Entwicklung ist, desto mehr geht die Sproßnatur der Knospe verloren. Die Dornen werden durch Haare oder Härchen ersetzt. Auf den höchsten Stufen der Entwicklung sind die Knospen vollständig kahl. Auch die Areolen verschwinden und es sind nur Schuppen zu sehen; auch das Chlorophyll verschwindet. Die Blüten sind petaloid, d. h. das ganze Äußere der Blüte ist von der gleichen Farbe wie die Blütenblätter. Bei Kakteen kann man Kelch und Krone nicht unterscheiden.
Alle Organe sind in der Blüte spiralförmig angeordnet. Die äußeren Blütenblätter gehen allmählich von den äußeren Spiralen in die inneren über. Man kann also die äußeren und die inneren Blütenblätter (Petalen und Sepalen) nicht unterscheiden. Die Staubblätter sind ebenfalls spiralig angeordnet. Alle Kakteenblüten haben einen unterständigen Fruchtknoten. Noch vor kurzer Zeit waren sich Botaniker darüber einig, daß die Gattung *Eupeireskia* einen oberständigen Fruchtknoten besitze. Sie galt als einzige Ausnahme. Neuere Untersu-

chungen haben aber zur Feststellung geführt, daß auch bei *Eupeireskia* der unterständige Fruchtknoten vorhanden ist. Demzufolge ist die Blütenform in dieser Hinsicht gleichartig.
Zwischen Fruchtknoten und Blütenhülle (Perigon) befindet sich in der Regel ein verschieden langer, röhrenartiger Zwischenteil. Aber es ist nicht die Blütenröhre im eigentlichen Sinn, die durch verwachsene Basen der Perigonblätter gebildet wird. In der älteren Literatur wird diese Röhre zusammen mit dem Fruchtknoten als Calycium bezeichnet, während in der neueren von Pericarpell und Receptaculum gesprochen wird. Die morphologische Nomenklatur ist bisher nicht eindeutig fixiert. Der Form nach unterscheidet man rad-, glockenförmige, trichter- und röhrenartige Blüten. Die walzenförmigen Blüten sind für die Befruchtung durch Kolibris oder Fledermäuse ausgestat-

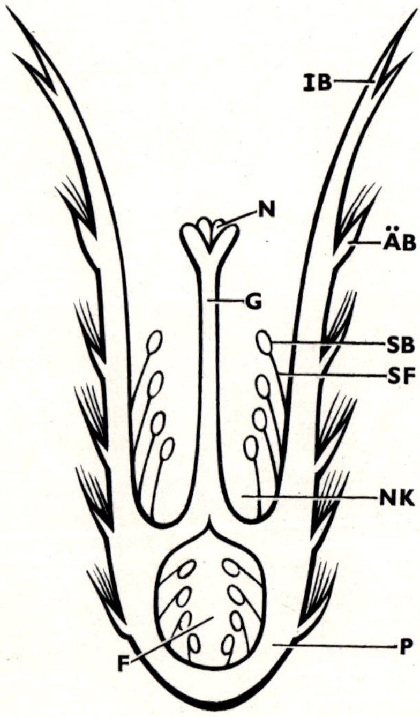

Kakteenblüte. ÄB = äußere Blütenblätter; F = Fruchtknoten (Ovarium); G = Griffel; IB = innere Blütenblätter (Petalen); N = Narbe (Stigma); NK = Nektarkammer (Nectarium); P = Perikarpell; SB = Staubbeutel (Antheren); SF = Staubfäden (Filamente).

tet. Die Mehrzahl der Kakteen hat regelmäßige (aktinomorphe) Blüten, es gibt jedoch auch ganze Gattungen, deren Blüten symmetrisch (zygomorph) angeordnet sind.
Die Kakteenfrüchte zählt man zu den Beeren. Sie sind bedornt, zottig oder kahl, je nach der Entwicklungsstufe der einzelnen Gattungen. Nach der Reife trocknen sie aus oder werden weich und zerfallen. Viele Früchte platzen mit einem vertikalen Sprung, andere horizontal. Einige Arten entwickeln die Früchte innerhalb des Körpers und erst wenn diese reif sind, schieben sie sie heraus (*Mammillaria, Melocactus*).

CEPHALIUM

Wie schon angeführt, sprossen die Blüten der Kakteen aus der Areole, manchmal aus der Axille, gegebenenfalls aus der Furche. Bei einigen Arten ist es so eingerichtet, daß die Blüten zwar aus den Areolen heranwachsen, aber nur wenn zuvor ein besonderes Gebilde gestaltet wurde, das man als Cephalium anspricht. Man unterscheidet das echte Cephalium und das Pseudocephalium. In einem Cephalium haben die Areolen eine andere Aufgabe als in den sonstigen Bereichen des Körpers. Anstatt Dornen entwickelt sich ein dichter Filz aus Borsten, Haaren oder Wolle, der gleichsam die Blühzone auf dem Kakteenkörper markiert. Das echte Cephalium entsteht schon im Scheitel der Pflanze, z. B. bei den Gattungen *Melocactus, Discocactus* und *Cephalocereus.* Dagegen entwickelt sich das Pseudocephalium erst später. Die ursprünglich normal bedornten Areolen ändern sich derart, daß die Bedornung verschwindet und nur Borsten oder Haare wachsen. Zuletzt kommen auch die Blüten zum Vorschein. Bei den Melokakteen bedeckt das Cepahlium die Scheitelregion. Es ist flach oder gewölbt. Bei einigen Arten wächst das Cephalium in die Höhe und mit der Zeit erreicht es eine beträchtliche Länge. Discokakteen haben ein kleineres Cephalium, da sich die Randareolen später in normale umwandeln und anstatt Wolle und Borsten nur Dornen entwickeln. Bei den säulenförmigen Kakteen entsteht das Cephalium nur an einer

Seite. Es steht senkrecht, schmal und verlängert. Meistens ist das Seitencephalium zu einer bestimmten Himmelsrichtung orientiert.

SAMEN

Kakteensamen sind von sehr unterschiedlicher Gestalt. Samen der Opuntien sind groß und flach, bis zu gewissem Grad der Linse ähnlich, aber außerordentlich hartschalig. Die Samen anderer Arten haben meistens 1 bis 2 mm im Durchmesser. Die Variationsbreite reicht von größeren bis zu winzigen, staubfeinen Samen. Die Farbe ist schwarz oder braun. Die Samenoberfläche ist je nach Art glatt, glänzend, rauh, matt, mit zahlreichen kleinen Warzen oder feinen Gruben versehen.
Der erste, der diese Unterschiede eingehend untersucht und auf die Bedeutung der morphologischen Merkmale der Samen für die Systematik aufmerksam gemacht hat, war A. V. Frič. Er untersuchte nicht nur die Samenform, sondern auch die charakteristischen Formen einzelner Zellen der äußeren Samenschale (Testa). Er arbeitete mit

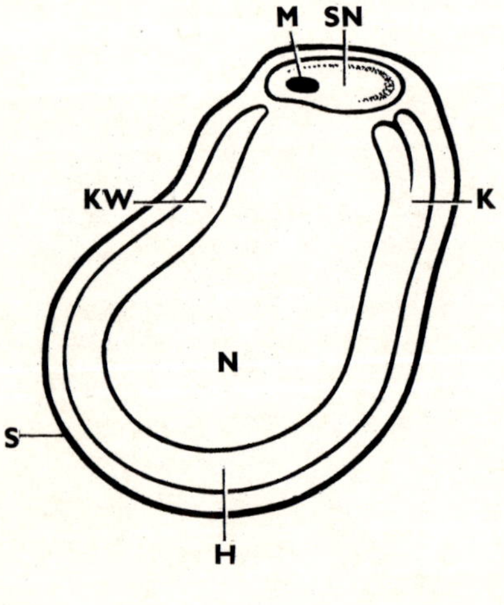

Samen (Querschnitt). H = Hypokotyl; K = Keimblätter (Kotyledonen); KW = Keimwurzel (Radicula); M = Mikropylarloch (Micropyle); N = Nährgewebe (Perisperm); S = Samenschale (Testa); SN = Samennabel (Hilum).

Makroaufnahmen in 10facher und mit Mikroaufnahmen in 250facher Vergrößerung. Seine Methode nannte er Samendaktyloskopie. Jetzt werden Aufnahmen der Testa mit Hilfe des Raster-Elektronenmikroskops in einer Vergrößerung bis 1 : 5000 hergestellt.
Bei den Samen unterscheidet man im Aufbau die äußere Umhüllung, Samenschale oder Testa, ferner das Hilum und den Arillus. Das Hilum ist die Stelle, wo der Samen am Nabelstrang (Funiculus) angewachsen war. Der Arillus ist ein korkartiges Gewebe, welches das Hilum umgibt und bei einzelnen Arten verschiedene, charakteristische Formen annimmt. Innerhalb des Samenkorns befindet sich der Embryo. Bei primitiveren Arten ist auch das Nährgewebe (Perisperm) gut entwickelt, bei den höheren ist es nicht vorhanden.

POLLEN

Der Pollen ist ein sehr feiner Staub, der in den Staubbeuteln entsteht. Wenn die Pollenkörner auf die Narbe übertragen werden, beginnen sie zu keimen und mit einem langen Pollenschlauch durch den Griffel zu den Samenanlagen durchzuwachsen, die schließlich befruchtet werden. Aus den Samenanlagen entwickeln sich nach erfolgreicher Befruchtung die Samen. Die Pollenkörner unter starker Vergrößerung des Elektronenmikroskops betrachtet, zeigen sich als reich gegliederte und verschiedenartige Gebilde. Wenn man die Pollenkörner verschiedener Pflanzen vergleicht, läßt sich der Grad ihrer Verwandschaft beurteilen. Der keimfähige Pollen kann einige Tage in einer trockenen Papiertüte aufbewahrt werden. In feuchtem Milieu schwillt der Pollen und platzt.

KAKTEEN IN DER NATUR

Die Kakteen wachsen in der Natur als Endemiten ausschließlich in Amerika. Nur die Vertreter der Gattung *Rhipsalis* gelangten bis nach Afrika und Indien, wahrscheinlich sogar ohne Zutun des Menschen. Nach der Entdeckung Amerikas wurden Kakteen nach Europa eingeführt, wo sie sich akklimatisierten und zuerst im Mittelmeerraum verwilderten. Später verbreiteten sie sich auch über andere Länder. In Australien haben sie sich so stark vermehrt, daß sie zum lästigen Unkraut geworden sind. Erst in neuerer Zeit hat man eine Methode gefunden, die Plage mittels biologischer Bekämpfung auf ein erträgliches Maß zu reduzieren.

Im Laufe der Zeit haben sich die Kakteen in ihrer ursprünglichen Heimat in viele Gattungen und Arten differenziert. Ursprünglich waren sie vermutlich Bewohner tropischer Urwälder. Nach und nach haben sie sich Trockenheit und Kälte angepasst. Einige Kakteenarten erreichen den Norden Kanadas (53° nördlicher Breite) und im Süden Patagonien (50° südlicher Breite). In diesen Gebieten ist das Klima viel rauher als z. B. auf demselben nördlichen Breitengrad in Europa, weil weder in Kanada, noch in Patagonien ein warmer Meeresstrom vorbeifließt, der die Luftmassen erwärmen könnte.

Die nördlichsten und südlichsten Standorte der Kakteen sind mehr als 10 000 km voneinander entfernt. Aber nicht nur große Entfernungen, auch erhebliche Höhenunterschiede haben die Kakteen überwunden.

Astrophytum myriostigma LEM.

Astrophytum ornatum var. *glabrescens* (DC.) WEB.

Astrophytum capricorne
(DIETR.) BR. et R.

Astrophytum senile
var. *aureum*
(MÖLL.) BACKBG.

Leuchtenbergia principis HOOK.

Utahia sileri (ENG.) BR. et R.

Ariocarpus fissuratus
(ENG.) K. SCH.

Aztekium ritteri
(BÖD.) BÖD.

Sie wachsen ebenso gut an den Meeresküsten wie im Hochgebirge. Sie haben sich sogar den extremen Bedingungen in den Höhen über 5000 m angepaßt wie *Oroya* in Peru.
Wenn man die Heimat einzelner Arten und die ökologischen Bedingungen des natürlichen Standorts kennt, kann man daraus ziemlich zuverlässige Schlüsse auf ihre Haltung und Pflege ziehen. Aus diesem Grunde wird im Kapitel über die wichtigsten Kakteengattungen jeweils eine kurze Angabe über ihre Herkunft gemacht. Notwendigerweise sollte man auch, wenigstens annähernd, die klimatischen Bedingungen der einzelnen Herkünfte kennenlernen. Die Klimata der Kakteenländer lassen sich in einige Grundtypen unterteilen. Es ist zwar nur eine sehr schematische Gliederung, aber desto anschaulicher treten die Unterschiede hervor. Die Grundtypen sind das tropische, das subtropische Klima, das Steppenklima, das Savannenklima, das Klima der Stein- und Sandwüsten, das Hochgebirgsklima und das Klima der gemäßigten Zonen.
Das Tropenklima ist durch hohe Temperaturen während des ganzen Jahres und große Niederschlagsmengen charakterisiert. Auch außerhalb der tropischen Regenzeit regnet es oft, so daß die Perioden der Trockenheit nur kurz sind oder überhaupt fehlen. Von den Kakteen wachsen hier nur die Rankcereen und die Epiphyten, die in den Tropengewächshäusern auch während des Winters bei hohen Temperaturen gehalten werden.
Die Savannen sind Gebiete mit tropischen Temperaturen und tropischen Niederschlägen. Im Unterschied zu den Tropen wird die Regenzeit durch längere Trockenperioden abgelöst. Die Kakteen, die hier wachsen, verlangen viel Wärme und eine warme Überwinterung.
Im Wüstenklima ist Regen sehr selten. Manchmal regnet es mehrere Jahre nicht. Im Sommer herrscht immer eine große Hitze. Die winterlichen Temperaturen schwanken je nach Breitengrad und Meereshöhe. In den Sand- und Steinwüsten wachsen nur wenige Arten.
Das Steppenklima kommt dort vor, wo alljählich erhebliche Niederschläge fallen, die aber nur kurze Zeit dauern. Danach folgen lange Trockenzeiten. Die Temperatur wird durch Breitengrad und Höhenlage bestimmt. Viele Kakteen gedeihen gerade unter diesen klimatischen Bedingungen.
Das Hochgebirgsklima ähnelt dem Steppenklima, die Unterschiede

zwischen Tages- und Nachttemperaturen sind jedoch sehr groß. Nachts fallen die Temperaturen oft tief unter den Gefrierpunkt. Auch im Hochgebirge wachsen viele Kakteenarten. Das Klima der gemäßigten Zonen entspricht annähernd europäischen Bedingungen. Manchmal ist es noch erheblich rauher als in Mitteleuropa. An geeigneten Stellen, z. B. an trockenen Standorten wachsen manche Kakteen. Einige haben sich bei uns sogar als winterhart erwiesen.

Es interessiert nicht nur das Klima am natürlichen Standort der Kakteen, sondern auch der jeweilige Boden, das Substrat, in dem sie wachsen. Es wurden Erdanalysen vorgenommen und untersucht, wie groß der Humusanteil, die Körnung, die Bodenreaktion usw. sind. Aber die Reisenden, die zahlreiche Kakteen in der Natur beobachten konnten, sind sich darin einig, daß die Zusammensetzung des Erdsubstrates nicht besonders wichtig ist. In der Natur können Kakteen nur an solchen Stellen existieren, wo andere Pflanzen keinen zusammenhängenden Bestand bilden. In besserem Boden und bei größerer Feuchtigkeit würden sie sich zwar besser entwickeln, aber könnten nicht mit der übrigen Vegetation konkurrieren. Deswegen begnügen sich die Kakteen mit sehr trockenen Lagen und mit magerer Erde, wo andere Pflanzen nicht leben können. Es sind extreme Lebensbedingungen, an die sich die Kakteen angepaßt haben. Die Zusammensetzung des Bodens ist weitgehend vom Klima abhängig. Ein wichtiger Bestandteil des Bodens ist der Humus. Er entsteht durch die Zersetzung der organischen Substanz und ist von der Feuchtigkeit abhängig. Die Humifizierung, d. h. die Umwandlung von organischen Stoffen wie Blätter, Stengel, Wurzeln, Mist usw. zu Humus kann nur dann fortschreiten, wenn die notwendige Feuchtigkeit vorhanden ist. Da die Kakteen nur auf trockenen Standorten passende Lebensbedingungen finden, ist dort Humus nur spärlich vorhanden.

Die meisten Fachleute sind der Ansicht, daß die Mehrzahl der Kakteen an keine bestimmte Bodenart gebunden ist. Die Anpassungsfähigkeit dieser Pflanzen ist außerordentlich groß. Deswegen gedeihen sie in den Sammlungen in den verschiedensten Substraten. Es ist interessant, daß die Wurzeln mancher Kakteen, die in der Natur unglaubliche Dürren durchhalten müssen, eine ausgiebige Bewässerung in Kultur trotzdem sehr gut vertragen.

Besucher der Kakteenländer sind manchmal überrascht, daß an den

Fundorten nur wenige Sämlinge und junge Pflanzen zu finden sind. Das ist ganz natürlich. Dort, wo es nur einmal in mehreren Jahren regnet, können die Samen nicht jährlich keimen. Selbst dort, wo alljährlich eine Regenzeit eintritt, ist die Situation nicht viel besser. Die Samen keimen zwar massenhaft, aber die jungen Pflanzen, saftig und noch dornenlos, sind eine willkommene Nahrung für viele Lebewesen. Auch größere Pflanzen werden oft, hauptsächlich von Käferlarven, erheblich beschädigt. Diese Schädlinge werden nicht selten nach Europa eingeführt. Ganze Kakteenkörper waren schon von Larven durchgebohrt. Auch höhere Tiere sind für Kakteen gefährlich. Besonders Ziegen und Schafe können die Kakteenbestände gründlich verwüsten.

Manchmal kommen die Kakteen nur in einem begrenzten Gebiet vor, ihre Verbreitung ist gering. Für solche Arten bedeutet der Mensch die größte Gefahr. Viele Gebiete wurden durch Urbarmachung, Bau von Talsperren, Siedlungen und Industriebetrieben völlig vernichtet. Es gibt auch gewissenlose Sammler, die selbst mangelhafte und beschädigte, also unverkäufliche Pflanzen vernichten, um sich ein fragliches Monopol auf die eine oder andere Rarität zu sichern. Es ist verständlich, daß immer stärker nach einem wirksamen Schutz dieser Pflanzen gerufen wird. In Mexiko wurden schon vor einiger Zeit verschiedene Arten zu bedrohten Pflanzen erklärt und deren Ausfuhr verboten. Der Zeit ist in mehreren Ländern das Sammeln der Kakteen und deren Ausfuhr beschränkt oder verboten.

Der Handel mit gefährdeten Tieren und Pflanzen ist für die Bundesrepublik Deutschland im „Gesetz zu dem Übereinkommen vom 3. März 1973 über den Internationalen Handel mit gefährdeten Arten freilebender Tiere und Pflanzen (Gesetz zum Washingtoner Artenschutzübereinkommen)“ geregelt.

MEXIKO

Der größte Artenreichtum nordamerikanischer Kakteen ist in Mexiko, einem großen Land zwischen zwei Ozeanen, zu beobachten.

Südmexiko ist Tropengebiet, während der mittlere und nördliche Teil ziemlich niederschlagsarm ist. Die einzige Ausnahme bildet die atlantische Meeresküste. Der überwiegende Teil des Binnenlandes ist gebirgig und liegt sehr hoch. Die mexikanische Hauptstadt Mexiko City liegt z. B. in einer Höhe von über 2600 m. Zahlreiche Gebirgszüge sind noch höher. Außerhalb der Tropen herrscht erhebliche Trokkenheit. Die Wolken, die die Feuchtigkeit vom Ozean hertragen, übersteigen nur selten die Gebirgszüge, die parallel zur Küste verlaufen. Die ganze Gegend ist eine Steppenlandschaft und teilweise ausgesprochene Wüste. An manchen Stellen, hauptsächlich im Norden, erreicht die gesamte jährliche Niederschlagsmenge nicht mehr als 100 mm und das gesamte Klima ist beträchtlich extremer als in Mittelmexiko. Die Nächte sind sehr kühl. Im Winter ist es frostig und Schnee ist nichts außergewöhnliches. Im Januar 1967 sank selbst in der Hauptstadt Mexiko City die Temperatur auf minus 10 °C. Das ganze Gebiet lag unter einer Schneedecke. Die Kakteen aber haben Fröste und Schnee im allgemeinen gut überstanden, denn während des Tages ist es immer ziemlich warm, weil die Sonne auch während der Wintermonate hoch über dem Horizont steht. Die Regenzeit fällt in ganz Mexiko in die Sommermonate. Im mittleren Teil Mexikos gibt es noch eine zweite, kürzere und weniger ausgiebige Niederschlagsperiode im Herbst. Dagegen herrscht in den nördlichen Landesteilen während der Herbst- und Sommermonate völlige Trockenheit.
Die Gebiete mit der reichsten Kakteenvegetation sind in den mittelmexikanischen Staaten Hidalgo, Queretaro, San Luis Potosi und Zacatecas zu finden. Dort ist die Heimat der meisten Arten der Gattungen *Mammillaria, Coryphantha, Thelocactus, Echinofossulocactus, Astrophytum, Echinocactus, Echinocereus* usw. Es kommen hier auch viele von Kakteenfreunden geschätzte Raritäten wie *Ariocarpus, Obregonia, Strombocactus, Lophophora* usw. vor. Die berühmte Baranca Venados, das Senilistal, wo das beliebte Greisenhaupt (*Cephalocereus senilis*) wächst, liegt im Staate Hidalgo. In den sechziger Jahren des vorigen Jahrhunderts besuchte der berühmte Naturaliensammler Benedikt Roezl diese Schlucht. Er hat als erster die Samen von *Cephalocereus senilis* nach Europa mitgebracht. Etwa 60 Jahre später sammelte hier auch der Kakteensammler A. V. Frič. Er brachte Samen, aber auch Pflanzen mit. Seitdem dort die Straßen ausgebaut

Neogomesia agavoides CASTAN.

Lophophora williamsii (LEM. ex SD) COULT.

Turbinicarpus polaskii BACKBG.

Turbinicarpus lophophoroides (WERD.) BUXB. et BACKBG.

Mammillaria fraileana
(BR. et R.) BÖD.

Mammillaria wildii
DIETR.

Mammillaria nivosa LK.

Mammillaria cowperae SCHURLY

wurden, strömen viele Touristen in dieses seltsame Tal, wo die schlanken Säulen der weißhaarigen Kakteen stehen. Auch wenn es nicht ausnahmslos gilt, kann man sagen, daß Kakteen aus den mittleren Landesteilen Mexikos besser bei uns gedeihen als Pflanzen aus den nördlichen Staaten Durango, Coahuila, Chihuahua und Sonora. Sonora ist eine Wüste im wahrsten Sinne des Wortes. Dort wachsen nur sehr wenige Arten. In den übrigen Bundesstaaten sind zahlreiche mexikanische Gattungen anzutreffen. Aus Durango stammt die wunderschöne *Mammillaria plumosa*, die dort in Gesteinsrissen wächst. Gegen das Übermaß an Sonne ist sie durch eine dichte Schicht untereinander verflochtener, schneeweiser, federartiger Dornen geschützt. Ihre Pflege ist nicht leicht. Meist wird sie aufgepfropft, aber auch dann hält sie sich in der Regel nicht lange. Im Gebirge von Chihuahua wächst *Mamillopsis senilis*. Ihr Standort befindet sich in so großer Höhe, wo es verhältnismäßig feuchter ist. Es gedeihen dort sogar Nadelbäume (Kiefer). Dazwischen wachsen die weißen Kugeln der *Mamillopsis*. Selbst die hackenförmigen Zentraldornen sind ganz weiß. Die Pflanze ist eine Seltenheit, über die sich selbst die besten Kakteenzüchter meist nicht lange freuen. In mehreren Versuchen wurde festgestellt, daß diese Pflanze in der Ruhezeit Kältegrade von minus 10° C ohne Folgen übersteht. Und doch bleibt ihre Akklimatisierung ein ungelöstes Problem. Recht dankbare Arten sind dagegen die ebenfalls schneeweißen *Mammillaria hahniana* aus Queretaro und *Mammillaria candida* aus Hidalgo. Diese beiden bilden neben vielen anderen eine Zierde der Kakteensammlungen. Mexiko wird als das klassische Kakteenland betrachtet. Nicht nur deswegen, weil dort viele Arten konzentriert sind, sondern weil dort ein solcher Formenreichtum wie nirgend anderswo auftritt. Es wachsen in Mexiko die überhaupt größten Kugelkakteen. *Echinocactus ingens* wiegt oft mehrere Tonnen, erreicht einen Durchmesser von 1 m und wird bis 2 m hoch. Das Alter solcher Exemplare wird auf mehrere hundert Jahre geschätzt. Auch der sehr verbreitete *Echinocactus grusonii*, die bekannte goldene Kugel, stammt aus Mexiko. Dort sind ferner zahlreiche Miniaturkakteen zu Hause, z. B. die Vertreter der Gattung *Turbinicarpus*, deren kleine Köpfchen kaum den Durchmesser von 3 cm erreichen. Sie sind bei Sammlern von Zwergformen sehr beliebt, während die großen *Echinocactus grusonii*

Glanzstücke der umfangreichen Kollektionen der botanischen Gärten sind. Aus Mexiko stammt auch eine Kuriosität wie *Leuchtenbergia principis*. Von allen Kakteen hat sie die längsten Warzen. An deren Enden sind lange, bizarre, papierartige Dornen. Auch die Astrophyten mit den elegant gegliederten, weiß gefleckten Körpern sind mexikanische Kostbarkeiten (bis auf vereinzelte Vorkommen in Texas) und am meisten gesucht von allen. Die Sammlungen mexikanischer Kakteen fallen durch die Buntheit der Farben und den Formenreichtum besonders auf.

SÜDLICHE STAATEN DER USA

Aus dem mexikanischen Zentrum greifen die Kakteen auch in die benachbarten Staaten der USA, insbesondere nach Kalifornien, Arizona, New Mexiko und Texas, über. In Arizona wurden große Reservationen errichtet, wo insbesondere die gigantische, kandelaberartige Sahuaro (*Carnegia gigantea*) gesetzlich geschützt ist. In diesen Schutzgebieten wachsen auch viele Opuntien, Echinocereen und der sogenannte Barrel cactus (*Ferocactus wislizeni*). In Texas sind vor allem *Echinocereen,* aber auch *Astrophytum asterias* und *Ariocarpus fissuratus* vertreten. Es ist merkwürdig, daß gerade hier auch die Heimat von *Mammillaria camptotricha* und *Mammillaria prolifera* ist. Es sind zwei Arten, die jeder Anfänger mit Erfolg halten kann, da sie auch die gröbsten Pflegefehler überleben. Dagegen sind die restlichen Kakteen aus Texas und aus anderen Staaten der USA ziemlich anspruchsvoll.
Klimatisch gehören diese Länder zu den Steppen- und Wüstengebieten. Niederschläge fallen überall nur spärlich. Im Winter gibt es manchmal so starke Fröste, daß junge Sprosse erfrieren. Überleben nur die älteren Pflanzenteile und entspringen aus ihnen neue Sprosse und Glieder.

NÖRDLICHE STAATEN DER USA UND SÜDKANADA

Das Klima dieser Länder zeichnet sich durch starke Fröste aus und die ganze Landschaft ist einige Wochen von einer mehr oder weniger dicken Schneeschicht bedeckt. Die Sommerniederschläge fallen ziemlich ausgiebig. Kakteen wachsen dort nur an solchen Stellen, wo das Wasser schnell abfließen kann. An Kakteen trifft man hauptsächlich verschiedene winterharte Opuntien und auch manche Echinocereen an. Sie können, in geschüztzter Lage, auch in Europa das ganze Jahr hindurch in einem Alpinum oder in einer Schale vor dem Fenster bleiben. Kugelkakteen sind nur selten vertreten, z. B. *Neobesseya missouriensis* im Staate Missouri oder *Coloradoa mesae verde* im Staate Colorado. Ein ausgedehntes Verbreitungsgebiet hat *Coryphantha vivipara* in Texas und Kanada. Die Kultur dieser Pflanzen mit Ausnahme von Opuntien, Echinocereen und *Coryphantha vivipara* ist so schwierig, daß sie nur in sehr wenigen Sammlungen zu sehen sind. Der Kultur der winterharten Kakteen ist ein besonderes Kapitel gewidmet.

MITTELAMERIKA

Es handelt sich um ausgesprochene Tropenländer mit sehr vielen Niederschlägen und hoher Luftfeuchtigkeit. Hierher gehören nicht nur die Staaten der Panama-Landenge, sondern auch die nördlichen Länder Südamerikas wie Venezuela, Kolumbien und die Karibischen Inseln, insbesondere Kuba und Curacao.

Kakteen wachsen nur an bestimmten Standorten. Besonders zahlreich sind Epiphyten aus den Gattungen *Epiphyllum* und *Rhipsalis*, die in Baumkronen wachsen. Aus der Gruppe der Kugelkakteen findet man vereinzelt Mammillarien. Verhältnismäßig häufiger sind die Melokakteen. Aus Kuba und Curacao wurden mehrere Arten beschrieben. Alle

Kakteen dieser Gebiete verlangen eine warme Überwinterung. Die Temperatur darf nicht unter 18 °C sinken.

SÜDAMERIKANISCHES KAKTEENZENTRUM

Während sich in Nordamerika das Zentrum des Kakteenvorkommens im zentralen Mexiko befindet, besteht ein ähnliches Zentrum auch in Südamerika, und zwar in Nordwestargentinien und Südwestbolivien. Auch dort sind außerordentlich viele Kakteenarten konzentriert. In diesen gebirgigen Ländern herrscht das Vorgebirge des Andenhauptkammes vor. Die Kakteen dieser Gebiete bilden den Grundstock unserer Sammlungen. Das Terrain steigt vom Süden zum Norden an, das Klima wird dadurch aber nicht wesentlich beeinflußt. Die nördlicheren Teile liegen dem Äquator näher, daher ist die Intensität der Sonneneinstrahlung größer und die höhere Lage wird bis zu einem gewissen Grad ausgeglichen. Während in den Talsohlen bei künstlicher Bewässerung selbst Baumwolle gedeiht, wachsen an den steilen Berghängen und auf den Bergrücken nur Kakteen und andere widerstandsfähige Xerophyten. Die Niederschlagsmenge ist zwar ziemlich groß, konzentriert sich aber auf kurzzeitige heftige Regengüsse. Lange Dürreperioden folgen. Das Regenwasser fließt von den kahlen steinigen Hängen rasch ab. Die Kakteen leben also in einem sehr trockenen Milieu. Die Regenzeit fällt in die Frühjahrs- und Sommermonate. Im Winter ist es vollständig trocken. Die niedrigsten Wintertemperaturen schwanken je nach Meereshöhe. Es ist merkwürdig, daß die Verbreitungsgebiete der meisten Arten ziemlich eingeschränkt sind. Es gibt nur wenige, die über größere Areale hinweg zu finden sind.

In der argentinischen Provinz Cordoba ist nahezu die Hälfte aller Arten der beliebten Gattung *Gymnocalycium* beheimatet. Dieser Landstrich wird von zwei bedeutenden Gebirgsketten durchzogen, der Sierra Grande und der Sierra Chica. Sie sind nicht besonders hoch. Infolge der großen Entfernung vom Äquator ist es im Winter verhältnismäßig kalt. Grade unter dem Gefrierpunkt sind keine

Seltenheit. Die Kakteen aus Cordoba haben sich in Kultur als dankbar erwiesen; vielleicht gerade deswegen, weil sie niedrige Überwinterungstemperaturen gut vertragen, obwohl sie nicht aus Hochgebirgslagen kommen. La Rioja ist eine weitere Provinz, wo zahlreiche Arten der Gattung *Gymnocalycium* entdeckt wurden. Hier dominiert die Sierra de Famatina, aus der Kakteenliteratur gut bekannt. Gymnocalycien aus den niedrigeren Lagen haben dieselben guten Eigenschaften wie die Arten aus der benachbarten Provinz Cordoba. Sie sind mächtig bedornt und ihre Pflege ist nicht mehr so leicht. Deswegen werden sie oft aufgepfropft. Die Sierra de Famatina ist gleichzeitig der südlichste Fundort der Lobivien (*Lobivia famatimensis*).

Salta ist eine weitere Provinz nördlich von La Rioja. Die Kakteen wachsen bis auf etwa 3000 m. Diese Provinz wird von den Kakteensammlern viel häufiger als andere argentinische Fundorte besucht. Hier sind nämlich Kakteen in einem besonders reichhaltigen Sortiment vorhanden. Aus der Gattung *Gymnocalycium* wurden zwar nur drei Arten gefunden, dagegen gibt es zahlreiche Lobivien, Rebutien, einige *Acanthocalycium* – Arten usw. Salta ist auch eine Fundgrube schöner Parodien. Dort beginnt auch das Gebiet der Trichocereen aus dem Kreis von *Trichocereus pasacana*, mächtigen, meistens unverzweigten Säulen mit langen Dornen. Diese Giganten bestimmen das eigenartige Gepräge hunderter von Quadratkilometern der Gebirgsrücken und Gebirgshänge der Anden. Es ist eine seltsame Parallele zu den Bergwäldern.

Der erste Kakteensammler, der dieses einsame und entlegene Kakteenparadies durchquerte, war vermutlich A. V. Frič kurz nach dem ersten Weltkrieg. Er entdeckte und führte viele neue, bislang unbekannte Kakteenarten ein. Seinen Spuren folgend zogen zahlreiche Kakteensammler, professionelle und Amateure auf dem klassischen Weg durch das Tal Quebrada de Toro zu den Gebirgswiesen in der Umgebung des Vulkans Cachi. Die einen mit der Absicht, viele schöne Pflanzen und deren Samen für den Kakteenmarkt zu sammeln, die anderen, um den Urlaub zu verbringen und ihre Sammlungen durch selbstgesammelte Pflanzen zu bereichern. Die Kakteen aus Salta sind nicht nur schön, sondern auch dankbar. Ihre Kultur ist ziemlich leicht. Sie brauchen nur genug frische Luft. Während der

winterlichen Vegetationsruhe begnügen sie sich mit wenigen Wärmegraden, Pflanzen aus höheren Lagen vertragen sogar leichten Frost. Jujuy, die nördliche argentinische Provinz, hat, was die Umweltbedingungen anbelangt, einen ähnlichen Charakter wie Salta. Auch hier gedeihen zahlreiche Lobivien, Rebutien und Parodien. Es kommen auch schöne Pseudolobivien vor. Einige haben sehr lange Dornen. Bei der Hochgebirgsart *Pseudolobivia ducis paulii* erreichen sie eine Länge von bis zu 15 cm. Reichhaltig sind auch die Hochgebirgsopuntien aus der Gattung *Tephrocactus*. Sie bilden niedrige, reichverzweigte und manchmal auch bunt gefärbte Polster. Sie wachsen bis an der Grenze des ewigen Schnees. Es kommt nicht selten vor, daß solche Gruppenpflanzen an der von der Sonne abgewandten Seite mit einer dicken Schneeschicht bedeckt sind, während sie an der von der Sonne bestrahlten Seite voll geöffnete Blüten zeigen. Niedrigere Lagen sind Standorte der dankbaren Echinopsen, die lange, nachts sich öffnende, trompetenartige Blüten entwickeln.
Bolivien erreicht im südwestlichen Teil eine Höhe von über 4000 m. Dort oben befindet sich der höchst gelegene, schiffbare See der Welt, der Titicacasee. Es herrscht ein ausgesprochenes Hochgebirgsklima. Die hoch stehende, heiße Sonne erhitzt am Tage das ganze Terrain, wogegen die Nächte sehr kühl sind. Im Winter herrschen strenge Fröste, die Temperatur sinkt bis auf minus 20 °C. Dieses frostige Wetter fällt in die lang dauernde Trockenperiode.
In den niedrigeren Lagen um 3000 m wachsen viele schöne Kakteenarten. Außer den dem *Trichocereus pasacana* ähnlichen Säulenkakteen findet man ganze Bestände von Oreocereen, beliebten Sammlerpflanzen. Auch zahlreiche Lobivien, Pseudolobivien und Parodien sind hier zu Hause. *Parodia maassii* und verwandte Arten sind mit sehr langen und schön gefärbten Dornen geschmückt. Bolivien ist auch das Heimatland vieler Arten der heute modernen und gesuchten Sulcorebutien. In den Tälern, wo es wärmer ist, wachsen säulenförmige Kleistocacteen, insbesondere der schneeweiße *Cleistocactus strausii*, eine Dominante größerer Sammlungen. In den hohen Gebirgslagen leben die zwergigen Hochgebirgslobivien und die interessante *Neowerdermannia vorwerckii*. Die Kakteen aus diesen Gebieten gehen in Kultur ziemlich gut. Besonders geeignet sind sie für die Haltung im Freien, ohne Glasbedeckung. Die einzige Ausnahme ist

gerade *Neowerdermannia vorwerckii*, die zu den wenigen, sehr schwer zu kultivierenden Kakteen gehört. Alle bolivianischen Pflanzen aus den Gebirgslagen überwintert man am besten bei niedrigen Temperaturen und vollständiger Trockenheit.

GRAN CHACO

Die bolivianischen Kordilleren fallen mit steilen Osthängen in eine riesige Niederung ab, die unter dem Namen Gran Chaco bekannt ist. Er beginnt in Ostbolivien, breitet sich über die westliche Hälfte der Republik Paraguay und Nordargentinien aus und reicht bis nach Brasilien. Noch am Anfang dieses Jahrhunderts lebten dort viele Indianerstämme, die von der Zivilisation noch unberührt waren. Die Namen der Hauptströme Rio Pilcomayo und Rio Paraná sind aus verschiedenen Abenteuerbüchern und spannenden Reisebeschreibungen bekannt. Auch der Kakteensammler A. V. Frič, der viele Jahre unter den Indianern Südamerikas lebte, hat dazu beigetragen.
Gran Chaco liegt in einer Höhe von nur 400 bis 500 m. Die Regenzeit fällt in die Sommermonate. Sommer ist in der südlichen Hemisphäre zu einer Zeit, in der in Europa Winter herrscht. Die Niederschläge beginnen also im Chaco im November und enden im März. Es regnet zwar nicht ununterbrochen, dafür aber ausgiebig. Es ist auch sehr warm. Kein Wunder, wenn der ganze Gran Chaco von einem Wald bewachsen ist, der stellenweise den Charakter eines Urwaldes annimmt. Ein sehr unterschiedliches Vegetetionsbild im Vergleich zu den Pasacanwäldern an den Bergzügen von Salta nach Bolivien. Im Gran Chaco sind es die Laubbäume, Palmen und Sträucher, die überwiegen. Im Winter ist es vollständig trocken. Dadurch unterscheidet sich das Klima im Gebiet des Chaco von den Tropen, wie sie aus dem Amazonasgebiet bekannt sind. Während der Trockenzeit fallen die Blätter vieler Bäume und Sträucher ab. Die Morgentemperatur in den Wintermonaten ist ziemlich niedrig, sie sinkt bis auf minus 2 °C, aber nur für sehr kurze Zeit. Nach dem Sonnenaufgang steigt die Temperatur schnell auf 20 °C und mehr. In den Urwäldern von Gran Chaco

wachsen stellenweise baumartige Cereen, anderswo gibt es Bestände verschiedener strauchartiger Opuntien. Man findet auch *Peireskiopsis*. Durch ihre Gestalt und Form der Blüten ähneln sie den Heiderosen. Die Eingeborenen nennen sie Sacha rosa, die Waldrose.
In den mächtigen Kronen alter Bäume gedeihen verschiedene Arten epiphytischer *Rhipsalis*. Die Kakteenfreunde schätzen aber die Gymnocalycien aus Gran Chaco besonders hoch, z. B. *Gymnocalycium mihanovichii, Gymnocalycium damsii, Gymnocalycium anizitsii, Gymnocalycium friedrichii* usw. Es sind alles kleinere kugelförmige Kakteen mit gefärbter Epidermis. Alle kann man leicht kultivieren und sie blühen vom Frühjahr bis zum Herbst. Oft entfaltet sich eine Serie gelber, weißer oder rosa Blüten nach der anderen. Neue Formen wurden erst in den letzten Jahrzehnten entdeckt und zwar sowohl in dem bolivianischen, als auch im paraguayanischen Teil von Chaco in der Nähe der Staatsgrenze zwischen den beiden Länderm. Im mittleren Landesteil von Paraguay wächst das große *Gymnocalycium megatae* mit einem Durchmesser bis 30 cm. Es sind auch zahlreiche *Echinopsis* verbreitet. Von diesen zeichnet sich besonders *Echinopsis chacoana* mit langen, pfriemartigen, an der Basis verdickten Dornen aus.
Alle Kakteen aus Gran Chaco wachsen wurzelecht. Sie vertragen die wärmere Überwinterung besser als die Gebirgsarten, das Wurzelwerk soll aber nicht allzusehr austrocknen.

OSTPARAGUAY UND SÜDBOLIVIEN

Südöstlich der paraguayanischen Grenze, hinter einem Ausläufer von Argentinien, befindet sich Rio Grande do Sul, die Südprovinz Brasiliens. Sie hat denselben Charakter wie der östliche Teil von Paraguay. Die Hügel sind bis auf die oberen, meist kahlen Teile mit Bäumen und Palmen bewachsen. An solchen Stellen, zwischen Steinen und Grasbüscheln finden die Kakteen gute Existenzbedingungen. Es ist das Heimatgebiet der Gattungen *Notocactus* und der verwandten *Wigginsia* (syn. *Malacocarpus*), *Brasilicactus* und *Eriocactus*. Während *Brasi-*

Echinofossulocactus zacatecasensis BR. et R.

Echinocereus pectinatus (SCHEIDW.) ENG.

Ferocactus gracilis
GAT.

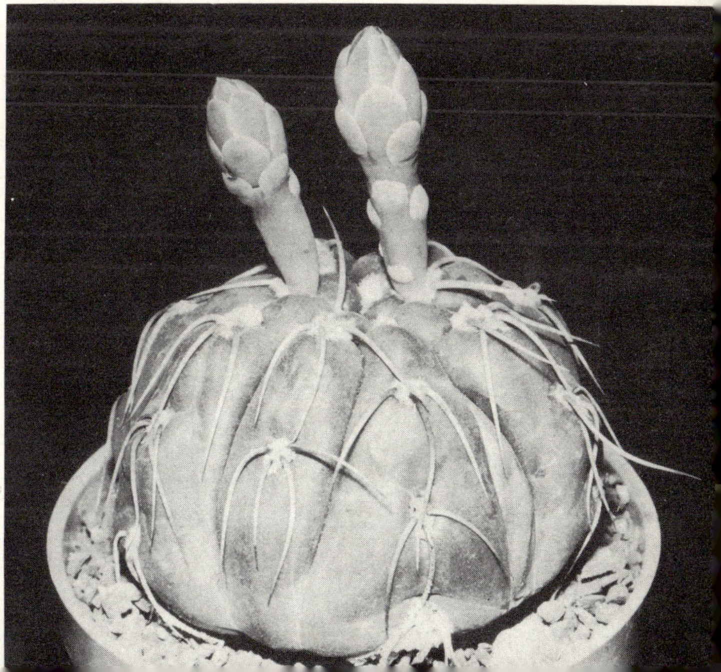

Gymnocalycium denudatum (LK. et O.) PFEIFF.

Gymnocalycium guanchinense SCHÜTZ

Gymnocalycium fleischerianum BACKBG.

licactus und *Eriocactus* auf dieses Gebiet beschränkt sind, erstreckt sich das Vorkommen von *Notocactus* und *Wigginsia* auch bis Uruguay und reicht entlang der Atlantikküste südwärts. Alle diese Arten sind Bewohner des Ostens von Südamerika. Es ist interessant, daß eine einzige Art, *Notocactus pampeanus*, im Vorgebirge der Kordilleren, in der Provinz Córdoba wächst. Große Aufregung hat seinerzeit die Entdeckung von zwei Vertretern der Gattungen *Wigginsia* und *Frailea* in Kolumbien, an einer sehr weit entfernten Stelle nördlich des Äquators, verursacht. Die sensationelle Angabe wollten mehrere Forscher überprüfen, es ist bisher aber nicht gelungen, diese Pflanzen an den angeblichen Standorten wieder zu finden. Vermutlich hat es sich um einen Irrtum gehandelt.

Im Gebiet von Rio Grande do Sul und Ostparaguay wachsen ebenfalls die beliebten Gymnocalycien. Diese sehen aber ganz anders aus als jede, die wir aus dem Chaco kennen. Sie haben alle große Samen und gehören zu den Verwandten des *Gymnocalycium denudatum*, des bekannten Spinnenkaktus. Am Rio Grande do Sul wurde unlängst neben dem schon lange bekannten *Gymnocalycium denudatum* eine neue interessante Art, *Gymnocalycium horstii*, entdeckt. Weitere verwandte Pflanzen stammen vermutlich aus der argentinischen Provinz Missiones. Es wird angenommen, daß in diesem Gebiet auch *Gymnocalycium megalothelos*, das oft in den Sammlungen zu sehen ist, vorkommt. Die Art hat weiße Blüten, aber der genaue Fundort ist nicht bekannt. Weiter westlich, in Ostparaguay, wachsen *Gymnocalycium fleischerianum* und *Gymnocalycium paraguayense*, schöne und sehr variable Arten. Ihre Blüten sind groß, weiß, mit einer rosa Mitte. Südbrasilien wurde in den letzten Jahrzehnten ein beliebtes Ziel der Kakteensucher. Dutzende neuer Notokakteen, Eriokakteen, verschiedener Fraileen usw. wurden entdeckt.

Die Pflanzen dieser Standorte verhalten sich in Kultur nicht einheitlich. So zählt *Notocactus ottonis* mit seinen zahlreichen Varietäten zu den anspruchslosesten Kakteen, während *Gymnocalycium fleischerianum*, in unmittelbarer Nähe wachsend, die Wurzeln leicht verliert. Es ist also besser, diese Art rechtzeitig aufzupfropfen. Die übrigen Notokakteen und Wigginsien sind zwar nicht so problemlos wie *Notocactus ottonis*, aber der erfahrene Züchter stößt in der Regel auf keine Schwierigkeiten. Auch die Arten der Gattungen *Brasilicactus*

und *Eriocactus* (Ausnahme *Eriocactus leninghausii*) werden meist gepropft. Sie gehören zu den schönsten Arten. Dies gilt vor allem für die weißen Kugeln des *Brasilicactus haselbergii* und sein goldfarbenes Gegenstück, *Brasilicactus graessneri*. Der sehr schöne, ebenfalls goldfarbene *Eriocactus leninghausii* wächst mehr zylindrisch.
Die nördlicheren Gebiete Südbrasiliens haben ein trockeneres und wärmeres Klima. Außer den allgegenwärtigen Opuntien wachsen dort hauptsächlich säulenförmige Kakteen. Einige sind zwar sehr schön, aber sie beanspruchen ein höheres Gewächshaus und größere Wärme im Winter.

MITTELBRASILIEN

Das mittelbrasilianische Gebiet hatte früher für die Kakteenfreunde keine besondere Bedeutung. Erst in neuester Zeit wurden insbesondere die Provinzen Bahia und Pernambuco intensiv durchforscht. Die Aufmerksamkeit der Sammler wurde auf diese Landschaft gelenkt, als der sensationelle Fund der *Uebelmannia pectinifera* gemeldet wurde. Bald entdeckte man weitere Uebelmannien. Aber das war bei weitem nicht alles. Sukzessiv wurden auch viele neue Melokakteen entdeckt und eingeführt. Von diesen ist der azurblaue *Melocactus azureus* von herausragender Schönheit. Auch der graue *Melocactus griseus* und der mit bis zu 15 cm langen Dornen bewehrte *Melocactus uebelmannianus* begeistern den Liebhaber. Zahlreiche neue *Discocactus* – Arten wurden ebenfalls in die Sammlungen aufgenommen.
In dieser Region sind Niederschläge häufig. Daß große Feuchtigkeit herrscht zeigen Moose und Flechten, die die unteren Körperteile mancher Uebelmannien bewachsen. Die Vegetation ist sehr üppig und die Kakteen behaupten sich nur an felsigen Stellen mit guter natürlicher Drainage. Die mittleren Tagestemperaturen bewegen sich um 20 °C und sinken nie unterhalb von 10 °C. Kakteen dieser Region sind sehr kälteempfindlich. Schon wenn das Thermometer im Glashaus auf 10 °C sinkt, erscheinen auf der Epidermis Flecke, die gewöhnlich das beginnende Absterben ankündigen.

URUGUAY

Im Vergleich mit den anderen Staaten Südamerikas ist Uruguay ein kleines Land. Für die Kakteenfreunde ist es von umso größerer Bedeutung, weil gerade hier manche der beliebtesten Kakteen wachsen. Uruguay ist vor allem die Heimat vieler Arten der Gattung *Notocactus,* einer Wiesenpflanze. Die Wiesen von Uruguay sind allerdings anders geartet als die frischgrünen Fluren mitteleuropäischer Berglehnen oder feuchter Niederungen. Nach den ersten Regengüssen ergrünen die steinigen und trockenen Flächen und bringen eine Unmenge bunter Blüten hervor. Auf diesen Wiesen, zwischen Steinen und Gras siedeln *Notocactus ottonis, Notocactus concinnus, Notocactus apricus, Notocactus tabularis, Notocactus mammulosus, Notocactus submamulosus* usw. Das Vorkommen dieser Arten mit Ausnahme von *Notocactus ottonis* ist größtenteils auf das Staatsgebiet von Uruguay beschränkt.

Uruguay hat auch seine spezifischen Gymnocalycien. Sie sind entfernt mit *Gymnocalycium denudatum* aus Brasilien verwandt, haben aber einen abweichenden Charakter. Auch diese Gymnocalycien sind in den Sammlungen oft vertreten, da sie sich leicht durch Ableger vermehren lassen. Sie sind ziemlich klein, flach und blühen mit gelben oder rosa Blüten. *Gymnocalycium leeanum, Gymnocalycium netrelianum, Gymnocalycium hyptiacanthum* und *Gymnocalycium guerkeanum* wachsen im Süden. In der Mitte des Landes sind hauptsächlich einige Arten der Opuntien zu Hause. In den nördlichen Regionen ist der Fundort des *Gymnocalycium uruguayense,* etwas südlicher, in der Provinz Tacuarembo, wachsen die Echinopsen. Angeblich besiedeln sie mit Vorliebe Nordhänge, wo sie der vollen Sonne ausgesetzt sind. Auch *Notocactus herteri,* eine größere Art mit roten Blüten, stammt aus dieser Gegend.

Hochgebirge gibt es in Uruguay nicht, dafür ist das ganze Land ziemlich hügelig. Die südöstlichen Winde verursachen eine erhebliche Abkühlung, besonders während des Winters. Der Frühling beginnt im Oktober, es wird wärmer. Aber selbst dann sinken die Nachttemperaturen oft unter den Gefrierpunkt. Frühtemperaturen von minus 2 °C sind nichts außergewöhnliches. Das hindert aber die Pflanzen nicht, umso mehr und umso schöner zu blühen. Die Anpassung an derartige klimatische Bedingungen prädestiniert diese Pflanzen für eine Sammlung. Sie vertragen auch in Europa den kühlen Winter, aber nur unter der Bedingung vollständiger Trockenheit. Im Frühjahr treiben sie bald an und müssen mäßig befeuchtet werden. Nachher vertragen sie das vollständige Durchtrocknen des Wurzelballens nicht mehr. Sonst verlieren sie die Wurzeln und setzen erst im nächsten Frühjahr neue an.

PATAGONIEN

Im Süden Argentiniens findet man eine flache, trockene und deswegen vegetationsarme Landschaft. Das Klima ist rauh, im Winter herrschen strenge Fröste und wenn hier Kakteen existieren können, ist es wie im Hochgebirge nur infolge der Trockenheit möglich. Schon vor vielen Jahren schrieb A. V. Frič, daß große Flächen des Landes landwirtschaftlich bearbeitet, daß Windbrecher gepflanzt und Beregnungsanlagen errichtet würden und daß alles zur Veränderung des Klimas führte. In der Umgebung der Farmen starben die Kakteen aus. Nur an unfruchtbaren Stellen in den patagonischen Provinzen Chubut und Rio Negro wachsen noch Gymnocalycien, deren Verbreitung von Córdoba bis hierher reicht. Es sind alles Pflanzen aud dem Verwandschaftskreis von *Gymnocalycium gibbosum*, einer sehr variablen Art. Aus Chubut stammt *Gymnocalycium chubutense* Diese Pflanze ähnelt sehr *Gymnocalycium gibbosum*, aber die Epidermis ist nahezu schwarz.
Noch südlicher trifft man auf das Fundgebiet der Gattung *Austrocactus*. Diese Pflanzen sind sehr rauhen klimatischen Bedingungen ausgesetzt, gedeihen aber auch in Kultur. Es kommen außerdem noch *Pterocactus* und die eigenartige *Maihuenia* vor. Nur eine kleine Anzahl der Spezialzüchter winterharter Kakteen macht Versuche, sie zu akklimatisieren.

PERU

Dieses Land liegt in unmittelbarer Nähe des Äquators. Alle anderen Kakteenländer liegen in der subtropischen Zone, unterschiedlich weit vom Äquator entfernt. Mit seiner reichen Kakteenvegetation ist Peru die einzige Ausnahme. Östlich von Peru ersteckt sich die „grüne Hölle“ der amazonischen Urwälder. Dort, unter feuchteren und schwüleren Verhältnissen, herrschen für das Vorkommen von Kakteen keine geeigneten Bedingungen. Daß sie im benachbarten Peru sogar in großen Mengen gedeihen, ist auf die klimatische Wirksamkeit des Kordillerenkamms zurückzuführen. Dieser Hochgebirgszug verläuft unweit der Küste des Pazifischen Ozeans und erreicht eine Höhe von über 5000. Das allein würde nicht genügen, wenn nicht als weiterer Faktor das trockene Klima hinzukäme. Die Trockenheit verursacht ein kühler Meeresstrom, der die Küste entlang fließt. Der Humboldtstrom kühlt die feuchte Ozeanluft über dem Meer derart ab, daß der Regen schon vor dem Festland fällt. Aus disem Grunde wurde die etwa 100 km breite Küstenzone zur Wüste, wo es nur einmal in mehreren Jahren wirklich regnet. Dagegen ist die Landschaft in einen dichten Nebel, Garua genannt, eingehüllt, der sich an der Erdoberfläche niedersetzt. Nur dieser Tau ermöglicht die Existenz der spärlichen Vegetation. Auch Kakteen, die dort wachsen, entnehmen offensichtlich die lebenswichtige Feuchtigkeit aus dem Nebel und dem Tauniederschlag.

Eine weitere Besonderheit von Peru sind die zahlreichen Quertäler, die in rechtem Winkel zum Hauptkamm der Kordilleren verlaufen. Die Nebelwolken reichen in diese Täler hinein bis auf eine Höhe von etwa 600 m. In diesem Land der Kontraste sind die mittleren Lagen (über 600 m) der Kordillerenhänge mit Wäldern bedeckt. Hier regnet es oft und ausgiebig. Der kalte Humboldtstrom kann die höheren Wolkenschichten nicht abkühlen. Diese Wolken greifen vom Stillen Ozean über die Küstenzone hinweg und die Kondensation erfolgt an den Flanken des Hochgebirges.

In der Waldzone gedeihen die Kakteen nicht. Sie erscheinen wieder erst in höheren Lagen, wo es so trocken ist, daß andere Pflanzen als die Kakteen (und andere Xerophyten) nicht bestehen können. Die

Grenze des ewigen Schnees liegt über 5000 m. Die unmittelbare Nähe des Äquators spielt ebenfalls eine Rolle. Es gibt einige Kakteenarten, die bis knapp an diese Grenze wachsen. Aus dem, was bisher genannt wurde, ergibt sich, daß die klimatischen Bedingungen in Peru sehr verschieden sind. Die ganze Palette unterschiedlicher Klimata bedingt jeweils eine besondere Kakteenvegetation. Von den Kugelformen sind in Peru nur wenige vertreten. Es sind nur einige Arten aus der Gattung *Oroya*. Sie wachsen in den Hochgebirgslagen um 5000 m und vertragen Fröste bis minus 20 °C, allerdings nur bei völliger Trockenheit. Es versteht sich von selbst, daß solche Pflanzen im feuchtwarmen Milieu mancher Gewächshäuser leiden. Auch die Gattungen *Matucana* und *Submatucana* sind auf das Hochgebirge spezialisiert, aber solche Höhenlagen wie *Oroya* vertragen sie nicht. Die bolivianische Grenze nach Peru überschreiten auch einige Vertreter der Gattung *Lobivia*. In warmen Tälern wachsen mehrere Arten von *Melocactus*. In der Küstenzone kommt der *Haageocereus*, in höheren Lagen *Borzicactus* und im Norden die blendendweißen Säulen der *Espostoa* vor. Vom Süden her, ausgehend von Bolivien verbreitet sich auch *Oreocereus*. Peru wurde in seiner Eigenschaft als Heimat von Kakteen eigentlich erst Mitte dieses Jahrhunderts gründlicher erforscht. Es wurde festgestellt, daß die einzelnen Täler völlig voneinander isoliert sind. In jedem Tal, und es gibt sehr viele, haben sich andere Arten oder wenigstens deutlich abweichende Varietäten entwickelt. Es ist merkwürdig, daß Kakteen aus den trockensten Gebieten, in denen Regen ein sehr seltenes Naturereignis darstellt, sich sehr gut den Kulturbedingungen anpassen können. Es sind insbesondere die cereoiden Formen, die ihrer bunt gefärbten Dornen wegen oft in Gewächshäusern gezogen werden. Auch die von weißen Haaren dicht umsponnene *Espostoa* aus hohen Gebirgslagen wächst selbst als wurzelechte Pflanze sehr gut. Meistens wird sie jedoch gepfropft. Die *Oroya* aus den extremen Gebirgshöhen verlangt dieselbe Behandlung wie andere Hochgebirgsarten.

CHILE

Der kalte Humboldtstrom beeinflußt nicht nur Peru, sondern auch dessen Nachbarland Chile. Das ganze Gebiet ist nämlich 4000 km lang und dabei durchschnittlich nur etwa 200 km breit. Der südliche Teil ist sehr feucht und besteht aus einem ausgedehnten Waldgebiet. Je nördlicher, desto weniger Niederschläge fallen. Regen ist in den nördlichen Regionen, ebenso wie in Peru, äußerst selten. So regnete es in der Stadt Copiapo volle acht Jahre überhaupt nicht. An der Küste befinden sich mächtige Salpeterablagerungen, die in einer regenreichen Gegend nicht entstehen könnten.
In der Küstenzone wachsen schöne und von den Kakteenfreunden geschätzte Arten der Gattung *Copiapoa.* Sie können sich nur dank des Nebels und des Tauniederschlags am Leben erhalten. Die Küstenzone ist auch das Verbreitungsgebiet der Gattung *Chileorebutia,* Miniaturkakteen, die auf sandigem Boden wachsen. Ihre Wurzeln sind rübenartig verdickt und sie dienen auch zur Speicherung der Wasservorräte. So können sie viel längere Dürreperioden überleben.
Dort, wo im Süden die Region der Gattung *Copiapoa* endet, beginnt das Gebiet, wo die Gattungen *Neoporteria, Neochilenia* und *Horridocactus* vorkommen. Hier ist das Klima nicht mehr so extrem trocken. Die Regenzeit tritt alljährlich im Winter ein. An den Berglehnen der Kordilleren wächst der größte südamerikanische Kugelkaktus, die *Eriosyce.* Diese Pflanzen erreichen zwar nicht die Dimension der größten nordamerikanischen Echinokakteen, dennoch wachsen sie zu ansehnlicher Größe. Es sind schöne, faßgroße Kakteen mit langen Dornen und einer Wollkappe auf dem Scheitel. Das Bild der chilenischen Flora wäre nicht vollständig, wenn man nicht auch die säulenförmigen Trichocereen erwähnte. Sie wachsen langsam und sind außerordentlich widerstandsfähig. Von diesen wird der wild bedornte *Trich. chilensis* mit mehreren Varietäten am häufigsten kultiviert.
Chilenische Kakteen sind in den Sammlungen meist als gepfropfte Pflanzen vertreten. Sie wachsen aber auch wurzelecht recht gut. Am besten gedeihen sie im Freien, wachsen jedoch auch im Gewächshaus und im Frühbeet, nur brauchen sie ausgiebig Luft. Für kleinere Kollektionen sind die zwergigen Chileorebutien besonders dankbar.

Grundsätze der Kakteenpflege

Die Kakteen leben in der Natur unter recht verschiedenen Bedingungen. Nun für jede Art die spezifischen Bedingungen des natürlichen Standorts nachahmen zu wollen, wäre eine absolut unlösbare Aufgabe, da die Möglichkeiten sehr begrenzt sind. Deswegen muß mit dem Bestreben, die Natur nachzuahmen, auch die entgegengesetzte Möglichkeit verfolgt werden. Das bedeutet zu versuchen, die Kakteen so weit wie möglich europäischen Verhältnissen anzupassen; mit anderen Worten, die Kakteen zu akklimatisieren. Die Akklimatisierung bringt, wie bei der Mehrzahl anderer Pflanzen, meist befriedigende Resultate. Manche bereiten jedoch große bis sehr große Schwierigkeiten. Die schwer zu akklimatisierenden Arten werden als schwierige Arten bezeichnet. Es wird ihnen ein separater Abschnitt gewidmet. Die Möglichkeiten der Akklimatisierung hängen mit der ausgeprägten Fähigkeit der meisten Kakteen zusammen, sich neuen Umweltverhältnissen anpassen zu können. Aufgrund der Anpassungsfähigkeit konnten sich die Kakteen im Laufe der Zeit an den verschiedensten Standorten festsetzen.
Je nach dem, unter welchen Kulturbedingungen die Kakteen gehalten werden, erzielt man Pflanzen verschiedener Qualität. Manche Kultivateure halten ihre Sammlung unter freiem Himmel, andere unter Glas, einige lüften mehr, und andere schattieren lieber mehr. Das reichhaltig mit Nährstoffen versorgte Erdsubstrat oder die magere

Thelocactus nidulans
(QUEHL.) BR. et R.

Thelocactus bicolor
(GAL.) BR. et R.

Mammillaria sempervivi DC.

Mammillaria napina J. A. PURPUS

Neolloidea conoidea
(DC.) BR. et R.

Coryphantha hesteri
J. WRIGHT

Coryphantha cornifera
(DC.) LEM

Erde, mehr oder weniger Wasser, das alles hat seine Wirkung auf die Konsistenz des Pflanzengewebes, die Entwicklung der Dornen oder Haare, auf die Färbung der Epidermis usw. Es ist die Summe der Umweltfaktoren, die das Aussehen und andere Eigenschaften der Pflanzen bestimmen. Der Fachmann erkennt auf den ersten Blick, ob ein Kaktus in voller Sonne, im Halbschatten, unter Glas oder im Freien gezogen, wie er ernährt wurde usw. Man kann sogar aus dem Aussehen schließen, wer die Pflanze gepflegt hat.
Der erfahrene Züchter kann durch entsprechende Kombination der Kulturmittel schon im voraus weitgehend bestimmen, wie seine Pflanzen aussehen werden. Als richtig sind die Kulturmaßnahmen anzusehen, die den Kakteen zu fester Konsistenz und guter Bedornung wie an ihrem natürlichen Standort verhelfen. Manche Kakteenfreunde bevorzugen schnelles Wachstum und glänzende Körper. Auch das kann man durch entsprechende Kultur erreichen. Es wäre völlig falsch zu denken, daß die durch verschiedene Pflegemaßnahmen erzielten Änderungen beständig blieben, oder daß neue Varietäten oder sogar neue Arten entstünden. Die Erbanlagen bleiben nämlich unter den verschiedensten Kulturmethoden immer unverändert.

TERRESTRISCHE KAKTEEN UND EPIPHYTEN

Wenn man die systematische Gliederung der Kakteen, die im letzten Kapitel behandelt wird, außer Betracht läßt, könnte man die Kakteen in zwei Gruppen teilen. Kakteen der ersten Gruppe wachsen direkt auf dem Boden, man bezeichnet sie als terrestrische Kakteen. Hierher gehören die meisten Arten. Es sind typische Kakteen mit sukkulenten Körpern und mit Areolen, aus denen Dornen oder Haare wachsen. Die zweite Gruppe, Bewohner der Baumkronen, wachsen im feuchten Milieu, meistens in Urwäldern. Mit den Wurzeln haften sie in den Ritzen der Baumrinde. Ihre Nahrung entnehmen sie dem Humus, der sich in den Verzweigungen der Äste und an anderen geeigneten Stellen ablagert. Diese Pflanzen bezeichnet man als Epiphyten. Von der ersten Gruppe unterscheiden sie sich durch die ganze Bauart der

Vegetationskörper. Ihre Stengel sind entweder dünn, rankenartig oder blattartig verbreitet und frisch grün. Sie haben die Fähigkeit, die Wurzeln an verschiedenen Stellen des Vegetationskörpers zu entwikkeln. Die Luftwurzeln hängen frei im Raum und bestreiten ihren Feuchtigkeitsbedarf aus dem in den Urwäldern reichlichen Tau.
Die beiden Gruppen leben also in der Natur unter ganz verschiedenen Bedingungen. Es ist leicht einzusehen, daß sie auch in Kultur so verschiedene Umweltbedingungen benötigen. Es wird praktisch aber kaum möglich sein, beide Gruppen gemeinsam unterzubringen. Deswegen wird den Epiphyten auch ein besonderes Kapitel gewidmet.

WACHSTUMSRHYTHMUS DER KAKTEEN

In der Natur können die Kakteen nur dann wachsen, wenn sie genügend Feuchtigkeit zur Verfügung haben. Das bedeutet, daß sie nur während der Regenzeit wachsen und einige Zeit danach, bis die Erde so ausgetrocknet ist, daß die Wurzeln keine Nahrung mehr finden können. In Gegenden, wo es nur einmal pro Jahr und dazu nur kurz regnet, ist auch die Vegetationszeit sehr kurz. Dort, wo es öfter regnet, kommen die Kakteen mehrmals zum Wachsen. Aber fast allen Fundorten sind längere Trockenperioden gemeinsam. Während der Trockenzeit ist die Intensität der Sonneneinstrahlung immer sehr groß und dauert meist den ganzen Tag hindurch. Der Mangel an Feuchtigkeit und die glühende Sonne ermöglichen keine Assimilation und demzufolge auch kein Wachstum. Es ist interessant zu beobachten, wie die Kakteen diesem mörderischen Klima widerstehen können. Vor allem hilft ihnen die Fähigkeit, im Vegetationskörper Wasservorräte anzulegen. Dessen Oberfläche ist mit Rippen versehen oder in Warzen gegliedert. Durch die Unebenheiten der Pflanzenoberfläche wird der besonnte Anteil verringert. Der direkten Sonne sind nur gewisse Teile des Vegetationskörpers ausgesetzt, während andere beschattet sind. Die Spaltöffnungen sind geschlossen und deren Anzahl ist auch geringer als bei anderen Pflanzen. Viele Arten

zerstreuen das Licht durch dichte Bedornung, zahlreiche weiße Haare oder durch Wachsausscheidungen. Manche kleinen Kakteen schrumpfen zusammen und ziehen sich in die Erde zurück wie Chileorebutien oder die ähnliche *Copiapoa hypogaea* bzw. *Gymnocactus subterraneus*. Das Wort „hypogaea" stammt aus dem Griechischen, der Ausdurck „subterraneus" aus dem Lateinischen. Beide haben jedoch die gleiche Bedeutung: „unterirdisch".
Der regelmäßige Wechsel von Wachstumsruhe und Vegetation ist der fundamentale Lebensrhythmus der Kakteen. Eine Periode der Wachstumsruhe bedeutet für Kakteen eine absolute Lebensnotwendigkeit, deren Einhalten einer der wichtigsten Grundsätze erfolgreicher Kakteenkultur ist.
Die Zeit der Vegetationsruhe muß man respektieren. Es besteht jedoch ein wesentlicher Unterschied. Die Ruhe wird nämlich nicht durch Trockenheit und Sonnenwärme wie am natürlichen Standort erzwungen, sondern durch Trockenheit und niedrige Temperaturen. Die Vegetationsruhe in Kultur ähnelt mehr der Ruhe, die die Mehrzahl der Kakteen in ihrer Heimat im Winter, wo manchmal die Temperaturen ebenfalls erheblich sinken, durchmachen muß. Der größte Unterschied liegt also darin, daß die Lichtfülle, die in der Natur selbst im Winter noch vorhanden ist, in Kultur nicht angeboten werden kann. Aber das ist nicht entscheidend, da die Lebensvorgänge ohnehin weitgehend eingestellt oder auf ein Minimum herabgesetzt sind.
Die Wachstumszeit ist in Europa erheblich länger als in der Natur. Aber das vertragen die Kakteen gut. Sie könnten auch in ihrer Heimat länger wachsen, wenn sie mehr Feuchtigkeit hätten. Aber in diesem Fall würde sich die Konkurrenz zur Vegetation der Blattpflanzen so stark entwickeln, daß die Kakteen in diesem Existenzkampf unterliegen müßten. Auch die Pflanzen extremer Klimata wie z. B. in den Wüsten von Nordchile oder in den Küstenregionen von Peru, wachsen in Kultur vom Frühjahr bis zum Herbst ohne jede unerfreuliche Folgen. Nur bei einigen, den heikelsten Arten kann man die Wachstumszeit nicht allzusehr verlängern.
Die sommerliche, heiße Ruhezeit ersetzt man den Kulturpflanzen in der Weise, daß man sie zu Beginn des Frühlings in einem geschlossenen Raum der Sonne und hohen Temperaturen aussetzt. Durch solche

Hitzestöße erzielt man im Einklang mit den Bedingungen des heimatlichen Standorts eine höhere Konzentration der Säfte.
In der Zeit der größten Sommerhitze, Ende Juli oder Anfang August, erfolgt in Kultur eine zweite, weniger auffällige Periode der Vegetationsruhe. Man nennt diese Erscheinung die sommerliche Stagnation des Wachstums. Sie wird durch die hohe Wärme und die sehr trockene Luft hervorgerufen. Die sommerliche Stagnation offenbart sich nicht bei allen Arten gleich. Am auffälligsten ist sie bei den Hochgebirgsarten und den chilenischen Arten erkennbar.
Die Vegetationsruhe bei Kakteen in Kultur wird durch Kälte und Trockenheit erzwungen. Man muß jedoch gut auf die Kälteverträglichkeit der einzelnen Arten achten. Außer den winterharten Kakteen, die den ganzen Winter hindurch ohne jeden Schutz im Freien bleiben können, gibt es viele Arten, die europäische Winterkälte nicht vertragen, obwohl sie aus Gebieten stammen, wo nachts die Temperaturen tief unter den Gefrierpunkt sinken. Sie nennen wir kühle- oder kälteliebende Arten. Die Fröste selbst würden sie auch hier nicht beschädigen, wenn nicht ergiebige Winternässe und sehr hohe Luftfeuchtigkeit hinzukämen. Solche kälteliebende Arten sind sehr zahlreich. Es gehören vor allem die Vertreter der Gattungen *Lobivia, Rebutia, Tephrocactus,* die meisten Arten der Gattungen *Gymnocalycium* und *Parodia* dazu, alles südamerikanische Pflanzen, darüberhinaus auch alle Spezies von *Trichocereus, Oreocereus.* In Nordamerika sind es die Gattungen *Echinocereus, Mamillopsis,* die *Mammillarien* der nördlicheren Standorte und die Miniaturkakteen der Gattungen *Toumeya, Utahia, Pediocactus* und viele *Coryphantha.* Diese Arten vertragen sehr gut Temperaturen, die sich dem Nullpunkt nähern. Wenn sie im Sommer blühen sollen, dürfen sie im Winter über längere Zeit keinen höheren Temperaturen als 12 °C ausgesetzt werden und müssen dabei volles Licht haben. Die niedrigeren Temperaturen um 5 °C sind aber bei den kälteliebenden Arten günstiger. Ein durch den Sonnenschein verursachter vorübergehender Anstieg der Wärme schadet nicht. Im Gegenteil, die Wintersonne erhöht die Blühwilligkeit.
Den Gegensatz zu den kühleliebenden Arten bilden die wärmeliebenden Pflanzen. Sie stammen aus tropischen Regionen und Savannen, wo die Wärme immer, auch im Winter, groß ist. Diese Arten vertragen auch in Kultur keine niedrigen Temperaturen. Wenn man sie im

kalten Raum überwintert, werden sie entweder absterben oder von braunen Flecken verunziert. Diese Arten verlangen in der Ruhezeit 12 bis 18 °C. Zu den wärmeliebenden Kakteen gehören namentlich die Gattungen *Pilosocereus, Cephalocereus, Melocactus, Discocactus, Uebelmannia* und andere. Man sieht, daß die obere Temperaturgrenze für kälteliebende Arten gleichzeitig die untere Grenze für die Überwinterung der wärmebedürftigen Arten darstellt. Diese Grenztemperatur liegt bei 12 °C. Sowohl kühle- wie die wärmeliebende, gleichzeitig auch alle anderen Arten, die den Übergang zwischen beiden Gruppen bilden, können bei 12 °C überwintert werden. Ein Kompromiß, der auch seine Tücken hat. Es wäre naturnaher und zuverlässiger, wenn beide Gruppen separat unter den jeweils günstigen Bedingungen überwintert würden. Informationen, aus welcher Gegend die Kakteen eingeführt wurden, helfen hauptsächlich im Winter, der Zeit der Vegetationsruhe, die gröbsten Fehler zu vermeiden.

AUFSTELLUNG IM SOMMER

In der Wachstumszeit von Frühjahr bis Herbst brauchen die Kakteen, gemeint sind vorläufig nur die terrestrischen Arten, möglichst viel Licht. Die Stelle, wo eine Kakteensammlung aufgestellt wird, sollte der vollen Sonne ausgesetzt sein und nicht einmal vorübergehend im Schatten liegen. Der ideale Standort wird sofort nach Sonnenaufgang bestrahlt und die Sonnenstrahlen treffen ihn bis zum Untergang. Solche ideale Lagen gibt es besonders in der Stadt nicht viele. Aber auch bei halbtägiger Sonneneinstrahlung kann man noch viele Arten ziehen. Die Morgensonne ist immer günstiger als die Nachmittagssonne. Deswegen gibt man der Südost- den Vorzug vor der Südwestlage. Wenn keine andere Möglichkeit besteht, als die Sammlung in Richtung Nordost oder Nordwest zu plazieren, muß die Auswahl der Arten erheblich eingeschränkt werden. Bei passender Auslese kann man jedoch auch dort gute Kulturerfolge erzielen.
Neben den direkten Sonnenstrahlen ist für die Vegetation auch das

reflektierte Licht von großer Bedeutung. Deswegen ist es grundsätzlich nicht möglich, Kakteen im Zimmer hinter dem Fenster mit Erfolg zu pflegen. Gemeint sind die klassischen Doppelfenster, wie sie in alten Häusern noch vorhanden sind. Wenn man aber die Kakteen vor das Fenster stellt, wird man bald erkennen, daß sie viel besser gedeihen. Kakteen sind als Zimmerpflanzen im Sinne des Wortes nicht geeignet. Die üblichen Zierpflanzen wie *Aspidistra,* Begonien, Farne usw. sind alle schattenliebend, wogegen Kakteen die Sonne gewöhnt sind und zwar in solcher Intensität, wie man sie in Europa nie anbieten kann.

Anders ist die Lage in modernen Häusern, wo beide Fensterscheiben nahe aneinander in einem Rahmen installiert sind. Hinter solchen Fenstern können die Kakteen ebensogut gedeihen, wie draußen auf dem Sims. In alten Häusern war der breite Zwischenraum zwischen den Fensterflügeln ein geeigneter Standort für eine Sammlung besonders dann, wenn sich die äußeren Flügel nach außen öffnen ließen. So konnte man den Kakteen nicht nur die direkte Sonne, sondern auch frische Luft anbieten.

Für die Kakteenpflege ist ein Standort umso günstiger, je größer die lichtgebende Fläche über den Pflanzen ist. Hinter dem Fenster im Raum bekommt eine Pflanze nur noch 10 % des natürlichen Lichts.

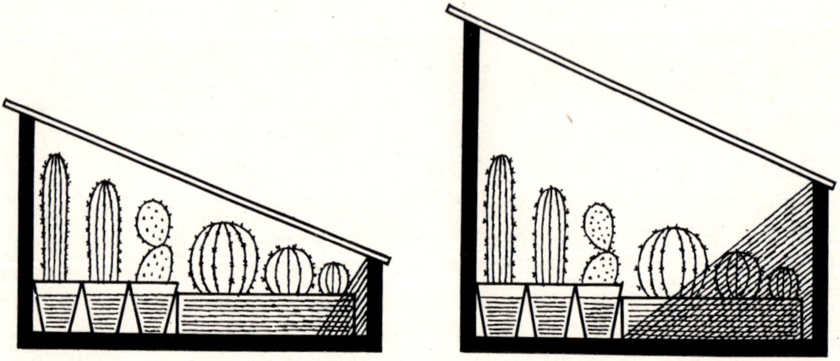

Fenstergewächshaus (Schema). Links sind die Scheitel der Pflanzen nahe der Glasabdeckung, also richtig; rechts sind die Kakteen zu weit vom Glas entfernt, die Vorderwand wirft zu starken Schlagschatten.

Wenn man sie jedoch vor das Fenster stellt, steigt der Wert auf 50 %. Das ist gewiß ein großer Unterschied. Stellt man dieselbe Pflanze auf das ebene Dach eines hohen Gebäudes, bekommt sie ganze 100 % des vom Himmel abgestrahlten Lichtes und dazu noch direkte Sonne.
Die Lichtintensität wird ferner durch die örtliche Lage, die Meereshöhe, die Nähe von Industriebetrieben (Emissionen) usw. beeinflußt. Es ist bekannt, daß Kakteen, die in größerer Meereshöhe und in einer Gegend mit reiner Luft wachsen, erheblich mächtigere Dornen entwickeln als in niedrigeren Lagen, wo die Luft durch Rauch und Asche aus Industrieanlagen verunreinigt wird.
Die meisten Kakteenfreunde ziehen ihre Pflanzen vor dem Fenster. Es existieren jedoch nur sehr wenige Arten, die man in einem Fensterkasten ohne jeden Schutz aufstellen kann. Nur die widerstandsfähigsten ertragen alle Launen des Wetters unbeschädigt wie die sehr verbreiteten *Echinopsis,* kleine Trichocereen und Opuntien, *Chamaecereus silvestrii* und wenige Mammillarien. Deswegen ist die Anschaffung eines Fenstergewächshäuschens notwendig. Eine sehr einfache Einrichtung, die sich jedermann mit ein wenig handwerklichem Geschick selbst basteln kann. Es genügt eine Holzkiste, bei der die Seitenwände schräg abgeschnitten wurden, wie es aus dem Bild ersichtlich ist. Zur Abdeckung eines solchen Gewächshäuschens genügt ein Stück Fensterglas oder eine transparente Folie, die über einen Holzrahmen gespannt ist. Man sollte besonders darauf achten, die ganze Vorrichtung so gründlich zu befestigen, daß sie selbst ein heftiger Sturm nicht herabwerfen kann.
Das Gewächshäuschen kann auch in einer schöneren Ausführung hergestellt werden. Das Gerippe besteht aus Winkeleisen und wird zusammengeschraubt oder -geschweißt, die Seitenwände und die Rückwand sind aus Glas oder Folie. Die vordere Wand soll immer aus Holz hergestellt sein. Ein großer Vorteil ist eine abklappbare oder abnehmbare Rückwand. Sie erleichtert die Lüftung, man hat vom Wohnraum aus einen guten Zugang zu den Kakteen und kann sie bequem kontrollieren. Auch das ist wichtig.
Sehr günstige Bedingungen zur Aufstellung der Kakteensammlung bestehen dort, wo ein Balkon, eine Terrasse, oder ein ebenes Dach vorhanden sind. Dort kann eine ähnliche Einrichtung wie das Fenstergewächshäuschen, jedoch in größeren Dimensionen installiert

werden. Man stellt es entweder auf den Boden oder einen Tisch, gegebenenfalls wird es auf der Randmauer oder am Geländer befestigt. Dabei nimmt man Rücksicht darauf, daß die Pflanzen möglichst viel direkte Sonne bekommen. Alle Fenster- und Terassengewächshäuschen sollten sehr niedrig sein. Für die Vorderwand reichen 10 bis 12 cm aus und für die Rückwand nur wenig mehr, um eine allzu steile Neigung des Deckglases oder der Folie zu vermeiden. Je näher die Scheitel der Kakteen der Abdeckung sind, umso besser sind die Kulturerfolge.

Im Garten bewährt sich auch ein Frühbeet. Es ist eine so bekannte Einrichtung, daß man auf die Beschreibung verzichten kann. Das Frühbeet für Kakteen soll sehr flach sein, damit die Pflanzen nahe dem Glas stehen. Die Kultur ist sehr einfach und die Kakteen gedeihen meist ausgezeichnet. In Gärten, wo große Bäume oder hohe Gebäude viel Schatten werfen, ist es vorteilhaft, das Frühbeet vom Boden abzuheben. Wenn man das Frühbeet auf nur 1 m hohe Beine stellt, gewinnt man oft sehr viel Licht und erzielt bessere Erfolge als an einer schattigen Stelle.

Ein Wunschtraum vieler Kakteenfreunde ist ein eigenes Gewächshaus. Die Erfüllung ist vor allem von den Platzmöglichkeiten abhängig. Die Kosten müssen nicht sehr hoch sein, wenn der Kakteenfreund geschickt ist und handwerkliche Arbeiten beherrscht. Sehr leicht kann man ein Liebhabergewächshaus aus vorgefertigten Teilen zusammenbauen oder sich ein komplettes, typisiertes Kleingewächshaus wie es von verschiedenen Firmen angeboten wird, beschaffen.

Hinsichtlich der Konstruktion unterscheidet man zwischen Satteldach- und Pultdachgewächshäusern. Das einseitige Gewächshaus mit Pultdach bietet sich nur dort an, wo das günstigere Satteldach nicht möglich ist. Für die Verglasung hat sich im allgemeinen Klarglas besser bewährt als Blankglas. Klarglas streut die Sonnenstrahlen, deshalb entstehen in solchen Gewächshäusern keine Schlagschatten, die für das Wachstum sehr ungünstig sind. Vorteilhaft ist auch ein abnehmbares Dach. Das Gewächshaus baut man grundsätzlich nur an Standorte, wo günstige Lichtverhältnisse herrschen. Auf ebenen Dächern, Garagen oder auf anderen Gebäuden aufgesetzte Gewächshäuser haben sich gut bewährt.

Gute Resultate erzielen auch die Kakteenfreunde, die einen Teil des

Coryphantha brevicornis

Coryphantha pectinata
(ENG.) BR. et R.

Coryphantha bumamma
(EHRENBG.) BR. et R.

Neobesseya missouriensis (SWEET) BR. et R.

Mammillaria magallanii SCHMOLL

Ferocactus glaucescens (DC.) BR. et R.

Ferocactus melocactiformis BR. et R.

Ferocactus viridescens
(TORR. et GRAY) BR. et R.

Ferocactus horridus
BR. et R.

Dachbodens zum Gewächshaus umgebaut haben. An der Südseite des Daches werden die Dachziegel durch Glasscheiben ersetzt und der entsprechende Raum durch eine Holzkonstruktion und Isolierplatten vom übrigen Dachboden abgegrenzt. Daß in solchen Fällen eine Isolation des Bodens durchgeführt werden muß, um die Feuchtigkeit zurückzuhalten, versteht sich von selbst. Alle Gewächshäuser, die für Kakteen bestimmt sind, müssen vor allem gut lüftbar sein. Ein Drittel der Dachfläche sollte die Lüftungseinrichtung einnehmen. Wenn das nicht möglich ist, müssen einer oder mehrere elektrische Ventilatoren installiert werden, die sich automatisch einschalten, wenn die Wärme auf 35 bis 40 °C ansteigt. Das hat Gültigkeit sowohl für die Hobby-Gewächshäuser wie für den Erwerbsgärtner. Bei ungenügender Lüftung müßten Glashäuser während des Sommers ungenutzt bleiben und die Kakteen in die Frühbeete geräumt werden. Außer den ökonomischen Verlusten, die durch ungenutzte Gewächshausfläche entstünden, wären weitere Kosten für das Aus- und Einräumen der Frühbeete notwendig.

ÜBERWINTERUNG

Während der Vegetationsruhe ist für die Kakteen ein Überwinterungsraum ohne unangemessen hohe Wärme wichtig. Bei andauernd hohen Temperaturen wüchsen die Pflanzen auch ohne Begießen und würden die während der Vegetationsperiode gespeicherten Wasservorräte und Assimilate aufbrauchen. Angesichts der schlechten Lichtverhältnisse im Winter wäre der Zuwachs unschön. Der Pflanzenkörper zöge sich in die Länge, wäre dünn, sehr hell gefärbt und ohne Dornen. Solche deformierten Kakteen sieht man oft in warmen Wohn- und Büroräumen. In einem richtig temperierten Raum können Kakteen auch ohne Licht viele Monate gut überwintern.
In der Wohnung läßt sich die Sammlung während des Winters in jedem Raum aufstellen, der nicht geheizt wird und wo es nicht friert. Die Kakteen lassen sich in einem Zimmergewächshaus arrangieren, man kann sie auch aus der Erde herausnehmen, einzeln in Seidenpa-

pier einwickeln, in eine Kiste geben und in einem kühlen Raum aufbewahren. Es gibt genug Möglichkeiten, auch eine umfangreichere Sammlung auf einer kleinen Fläche zu lagern, wenn man die Pflanzen in Stellagen unterbringt. So kann der ganze Raum bis zur Zimmerdekke ausgenüzt werden. Fast unüberwindliche Schwierigkeiten bieten sich in modernen, zentralgeheizten Räumen. Dort ist oft kein Raum zu finden, in dem die Temperatur nicht allzu hoch wäre. In solchen Fällen muß man auf die Haltung kälteliebender Arten verzichten. Wärmeliebende Kakteen vertragen die normale Zimmertemperatur ohne negative Folgen. Es ist aber notwendig, sie in der Nähe des Fensters aufzustellen, um ihnen wenigstens etwas Licht zu verschaffen. Der Raum zwischen dem inneren und äußeren Fensterflügel bietet sich an, wenigstens eine geringere Anzahl der kälteliebenden Arten zu kultivieren. Man sollte sich aber flache Pflanzwannen besorgen, die sich genau in den Zwischenraum zwischen den äußeren und inneren Glasscheiben einfügen lassen. Derart können die Kakteen selbst in Etagen übereinander aufgestellt werden. Bei strengem Frost öffnet man einfach die inneren Flügel. Bei länger andauernder Kälte bringt man die Kakteen vorübergehend im Wohnraum unter und stellt sie danach wieder zwischen die Fenster. Eine bewährte Methode. Kälteliebende Arten blühen nach derartiger Überwinterung besonders reich. Ein Nachteil ist, beim Lüften das von den Kakteen besetzte Fenster nicht öffnen zu können.

Ausnahmsweise können Kakteen auch im Keller überwintert werden. Der entsprechende Raum muß alljährlich mit Kalkfarbe gestrichen werden. Keinesfalls darf man einen Kellerraum wo Kartoffeln gelagert werden, benützen. An den Kartoffeln bilden sich oft Schimmelpilze, die auch die Kakteen befallen und erhebliche Verluste, zumindest aber häßliche Flecken verursachen. Feuchte Keller sind ebenso unbrauchbar. Kakteenfäulen könnten sich ausbreiten und zu schweren Verlusten führen. Wenn der Kakteenfreund einen Befall feststellt, ist es meistens zu spät und von einer großen Sammlung bleiben nur einige Exemplare übrig.

Am besten überwintert man die Kakteen in einem speziell ihnen vorbehaltenen Gewächshaus. Die Temperatur kann beliebig reguliert werden und die Pflanzen haben auch reichlich Licht. In der Zeit großer Fröste werden die Glashäuser mit Matten und Brettern abgedeckt, so daß sie auch hier gewisse Zeit im Dunkeln stehen. Im Gewächshaus muß man jedoch heizen und das ist meist sehr lästig. Um sich das zu ersparen, bringen viele Kakteenfreunde im Oktober sämtliche Pflanzen in die Wohnung und gegen Ende Februar, je nach der Witterung wieder zurück. Dabei ist daran zu denken, daß ein Gewächshaus, das im Winter nicht geheizt wurde, zuerst entsprechend durchwärmt wird. Sonst wirkt es wie ein Kühlschrank und kann unangenehme Schäden an den Pflanzen verursachen.

Wer eine größere Sammlung besitzt, braucht unbedingt ein Gewächshaus, wo die Pflanzen den ganzen Winter hindurch bleiben können. Wiederum steht die Frage der Heizung im Vordergrund. Eine gute Lösung ist der direkte Anschluß des Gewächshauses an die Zentralheizung des Wohnhauses. Damit entfällt die Bedienung einer separaten Heizung im Gewächshaus. Aber auch das ist nicht ohne Nachteile. Wenn es nicht allzu kühl ist, ist der Heizrhythmus in den Wohnhäusern und im Gewächshaus gleich. Wenn aber das Thermometer tief unter den Nullpunkt sinkt, ist die Notwendigkeit von Wärme im Gewächshaus größer als im Wohnzimmer. Jedes Gewächshaus sollte deshalb mit einem separaten Heizsystem ausgestattet werden.

Für kleinere und mittlere Glashäuser haben sich Brikettöfen als sehr

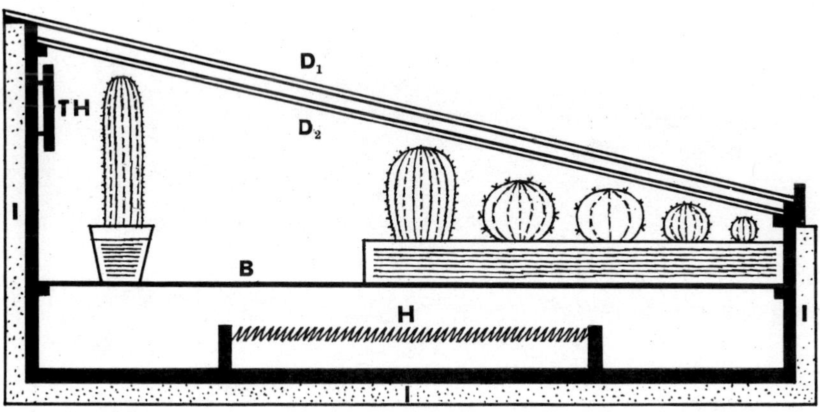

Fenstergewächshaus mit Heizung. B = Bodenplatte; D_1, D_2 = Deckgläser; H = Heizkörper; I = Isolation; TH = Thermostat.

praktisch erwiesen. Bei geschlossenem Zug brennen sie zehn Stunden und mehr und geben eine milde Wärme ab. Bei anderen Heizeinrichtungen muß im Laufe der Nacht mehrmals Brennstoff nachgefüllt werden und das ist weder bequem noch angenehm. So ein kleiner Ofen leistet auch im Frühjahr gute Dienste, wenn die Wohnungen nicht mehr beheizt werden, aber im Gewächshaus höhere Temperaturen benötigt werden, da sich die Pflanzen schon im Wachstum befinden.

Auch dort, wo die Beheizung des Gewächshauses mit einer selbständigen Wärmequelle notwendig ist, hat sich der kleine Brikettofen besser bewährt als andere Systeme. Man tut gut daran, den kleinen, einfachen Ofen mit zwei Reihen von Ziegeln zu umstellen. Sie wärmen sich durch und es entsteht eine Art Akkumulator, der die Wärme langsam abstrahlt. Vom Ofen zum Kamin sollte eine möglichst lange Rauchröhre führen. So wird auch die Wärme des Rauches ausgenutzt und gleichzeitig an entferntere Stellen geführt. Praktisch, aber teurer ist der Ölofen.

Gegen unnötige Wärmeverluste isoliert man das Gewächshaus, indem man eine zweite Schicht Fenster auflegt. Es hat sich auch das Aufziehen von Kunststoffolien im Innern bewährt. So entsteht eine wärmeisolierende Luftschicht zwischen der Folie und den Glasscheiben. Der Wärmedurchgang wird beträchtlich gesenkt. In jedem Gewächshaus sollte sich ein Thermostat befinden, der das Absinken der Temperatur auf eine kritische Grenze von 5 °C signalisiert.

Kleinere Sammlungen können in einem heizbaren Fenster- oder Terrassengewächshaus den Winter überstehen. Ein solches Häuschen ist tiefer als normal, damit im unteren Teil ein Raum für die Aufstellung der Heizspiralen frei bleibt. Über der Heizspirale befindet sich der wasserdichte Raum, wo die Kakteen im Sommer wie im Winter bleiben können. Das Häuschen darf keine Fugen haben und muß in der kalten Jahreszeit gegen Wärmeverluste gut isoliert werden. Boden und Seitenwände werden mit Styropor und ähnlichen wärmeisolierenden Platten verkleidet. Von oben werden zwei Glasscheiben aufgelegt, wobei die äußere mindestens 5 mm dick sein muß. Bei besonders tiefen Kältegraden bzw. nachts deckt man alles, auch von oben, mit einer isolierenden Platte ab, die zuverlässig das Durchfrieren verhindert.

Damit die Stromkosten der elektrischen Heizung nicht zu hoch und die Pflanzen durch unangemessene Hitze nicht beschädigt werden, sollte man unbedingt einen Thermostaten installieren. Früher wurden spezielle Thermometer verwendet, derzeit wird meist eine Einrichtung mit Thermistoren benutzt. Das Schaltschema findet man in der Literatur für Radiobastler. Wer mit solchen Dingen nicht genügend Erfahrungen hat, sollte sich an einen Fachmann wenden. Der Stromverbrauch ist bei guter Funktion des Thermostats nicht besonders hoch. In normalen Fällen werden pro Quadratmeter Gewächshausfläche und pro Saison etwa 200 Kilowattstunden verbraucht. Die Kakteen fühlen sich in Verbindung mit der positiven Wirkung der Wintersonne äußerst wohl.

VORBEREITUNG DES SUBSTRATES

In der Kakteenliteratur findet man viele Vorschläge zur Zusammensetzung des Erdsubstrates für die Kakteen. Die Ansichten einzelner Autoren sind oft widersprüchlich. Die Ursache ist wohl darin zu suchen, daß viele Anleitungen für die Kakteenpflege oft von Leuten

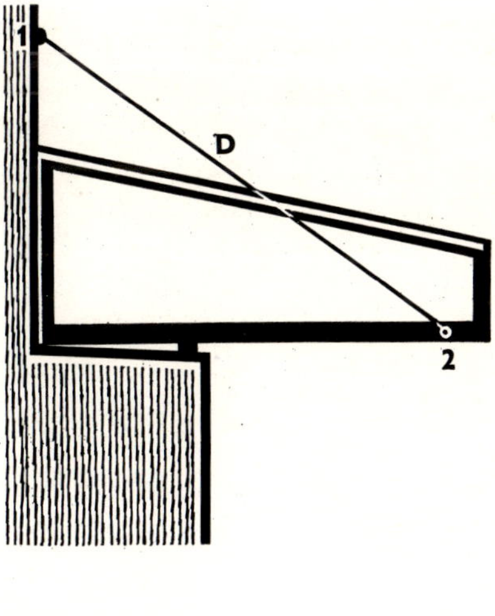

Sicherung des Gewächshauses vor dem Fenster. D = Draht; 1, 2 = Befestigungsstellen.

geschrieben werden, die entweder keine oder nur oberflächliche Erfahrungen haben. Auf Grund praktischer Erkenntnisse, die an Hunderttausenden von Kakteen gesammelt wurden und die sich im Laufe mehrerer Jahrzente bewährt haben, hat sich gezeigt, daß sich für Kakteen am besten ein Substrat eignet, das nicht nur gute chemische und biologische, sondern vor allem gute physikalische Eigenschaften aufweist. Was die chemische Seite anbelangt, muß die Kakteenerde alle Grundnährstoffe wie Stickstoff, Phosphor und Kali (N, P, K) ferner Kalk (Ca) und viele Spurenelemente enthalten. Weitere wichtige Elemente wie Kohlenstoff (C), Wasserstoff (H) und Sauerstoff (0) sind in der Luft und im Wasser enthalten. Alle Nährstoffe müssen in der für die Pflanzen aufnehmbaren Form und in genügender Menge vorhanden sein. Die Erde darf weder zu sauer noch zu alkalisch reagieren. Für die meisten Kakteen sind die schwach sauren Verhältnisse, etwa pH 6 die besten. Kakteen vertragen zwar eine etwas mehr saure oder mehr alkalische Bodenreaktion, aber bei größeren Abweichungen vom Optimum wachsen sie nicht so gut und bei pH 8 stellen sie jedes Wachstum ein.

Biologische Eigenschaften stehen in direktem Zusammenhang mit der Anzahl verschiedener Organismen in der Erde. Am wichtigsten sind die Bodenbakterien. Viele dieser Lebewesen zersetzen den Humus in einfachere, für die Pflanzen aufnehmbare Stoffe. Einige haben sogar die Fähigkeit, die Erde mit Stickstoff zu bereichern. Mit anderen Worten, die Bodenbakterien erzeugen immer neue Nährstoffvorräte für die Pflanzen.

Von besonderer Wichtigkeit sind die physikalischen Eigenschaften der Erde. Sie setzt sich aus verschieden großen Bodenteilen zusammen. Wenn alle diese Teile klein oder überwiegend klein sind, binden sie sich stark aneinander oder kleben zusammen. Eine derartige Erde ist kompakt und luftarm. Man bezeichnet sie als schwere Erde im Gegensatz zur leichten Erde, die überwiegend Sandkörner enthält. Leichte Erde ist sehr durchlässig und luftig.

Die Kakteenerde soll zwar luftig und durchlässig sein, aber auch genügend feine Bestandteile und Humus enthalten. Das erreicht man durch Mischung einiger Substrate. Einige in Betracht kommende Substrate werden im folgenden genannt, zusammen mit ihren wichtigsten Eigenschaften im Hinblick auf die Bedürfnisse der Kakteen:

Torfmull entsteht durch Zersetzung von Moostorf ohne Zutritt von Luft. Es ist ein roher Humus mit einem sehr geringen Nährstoffgehalt. Torfmull hat aber wichtige Eigenschaften. Er ist ziemlich sauer und dabei sehr luftig. Zugleich bindet er Wasser und Nährstoffe.
Lauberde entsteht durch Zersetzung des Laubes. Sie hat verschiedene Eigenschaften je nach der Art der Blätter, aus denen sie entstanden ist. Als am besten gilt Buchenlauberde, sofern das Laub aus Wäldern stammt, die auf einer Kalkformation wachsen. Sie zeigt eine neutrale Bodenreaktion. Erden aus Eichen- oder Kastanienlaub sind meistens sauer. Um gute Lauberde vorzubereiten, muß das Laub zwei Jahre kompostiert und während dieser Zeit einige Male umgesetzt werden.
Nadelerde ist eine Streu aus Kiefern- oder Fichtennadeln in unterschiedlichem Zustand der Zersetzung. In trockenen Lagen findet sich unter der Schicht frischer Nadeln eine ziemlich zersetzte Nadelstreu. Sie muß vor Verwendung im Garten kompostiert und öfter umgeworfen werden. Nadelerde ist sehr sauer. Man gebraucht sie als Zusatz zu sehr alkalischen Substraten. Sie lockert auch die Erde. Nadelerde kann Torfmull ersetzen, den sie in ihren Eigenschaften sogar überragt.
Misterde besteht aus verwesendem Stallmist. Die beste ist die Erde aus Rindermist. Je älter, desto besser. Sie soll schwarze, leichte Erde bilden, in der keine Reste von Mist oder Stroh mehr wahrnehmbar sind. Die Bodenreaktion ist neutral bis leicht alkalisch. Die positive Wirkung der Kuhmisterde wird außer ihrem Nährstoffreichtum auch den im Rindermist enthaltenen Hormonen zugeschrieben.
Rasenerde ist eine schwere Erde, die durch das Kompostieren von Rasen entsteht. Ihre Eigenschaften sind von der Bodenart, auf der der Rasen gewachsen ist, abhängig. So enthält die Rasenerde von kalkhaltiger Unterlage viel Kalzium. Beim Kompostieren ist es zweckmäßig, einzelne Schichten Stallmist dazwischenzulegen. Die Rasenerde wird als Zusatz zu allzu humosen Erdarten verwendet. Sie bindet lange die Nährstoffe.
Sand wird zur Strukturverbesserung der Erdmischung benutzt. Die Sande sind in ihren Eigenschaften recht unterschiedlich. Manche enthalten lehmige Beimischungen, die ein Zusammenballen des Substrates verursachen. Derartiger Sand muß vorher gut durchgewaschen werden, damit die feinkörnigen Teilchen entfernt werden.
Ziegelsplitt dient ebenfalls zur Verbesserung der physikalischen

Eigenschaften eines Substrats. Jede Erdmischung soll mindestens ein Drittel Sand und Ziegelsplitt enthalten. Bei heiklen Arten erhöht sich dieser Anteil bis auf 50 %. Der Ziegelsplitt enthält oft viel Staub, der vorher gründlich durch Waschen beseitigt werden muß. Manche Kakteen vertragen ungewaschenen Ziegelsplitt wegen der relativ hohen Alkalität nicht. Für solche Pflanzen kann als Ersatz auch Granit- oder Feldspatkies feinerer Körnung verwendet werden.
Die Grunderde für Kakteen besteht aus zwei bis drei Teilen Torfmull oder Nadelerde, 1,5 Teilen Sand, 1,5 Teilen Ziegelsplitt, zwei Teilen Misterde und einem Teil Rasenerde. Die Grundmischung läßt sich abändern, je nachdem, für welche Kakteen sie bestimmt ist. Für *Echinopsis, Aporocactus, Epiphyllum* gibt man weniger Ziegelsplitt und Sand und erhöht den Anteil der Misterde. Cereen brauchen mehr Rasenerde, Mammillarien, besonders die weißen, weniger Torfmull, dafür mehr Rasenerde und Ziegelsplitt. Für Raritäten mit empflindlichen Wurzeln setzt sich die Erdmischung so zusammen, daß nur 10 bis 20 % Humus enthalten sind, der Rest besteht aus Sand und Splitt.
Früher wurde der Kalk in Form alten Mörtels oder sogar als Schlämmkreide zugeführt. Es hat sich aber gezeigt, daß die meisten Kakteen den Kalk in dieser Form nicht vertragen. Die Pflanzen kränkeln und verlieren die Wurzeln. Am markantesten hat sich dies bei den Gattungen *Ferocactus* und *Echinofossulocactus* gezeigt. Bei diesen Arten verwendet man heute sehr sandige Substrate mit viel sauerem Humus. Falls man diese Mischung für Astrophyten benutzen wollte, darf man keine große Freude erwarten. Besonders die großen Exemplare von *Astrophytum ornatum* verlieren im saueren Humus schnell ihre Wurzeln und sterben ab. Die Erdmischung für alle Astrophyten besteht aus Rasenerde mit 70 % Sand und Ziegelsplitt. Damit das Wachstum zufriedenstellend ist, sollte man dem Gießwasser einen Volldünger in reiner Form zusetzen. Astrophyten wollen eine neutrale oder leicht alkalische Bodenreaktion. Der in der Rasenerde enthaltene Kalk ist meist genügend. Der Ca-Gehalt kann durch die Zugabe von gemahlenem Kalk, Schlämmkreide oder Gips erhöht werden. 1 g pro 1 Liter Substrat genügt. Für die Gattungen *Thelocactus* und *Coryphantha* sind gleiche Teile der Astrophytenerde und der Grunderdmischung zu empfehlen.

Gymnocalycium kozelskyanum SCHÜTZ

Gymnocalycium pungens FLEISCHER

Gymnocalycium uruguayense
(AR.) BR. et R.

Gymnocactus mandragora
(FRIČ) BACKBG.

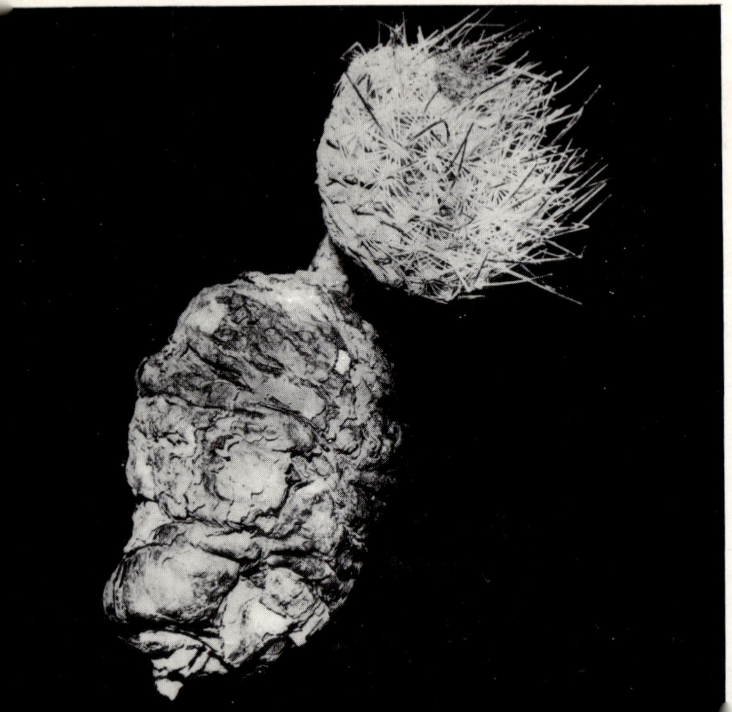

Homalocephala texensis
(HOPFF.) BR. et R.

Pelecyphora asseliformis
EHRENBERG

Pyrrhocactus umadeave
(FRIČ) BR. et R.

Strombocactus disciformis
(DC.) BR. et R.

KULTURGEFÄSSE

Wenn man die Kakteen nicht direkt in die Erde des Frühbeets, auf ein Tischbeet im Gewächshaus oder in ein Gartenbeet pflanzt, setzt man sie meist in Handkästen, Schalen oder Töpfe. Hier hat sich in der heutigen Zeit viel geändert. Das gilt vor allem für die Blumentöpfe.
Die traditionellen Tontöpfe haben viele Nachteile. Kleine Töpfe trocknen sehr schnell aus, man muß oft gießen, sonst leiden die Kakteen unter der Trockenheit und wachsen während der Vegetationszeit nicht. Der Tontopf verdunstet das Wasser mit seiner ganzen Oberfläche. Damit wird der Inhalt abgekühlt. Noch schlimmer ist die Tatsache, daß die trockenen Tontöpfe dem Wurzelballen die Feuchtigkeit entziehen. Es entsteht eine Wasserströmung in Richtung der porösen Wände und mit dem Wasser wandern auch die darin gelösten Nährstoffe. Der Feuchtigkeit folgen auch die Wurzeln, die sich entlang der Topfwände stark verzweigen und schließlich verfilzen. Das Substrat wird durch oftmaliges Gießen entwertet und bei Verwendung von Leitungswasser auch erheblich alkalisiert. Die Bodenreaktion erreicht sehr schnell die Grenze, wo kein Kaktus mehr wachsen kann. Aus diesem Grunde hat man die Tontöpfe früher eingesenkt, um Wasserverluste durch Verdunstung zu verhindern.
Viel bequemer und zweckmäßiger sind daher die nichtporösen Pflanzgefäße. Früher waren es Konservenbüchsen, heute verwendet man Plastiktöpfe. Sofort entfallen alle Nachteile der Tongefäße. Töpfe aus Kunststoff muß man nicht einsenken. Man sollte sie nur so zusammenstellen, daß sie sich gegenseitig teilweise beschatten und sich vor zu starker Erwärmung schützen. Die modernen Erzeugnisse sind außerdem leicht, fast unzerbrechlich und da die Wände dünner sind, kann man auf der gegebenen Fläche 10 % mehr Kakteen aufstellen als früher. Handkästen wurden früher aus Holz oder Ton hergestellt. Ton ist aber schwer und leicht zerbrechlich. Die Lebensdauer auch der hölzernen Gefäße war sehr beschränkt. Holz wurde oft von Pilzen befallen, die auch das Pflanzsubstrat angriffen und Wurzelverlust hervorriefen. Aus diesen Gründen benutzt man heute entweder Kunststoff oder Blech. Blech hat den Vorteil, daß die Pflanzkästen den jeweiligen Platzverhältnissen angepaßt werden können. In der

Praxis hat sich Zinkblech, verzinktes Eisenblech oder Aluminiumblech bewährt. Die Blechgefäße sind so haltbar, daß sich die höheren Investitionen lohnen. Für verschieden große Pflanzen sind Tiefen von 5 bis 7 cm günstig, ansonsten richten sich die Ausmaße nach dem Bedarf. Wichtig sind Öffnungen im Boden für den Wasserabzug. Sie sollen wenigstens 6 mm im Durchmesser haben und sich in jeder Ecke befinden.

UMPFLANZEN

Die Kakteen werden meist im Frühjahr umgepflanzt. Die kleineren kommen in Kästchen, die Größeren einzeln in Töpfe oder breite, runde Schalen. Im Frühbeet kann man direkt in den Boden pflanzen, wo die Kakteen während der Vegetationsperiode gut gedeihen. Im Herbst nimmt man sie zum Überwintern wieder heraus und lagert sie dicht aneinander in Kisten, so daß sie möglichst wenig Raum einnehmen. Kakteen sind also auch ohne Töpfe und andere Kulturgefäße zu halten. Dies hat Vorteile, aber auch Nachteile. Wenn eine Pilzerkrankung auftritt, werden meist mehrere Pflanzen befallen. Einzelne Pflanzen kann man herausnehmen, ohne daß man ihr Wachstum stört. Im Herbst trocknet das untere Drittel des Frühbeets nicht aus und das kann zu Wurzelverlust führen.

Die Erdmischung, die zum Pflanzen verwendet wird, soll weder zu naß noch zu trocken sein. Kleinere Pflanzen für Handkästen werden so gesetzt, daß der Abstand zwischen den Kakteen etwa ihrem Durchmesser entspricht. Bei größeren reicht die Hälfte des Pflanzendurchmessers. Eine alte Erfahrung lehrt, daß die Kakteen am besten wachsen, wenn sie so dicht stehen, daß sie sich gegenseitig berühren. Kakteen, die in allzu großer Entfernung gepflanzt wurden, wurzeln schlecht und wollen oft überhaupt nicht wachsen.

Umpflanzen kann man nicht nur im Frühjahr, sondern auch gegen Ende der sommerlichen Wachstumsstagnation, d. h. gegen Ende Juli oder Anfang August. Für die Frühjahrsblüher ist dies sogar sehr vorteilhaft. Alle Pflanzen, die in der angegebenen Zeit umgepflanzt wurden, wachsen noch bis in den Herbst sehr gut, oft besser als die nicht umgepflanzten. Manche Kakteenkenner setzen grundsätzlich die ganze Sammlung im Sommer um und ersparen sich so die Arbeit im Frühjahr. Andere pflanzen prinzipiell zweimal um, sowohl im Frühjahr wie im Herbst und verweisen auf gute Erfolge.

Beim Pflanzen sind gewisse Grundregeln zu beachten. Die wichtigste ist, daß die Wurzeln gerade nach unten weisen. Die Wurzeln dürfen nicht gekrümmt oder sogar nach oben gebogen werden. Die Kakteen bleiben sonst sitzen. Allzu lange Wurzeln kürzt man lieber etwas ein. Damit sich die Schnittstellen schließen, legt man die Pflanzen an einen warmen Platz. Erst dann soll man pflanzen. Eine weitere Grundregel verlangt das Entfernen der alten Erde. Die richtige Erdmischung sollte beim Umpflanzen ohnehin selbst von den Wurzeln abfallen. Es genügt in der Regel, die Pflanze einige Male zu

Pflanzen von Kakteen. Links richtig; rechts falsch, die Wurzelspitzen sind nach oben gebogen; S = Scherbe, links richtig, mit der gewölbten Seite nach oben, rechts falsch; D = Drainage.

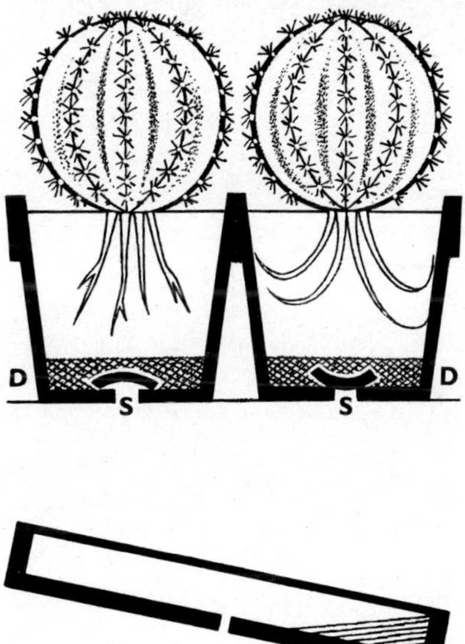

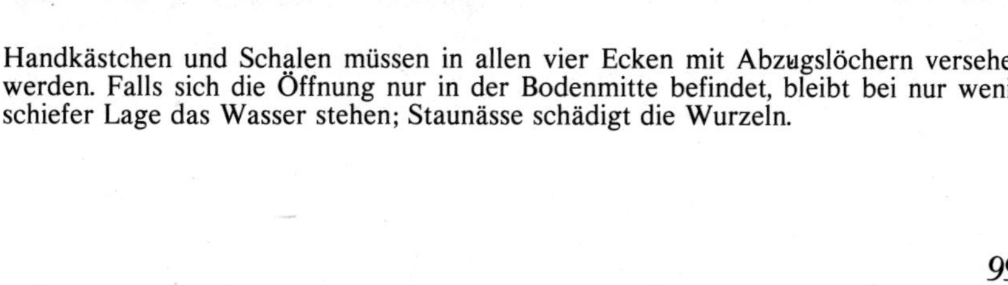

Handkästchen und Schalen müssen in allen vier Ecken mit Abzugslöchern versehen werden. Falls sich die Öffnung nur in der Bodenmitte befindet, bleibt bei nur wenig schiefer Lage das Wasser stehen; Staunässe schädigt die Wurzeln.

schütteln. Falls die Erde fest an den Wurzeln haftet, sollte man versuchen, sie leicht abzubröckeln oder sich eines kleineren Pinsels zu bedienen. Besonders sorgfältig sind alle Erdreste zu entfernen, wenn die Wurzeln von Schädlingen befallen sind. Die gesäuberten Wurzeln werden desinfiziert und erst dann wird gepflanzt.

Eine ernste Gefahr für die Kakteenwurzeln bedeutet übermäßige Nässe. Der Abfluß des überschüssigen Wassers muß deshalb gewährleistet sein. Bei jedem Pflanzgefäß ist zu kontollieren, ob die Abzugsöffnungen frei sind. Bei Blechgefäßen muß der Randwulst nach außen gerichtet sein. Gefäße mit breitem Boden sollten einige Öffnungen direkt am Rand besitzen. Sonst entsteht bei schräger Stellung ein kleiner unterirdischer See, das Substrat bleibt naß und die Kakteenwurzeln reagieren empfindlich.

Der Wasserabfluß ist ferner durch eine Drainage zu gewährleisten. Über jeder Öffnung liegt eine Topfscherbe mit der gewölbten Seite nach oben, damit das Wasser leicht abfließen kann. Den Boden jedes Topfes, jeder Schale oder jedes Pflanzkästchens erhält als Drainschicht etwa 1 cm hoch groben Sand, Ziegelsplitt usw.

Die Technik des Pflanzens ist sehr einfach. Mit der linken Hand hält man die Pflanze in die richtige Höhe, mit der rechten ordnet man die Wurzeln, damit sie nicht gekrümmt oder nach oben gebogen werden und füllt langsam das Substrat ein. Innerhalb des Topfes dürfen keine Hohlräume entstehen. Damit die Erde auch zwischen die Würzelchen eindringt, hilft man mit einem Stück Holz oder mit dem Handgriff einen Eßlöffels nach. Zuletzt klopft man einige Male gegen die Topfwand, stößt den Topf gegen die linke Handfläche und füllt das Substrat bis zum Topfrand nach. Der Kaktus darf nicht höher oder niedriger als früher sitzen. Bei breiten Pflanzen schiebt man die Erde auch unter den Kakteenkörper und steckt das Namensschild dazu. Das Andrücken der Erde ist, im Gegensatz zu anderen Topfpflanzen bei Kakteen verboten.

Die Pflanztöpfe für die Kakteen wählt man lieber kleiner als zu groß. Bei kugeligen Pflanzen soll der Topfdurchmesser nur sehr wenig breiter als die Pflanze sein. Das Ausmaß des Wurzelsystems bestimmt die Topfgröße für die säulenförmigen Kakteen. Man wählt den Topf so, daß die Wurzeln gerade noch Platz haben.

Wenn man in Handkästen pflanzt, muß mit Erdsubstrat bis zum Rand aufgefüllt werden. Den Überschuß entfernt man mit einer Holzleiste, wobei gleichzeitig die Oberfläche geebnet wird. Für jeden Kaktus ist mit der Hand oder mit einem Löffel eine Pflanzgrube auszuheben. Man schiebt die Wurzeln in das Pflanzloch und ordnet sie so, daß keine Wurzel nach oben gebogen ist. Die Pflanze hält man mit der linken Hand in die richtige Höhe und mit der rechten schiebt man das Substrat zu den Wurzeln. Auf ähnliche Weise pflanzt man auch in das Frühbeet.

BEGINN DER VEGETATION

Nach dem Einpflanzen sollte man die Kakteen nie sofort gießen, besonders wenn bei der Beseitigung des alten Substrates die Wurzeln verletzt wurden. Die umgepflanzten Kakteen bringt man zwar gewöhnlich an eine andere Stelle. Dadurch ändern sich aber die Lichtverhältnisse und es droht die Gefahr, daß die Kakteen Verbrennungen erleiden. Die Sonnenintensität ist in den Monaten März und April schon sehr hoch. Es ist zweckmäßig, die Kakteen zu schattieren und bei warmem Wetter leicht mit Wasser zu besprühen. So werden die Pflanzen langsam an die steigende Lichtfülle gewöhnt und gleichzeitig auf die bevorstehende Vegetationszeit vorbereitet.
Kakteen erleiden im Frühjahr ziemlich oft Verbrennungen. Das kann auch erfahrenen Liebhabern passieren. Im geschlossenen Raum des Fenstergewächshauses oder des Frühbeets steigen die Temperaturen bei Sonnenschein sehr schnell an. Innerhalb einer halben Stunde kann die Hitze 50 °C und mehr betragen. Das halten selbst robuste Kakteen nicht aus. Die schädliche Wirkung erhöht sich beträchtlich, wenn es dazu noch trocken ist. Aus diesem Grunde ist ein Besprühen ratsam. Eine von Anfang an starke Lüftung hat sich besonders bei Hochgebirgsarten bewährt. Diese Kakteen lieben Luftbewegung und schwankende Temperaturen. Die Vegetation beginnt in diesem Fall jedoch etwas später.
Für den eigentlichen Beginn des Wachstums kann man kein festes Datum angeben. Das hängt vom Wetter und von den individuellen

räumlichen Bedingungen beim Kakteenhalter ab. Wenn das Gewächshaus schon im Februar auf 20 bis 25 °C geheizt wird oder ein warmes Frühbeet vorhanden ist, können die Kakteen schon Ende Februar zum Wachsen gebracht werden. Sonst wartet man mit der Übertragung der Sammlung an den Sommerstandort bis Ende März oder Anfang April. Wie bereits erwähnt, muß man anfangs schattieren und leicht sprühen, damit die Luft feucht gehalten wird. Man sprüht nur bei sonnigem Wetter, damit die Kakteenkörper bald abtrocknen. Schon nach einigen Tagen, wenn es warm ist, zeigen die Pflanzen erste Zeichen des Wachstums. Die Scheitel sind glänzend, es erscheinen neue Dornen oder neue Wolle und bald zeigen sich auch die ersten Knospenanlagen. Wenn das schöne Wetter einige Tage andauert, kann man das erste Mal gießen. Es hat sich sehr bewährt, warmes Wasser zu benützen. Das Wasser sollte handwarm sein und mit einer feinen Brause ausgebracht werden. Es spült den Staub ab und durchwärmt das Substrat. Es begünstigt außerordentlich die Bildung neuer Wurzeln und den Übergang der Pflanzen zum vollen Wachstum. Danach wird regelmäßig gegossen, gedüngt und bei Bedarf gelüftet und schattiert.

GIEßEN UND DÜNGEN

Das Wasser hat verschiedene Eigenschaften je nach dem, wie viele Mineralstoffe darin gelöst sind. Wasser, das nur wenig gelöste Salze enthält, bezeichnet man als weich, das mit größeren Mengen als hart. Die Menge der im Wasser gelösten Mineralstoffe wird durch die Härtegrade ausgedrückt. Die deutsche Skala umfaßt 30 °dH (dH = Grad Deutscher Härte). Das weichste Wasser ist das destillierte Wasser, dann folgt Regenwasser, ferner Bach-, Fluß- und Teichwasser. Brunnenwasser ist gewöhnlich sehr hart. Das zum Gießen der Kakteen bestimmte Wasser soll nicht mehr als etwa 4 °dH aufweisen. Leitungswasser ist in der Regel härter und zwischen verschiedenen Bereichen der gleichen Stadt können große Unterschiede bestehen. Die Härte des Wassers verursachen hauptsächlich die Kalzium-und

Magnesium—Ionen. Durch häufiges Gießen reichern sich deren Salze im Substrat an und alkalisieren die Erde. Wenn die Basizität pH 8 erreicht, stellen die Kakteen das Wachstum ein. Aus diesem Grunde ist Regenwasser das beste. Aber auch dieses ist oft durch Luftverschmutzungen beträchtlich verunreinigt, vor allem im Bereich von Städten. Es wäre eine ideale Lösung, wenn Regenwasser vor der Ableitung in ein Sammelbecken durch einen Filter mit Aktivkohle liefe. Dadurch würden Schwefelwasserstoff (H_2S), Schwefeldioxid (SO_2), verschiedene andere Stoffe und grobe Ascheteilchen beseitigt. Die meisten Kakteenfreunde sind jedoch auf Leitungswasser, also hartes Wasser angewiesen. Die Wasserhärte kann bis zu einem gewissen Grad durch Kochen beseitigt werden. Das ist aber nur in Ausnahmefällen möglich. Das Wasser kann auch beim Durchlaufen eines Leinensäckchens mit Torfmull enthärtet werden. Es besteht darüberhinaus die Möglichkeit, das Wasser anzusäuern, darüber mehr im Abschnitt über Hydrokultur. Falls man hartes Wasser verwenden muß, sollten die Kakteen alljährlich umgepflanzt werden.
Größere Sammlungen werden entweder mit der Gießkanne oder mit dem Schlauch und aufgesetzter Brause gegossen. Dies geht zwar schnell, hat aber auch seine Schattenseiten. Der ganze Pflanzenkörper

Gießen. 1 = mit dem Röhrchen; 2 = mit der Brause, die so gestellt sein soll, daß das Wasser leicht auf die Pflanzen niederfällt; 3 = Anstaubewässerung von unten.

wird naß und die Schönheit mancher Arten infolgedessen beeinträchtigt. Hauptsächlich wird die feine Wolle, die viele Kakteen in den Axillen oder auf dem Scheitel entwickeln, abgeschwemmt. An den grünen Kakteenkörpern entsteht eine graue Ablagerung, die in größeren Mengen die Spaltöffnungen verstopft. Deswegen sollte man besser eine Kanne mit Gießrohr verwenden, um das unnötige Benetzen der Kakteenkörper zu vermeiden. Dies erfordert natürlich mehr Zeit, da jede Pflanze separat gegossen werden muß. Vorteilhaft ist das Gießen von unten. Das geht aber nur dort, wo Kakteen in den Töpfen in größeren Schalen stehen. In die Schalen wird das Gießwasser gegossen und wenn das Substrat durch die Abzugslöcher von unten genügend Feuchtigkeit angesaugt hat, wird das überschüssige Wasser abgeschöpft.
Beim Gießen mit dem Schlauch darf der Wasserstrom nicht allzu heftig sein. Mit einem zu starken Strahl gelingt es nie, die Pflanzen richtig zu wässern. Der hohe Druck beeinträchtigt die Bodenstruktur. Die Feuchtigkeit muß das ganze Substrat im Pflanzgefäß durchdringen. Es ist besser nur zeitweise, aber gründlich als oft und schwach zu gießen.
Häufig stellt sich die Frage, wie oft man gießen soll. Die richtige Antwort wird vielleicht als sehr ungenau empfunden, denn man sollte je nach Bedarf und nicht nach einem festen Schema gießen. In der Regel gießt man, wenn die Erde fast trocken ist. Man darf aber auch nicht zu lange warten, bis das Substrat staubtrocken ist. Andererseits muß das Gießen unterlassen werden, wenn die Erde noch naß ist. Bei warmem und trockenem Wetter sollte öfter bewässert, bei kalter, regnerischer Witterung das Gießen abgesetzt werden.
Gießen kann nicht durch Sprühen oder Überspritzen ersetzt werden. Sprühen und Überspritzen dient nur der Erhöhung der Luftfeuchtigkeit, z. B. bei hohen Temperaturen in einem geschlossenen Raum oder bei der Bewurzelung. Kakteen zu düngen wird nicht empfohlen. In einer ausgewogenen und luftigen Erdmischung finden sich ausreichende Mengen an Nährstoffen. Wenn des Wachstum nicht zufriedenstellend ist, hat dies in der Regel andere Ursachen als Nährstoffmangel. Es ist immer besser, stagnierende Pflanzen umzusetzen, als mit der Düngung zu experimentieren. Nur wenn ein nährstoffarmes Substrat, wie das für Astrophyten empfohlene verwendet wird, gießt

Ferocactus hamatacanthus (MÜHLENPFRD.) BR. et R.

Echinocactus grusonii HILDM.

Echinocereus blanckii (POS.) PALM.

Echinocereus pentalophus (DC.) RÜMPL.

Krainzia guelzowiana (WERD.) BACKBG.

Echinocereus purpureus LEHM.

Epithelantha micromeris
(ENG.) WEB.

Melocactus harlowii
(BR. et R.) VPL.

man einmal pro Monat mit einer Nährlösung in einer Konzentration von 1 g Volldünger je 1 Liter Wasser.
Gießwasser soll nie kälter sein als die Luft. Im Frühjahr und im Herbst gießt man morgens, im Sommer abends, wenn die Kakteenkörper noch oder schon etwas abgekühlt sind. Von voller Sonne erhitzte Kakteen reagieren sonst mit Kälteschäden.

LÜFTEN UND SCHATTIEREN

Lüften und Schattieren verfolgen im Prinzip den gleichen Zweck. Beides dient der Abkühlung des Raumes, in dem sich die Kakteen befinden. Je mehr man lüftet, umso weniger muß man schattieren. Im Frühjahr und bei der Bewurzelung ist es vorteilhafter, weniger zu lüften und dafür mehr Schatten zu geben. Im geschlossenen Raum erzielt man höhere Wärme und gleichzeitig erhält man die Luftfeuchtigkeit. Etwa nach 14 Tagen beschränkt man nach und nach das Schattieren und lüftet dafür. Mammillarien, Astrophyten, Thelokakteen und Echinocereen schattiert man im Sommer überhaupt nicht. Dagegen sollen Echinopsen, Notokakteen und Gymnocalycien nicht der vollen Sonne ausgesetzt werden. Die künstliche Regulation von Feuchtigkeit, Licht, Wärme und Luft hängt von den natürlichen klimatischen Bedingungen ab, die Bedingungen in den verschiedenen Gegenden recht unterschiedlich sind. So vertragen Rebutien im Sommer volle Sonne, wenn sie um 600 m Höhe gehalten werden.
Schattenwirkung erreicht man durch Anstreichen der Fenster mit Schattierfarbe, Kalkmilch, Schlämmkreide oder durch Auflegen von Schattiermatten. Vorrichtungen aus Schilfrohr oder schmalen Holzlatten sind besser als der Anstrich. Sie werden nach Bedarf aufgelegt. Sonst erhalten die Pflanzen volles Licht. Wer die Kakteen nicht den ganzen Tag kontrollieren kann, muß wohl für eine dauernde Schattiervorrichtung sorgen. Für den Fall, daß nur einzelne Pflanzen schattiert werden sollen, deckt man sie mit einem Stück Seidenpapier ab. Das ist bei Kakteen nötig, die sich nicht in vollem Wachstum befinden, die neu bewurzeln oder Brandschäden erlitten haben.

LUFTFEUCHTIGKEIT

Es ist höchst wichtig zu wissen, daß eine ziemlich hohe Luftfeuchtigkeit eine entscheidende Bedingung für eine gesunde Vegetation ist. Im Frühbeetkasten, wo die Luftfeuchtigkeit hoch ist, wachsen die Kakteen regelmäßig und gesund. In manchen Gewächshäusern ist die Luft dagegen sehr trocken. Auf diesen Mangel reagieren Kakteen sehr schnell, indem sie das Wachstum einstellen. Bei einigen Arten dauert es dann ziemlich lange, bis sie sich wieder erholt haben.
Aus diesem Grund sollte sich in jedem Gewächshaus ein Hygrometer befinden, daß laufend die relative Luftfeuchtigkeit anzeigt. Feuchte Luft erzeugt man im Gewächshaus durch Aufstellen von Wasserbekken mit einer großen Verdunstungsfläche. Wenn es notwendig ist, sollte man spritzen oder sprühen. Moderne Gewächshäuser sind meist mit automatischen Anlagen ausgestattet, die beim Absinken der Feuchtigkeit auf einen bestimmten Grad Luftbefeuchter in Tätigkeit setzen. Bei solchen Einrichtungen ist darauf zu achten, daß weder das Substrat noch die Kakteenkörper übermäßig naß werden. Während der Vegetationszeit ist die feuchte Luft für die Kakteen zwar sehr wohltuend, dauernde Nässe vertragen sie aber nicht. In der Zeit der Vegetationsruhe ist hohe Luftfeuchtigkeit unerwünscht und gefährlich.

SOMMERLICHE VEGETATIONSSTAGNATION

Im Juli und Anfang August herrscht in der Regel eine längere Periode der Sommerhitze. In dieser Zeit sind die Luft sehr trocken und die Nachttemperaturen hoch. Bei derartigem Wetter stellen viele Kakteen das Wachstum ein. Besonders gut kann man diese Erscheinung bei den Gebirgsarten oder bei Pflanzen aus höheren Lagen beobachten. Auffällig ist die Wachstumsstagnation bei solchen Kakteen, die im Frühling abgeblüht und durch das Blühen bzw. den Fruchtansatz erschöpft sind. Die sommerliche Stagnation ist kein unnatürliches Verhalten, weil auch in der Natur die Ruhezeit in den

warmen und trockenen Jahresabschnitt fällt. Andererseits ist die Stagnation nicht die Regel, da es Arten gibt, die gerade im Sommer besonders gut wachsen und schöne Dornen entwickeln. Die meisten mexikanischen Arten wie Mammillarien, Ferokakteen, Astrophyten, Thelokakteen, ferner alle Melokakteen, Pilosocereen, Cephalocereen usw. legen im Sommer kein Ruhestadium ein.
An die Stagnation denkt man am besten im Frühling und stellt die im Sommer ruhenden Pflanzen separat auf. Man sollte diese Arten beschatten und die Wassergaben einschränken, um die Erde etwas trockener zu halten. Um allzu starkes Austrocknen zu vermeiden, sprüht man abends. Gießen während der natürlichen Wachstumspause würde Wurzelfäulnis verursachen. Rebutien, die gegen Hitze und Trockenheit besonders empfindlich sind, sterben meist im Sommer ab. Nach dem Wetterwechsel, wenn sich der Regen einstellt, endet auch die Zeit der Sommerruhe. Gründlich angegossen steht in kurzer Zeit alles in üppigem Wachstum. In kühlen und regnerischen Sommern ist die Ruheperiode weniger auffällig. Diesem Umstand muß sich auch die Pflege anpassen.
Für den Fall, daß die Pflanzen infolge eines langen Winters erschöpft sind und ihr Wachstum im Frühjahr kurz war, kann man die sommerliche Stagnation verhindern. Das Lüften wird eingestellt und, damit die Kakteen keine Verbrennungen erleiden, stärker schattiert. Dabei ist mehrmals täglich zu sprühen. In einem abgeschlossenen Raum hält sich feuchte, gespannte Luft, die Spaltöffnungen bleiben offen und die Kakteen wachsen weiter. Derartiges Dämpfen sollte aber nur eine außerordentliche, durch die Umstände erzwungene Maßnahme bleiben und nicht zur stetigen Kulturmethode werden. Während der ganzen Vegetationsperiode zu dämpfen und zusätzlich warm zu überwintern, führt zwar zu raschem Wachstum, geht aber auf Kosten der festen Konsistenz der Pflanzen und deren Widerstandsfähigkeit gegen Krankheiten und Veränderungen der Umweltsbedingungen. Solche Kakteen glänzen schön, sehen aber aus, als wären sie aufgeblasen. Dornen und Haare entwickeln sich schlecht und in geringerem Maß als normal. Jeder Kakteenfreund sollte sich bemühen, Pflanzen zu erzielen, die in ihrer ganzen Gestalt den am natürlichen Standorten wachsenden Kakteen möglichst ähnlich sind.
Die Sommerruhe kann, wie schon angeführt wurde, zum Umpflanzen

genützt werden. Die Kakteen lassen sich schon im Juli aus der Erde herausnehmen, die Wurzeln werden gesäubert, eingekürzt und man beläßt die Pflanzen uneingetopft in einem abgeschlossenen und beschatteten Raum, bis sie neue Wurzelspitzen entwickeln. Nach dem Einpflanzen kann sofort gegossen werden. Sie entwickeln schnell eine Menge neuer Wurzeln, so daß sie in einer Woche voll im Wachstum sind. Eine weitere Woche nach dem Umpflanzen bleiben sie etwas schattig in gespannter Luft und dann wird wieder normal gelüftet. Bis zum 10. August soll das Umpflanzen beendet sein. Die im Sommer umgesetzten Kakteen holen bis zum Herbst das Versäumte nach und im Frühjahr übertreffen sie diejenigen weit, die im Sommer nicht umgesetzt wurden.

ABSCHLUß DER VEGETATION

Im Sommer sind in Europa die Tage viel länger als die Kakteen von Natur aus gewöhnt sind. Einige Arten passen sich dem geänderten Rhythmus von Licht und Dunkel schlecht an. Das ist wahrscheinlich der Grund, warum viele Arten erst in der Zeit der Tagundnachtgleiche blühen. Es sind *Ariocarpus,* Neoporterien, *Gymnocactus gielsdorfianus* und einige Mamillarien wie *Mammillaria plumosa, Mammillaria pringlei, Mammillaria rhodantha* und *Mamillaria schiedeana.*

Zu dieser Zeit beginnt in Europa schon das kalte Wetter, es ist oft bewölkt und wenn auch die Sonne scheint, ist die Lichtintensität gering. Jetzt wird grundsätzlich nicht beschattet und die Kakteen erhalten viel frische Luft. Gleichzeitig schränkt man das Gießen ein, da die Erde lange naß bleibt. Die Pflanzen wachsen nahezu nicht mehr, aber sie entwickeln die längsten und und schönsten Dornen.

Die Körper der Kakteen dürfen jetzt nicht unnötig benetzt werden. Aus diesem Grunde wird das Sprühen eingestellt und die Pflanzen vor Tropfwasser geschützt. Wasser im Scheitel, in die Axillen oder zwischen die rasenförmigen Kakteen kann leicht Fäulnis hervorrufen oder die Entwicklung verschiedener Pilzkrankheiten fördern.

Nächtliche, oft bis zum Nullpunkt sinkende Temperaturen sind nur für wärmeliebende Arten gefährlich. Die meisten Kakteen vertragen die kalten Nächte gut. Wenn die herbstlichen Fröste drohen, genügt es, nachts die Pflanzen mit Zeitungspapier zu bedecken. Auf die gleiche Weise schützt man auch die im Garten frei ausgepflanzten Exemplare. Mit dem Einräumen der Pflanzen beginnt man in den wärmeren Lagen etwa Mitte Oktober. In den Frühbeeten und in den Glashäusern beläßt man die Sammlungen bis etwa Mitte November. Die wärmeliebenden Arten werden natürlich schon früher eingeräumt.

SPEZIELLE KULTURMETHODEN

EPIPHYTISCHE KAKTEEN

In der feuchtwarmen, tropischen Zone sind umfangreiche Gebiete von Urwäldern bedeckt. Der tropische Urwald ist eine Gemeinschaft sehr unterschiedlicher Pflanzen. Das Gerüst bilden hohe Bäume, die viel Schatten werfen. Infolgedessen können auf dem Boden nur Pflanzen mit großen Blättern wachsen, die das gestreute Licht auffangen. Die Lianen klettern bis in die Wipfel der Bäume, um wenigstens teilweise das direkte Sonnenlicht zu erreichen. In den Baumkronen siedelt eine umfangreiche Pflanzengruppe, die man als Epiphyten bezeichnet. Epiphyten gehören zu den unterschiedlichsten botanischen Gattungen. Von den höheren Pflanzen sind es hauptsächlich Farne, Bromelien, Orchideen und Kakteen.

Allen Epiphyten ist gemeinsam, daß sie nicht auf dem Boden, sondern in den Astgabeln der Urwaldgiganten wurzeln. Sie halten sich an der Baumrinde mit Klemmwurzeln fest oder wachsen in den Astgabeln bzw. in den Kronen der Palmen zwischen den Blattstielen. Die Epiphyten werden nur von den höchsten Ästen beschattet, so daß quasi ein Halbschatten entsteht. Viele Epiphyten wachsen auch in den Gebirgsurwäldern. Dort sind die Bäume zwar niedriger, aber es hat

fast ständig Nebel, der sich als Tau niederschlät. In solchen Nebelwäldern wachsen besonders viele epiphytische Pflanzen.
Es ist natürlich, daß diese besonderen Umweltfaktoren eine ganz andere Morphologie voraussetzen als bei den terrestrischen Kakteen gewohnt. Aber eine Mannigfaltigkeit der Formen zeigt auch diese Gruppe. Grundsätzlich findet man dünne, hängende, verschiedenartig verzweigte und gegliederte Stengel. Die Sprosse sind oft blattartig abgeflacht und verbreitert. Sie sind entweder kahl oder haben nur ganz kurze und unauffällige Dornen. Alle epiphytischen Kakteen entwickeln Luftwurzeln an den Seiten der Stengel oder an Stellen, wo zwei Gleider zusammengewachsen sind. Oft befinden sich einige Luftwurzeln direkt an der Spitze des Stengels. Wenn die Luftwurzeln mit etwas Humus in Berührung kommen wie in den Gabelungen der Äste, beginnen sie sofort in das Substrat zu wachsen.
In früheren Zeiten waren die epiphytischen Kakteen nur wenig bekannt. Man konnte sie höchstens in botanischen Gärten sehen. Mehr als *Zygocactus* und *Epiphyllum* wurden nicht gehalten. Derzeit werden oft Pflanzenvitrinen mit Epiphyten und verschiedenem Farnen, Bromelien und Orchideen bepflanzt. Epiphytische Kakteen kommen durch ihren hängenden Wuchs und die schön geformten Äste gut zur Geltung. Alle epiphytischen Kakteen gehören zur Unterfamilie der Cereoideae. Viele Arten sind bekannt. Sie haben jedoch nicht den gleichen Vegetationsrhythmus und stellen auch in Kultur unterschiedliche Ansprüche. Ohne Rücksicht auf die botanische Gliederung lassen sich epiphytische Kakteen in drei Pflegegruppen aufteilen.

Rhipsalis, Hatiora und Lepismium

In die erste Gruppe gehören Pflanzen mit hängendem Wuchs. Die Sprosse sind meist dünn, manchmal auch blattartig verbreitert. Sie gehören zu den Gattungen *Rhipsalis, Hatiora* und *Lepismium.* Alle blühen spät im Herbst mit kleinen Blüten. Gerade der Umstand, daß sie im Winter blühen und wachsen, ist für die Pflege bestimmend.
Diese Arten sind nur dort zu halten, wo ihnen ein heller und ziemlich warmer Platz im Zimmer oder im Gewächshaus angeboten werden

kann. Die Temperatur soll 16 bis 20 °C betragen. In der Wohnung gedeihen sie am besten in einer speziellen Vitrine für die Epiphyten, die nahe am Fenster stehen muß. Dort kann gegossen und gesprüht werden, ohne daß die Wohnungseinrichtung beschädigt wird. Diese Epiphyten muß man nämlich auch im Winter mit Wasser versorgen. In der Natur, wo sie in den Baumkronen leben, regnet es zwar oft, aber das Substrat wird nie zu naß, da es nur als dünne Schicht vorhanden ist. Das Regenwasser fließt schnell ab und oft schon wenige Stunden nach dem Regen ist die Erde wieder fast trocken. Um diese Bedingungen nachzuahmen, sollte man das Besprühen dem Gießen vorziehen.
In welcher Erde wachsen die Epiphyten? Die beste Erdmischung besteht aus gleichen Teilen Torfmull und halbverwestem Laub, am günstigsten ist Buchenlaub. Die Erde soll nur sehr geringe Mengen Kalk enthalten. Für ein gesundes Wachstum brauchen diese Epiphyten eine saure Bodenreaktion mit etwa pH 5,5. Zum Gießen wird nur weiches oder angesäuertes Wasser verwendet. Umgepflanzt wird entweder im Frühjahr nach dem Abblühen oder gegen Ende des Sommers, wenn die Arten dieser Pflegegruppe die Sommerruhe beenden. Frei herabhängende Arten wirken besonders dekorativ, wenn sie in Orchideenkörbchen gepflanzt sind. In der Wohnung, außerhalb der Pflanzenvitrine sollten sie besser in Gefäßen aus nicht porösem Material, in Plastiktöpfen oder glasieren Tontöpfen stehen. In solchen Gefäßen trocknen die Wurzeln nicht so schnell aus. Gut gedeihen Epiphyten auch in der Torf- oder Hydrokultur.
Diesen Arten bekommt es ohne weiteres, wenn sie im Sommer im Freien unter Bäumen im Garten oder in einer schattigen Ecke am Balkon aufgestellt werden können. Direkte Sonne vertragen sie im Sommer nur morgens und abends. Tagsüber müssen sie Schatten haben. Bei trockenem Wetter besprüht man nicht nur die Pflanzen, sondern auch die Umgebung ihres Standorts, um feuchte Luft zu erhalten. Von diesen Epiphyten wachsen im Sommer nur wenige, werden jedoch durch den Aufenthalt an der frischen Luft so abgehärtet, daß sie dann im Winter sehr reich blühen.
Bei richtiger Pflege blühen die meisten Arten aus jeder Areole. Aus manchen Areolen entwickeln sich manchmal bis zu drei Blüten. Diese Blüten sind zwar klein, aber durch die große Zahl wirken sie interes-

Melocactus breederoianus BUIN.

Melocactus griseus BUIN. et BREED.

Melocactus concinnus
BUIN. et BREED.

Discococactus heptacanthus
(ROEDER) BR. et R.

Discocactus horstii
BUIN. et BREED.

Notocactus ottonis
(LEHM.) BERG.

Notocactus ottonis
var. *vencluianus*
SCHÜTZ

Notocactus scopa
var. *ramosus*
(V. OSTEN) BACKBG.

sant und schön. Die Früchte sind weiße oder rosa Beeren und haben eine Ähnlichkeit mit den Beeren der Mistel. Die Vögel, die sie fressen, sorgen unwillkürlich für die Verbreitung der Samen an andere Stellen.

Zygocactus, Epiphyllopsis und Rhipsalidopsis

Zur zweiten Gruppe gehören Kakteen, die sich in ihrer Gestalt sehr ähneln. Es sind kleine Sträucher, deren Zweige aus kleinen und flachen Gliedern zusammengestellt sind. An der Stelle, wo ein neues Glied entspringt, sind die Äste verschmälert. Hier bilden sich auch die Luftwurzeln. Die Kakteen blühen teils im Winter, teils im Sommer. Darin sind auch gewisse Unterschiede in der Kultur begründet.

Zygocactus, mehr unter dem unrichtigen Namen *Epiphyllum* bekannt, ist der am meisten bekannte epiphytische Kaktus und er wird auch sehr oft gezogen. *Zygocactus truncatus* stammt aus brasilianischen Urwäldern, wo ein spezifisches Klima herrscht. Trotzdem sind die Hybriden in Europa gut akklimatisiert und gedeihen befriedigend. Sie blühen im Winter mit ziemlich großen, zygomorphen Blüten gerade um Weihnachten. Daher der Name Weihnachtskaktus. Man kultiviert sie entweder wurzelecht oder gepfropft auf *Peireskiopsis* oder einer anderen Unterlage. Nach dem Abblühen legt die Pflanze eine sechs Wochen lange Ruhezeit ein und beginnt im Frühjehr wieder zu wachsen. Die ruhenden Pflanzen werden nicht gegossen und die Raumtemperatur soll etwa 8 °C betragen. In der Vegetationszeit wäre es gut, die Pflanzen an einer halbschattigen Stelle im Garten oder im Frühbeet unterzubringen, wo sie oft besprüht werden, damit sie nicht allzusehr austrocken. Im August wird das Gießen eingeschränkt. Die Pflanzen sollen etwas welk werden. In dieser Zeit, die etwa einen Monat dauert, beginnen sich schon die Knospen anzusetzen. Wenn man die Kakteen nun in die Wohnung überträgt, werfen sie oft die Knospen ab. Diese Erscheinung ist aber nicht die Folge des Platzwechsels, wie es oft behautet wird, sondern der zu hohen Zimmertemperatur und der zu trockenen Luft. Das Gleichgewicht der Wachstumsfaktoren wird gestört und die Pflanzen sind so geschwächt, daß sich die Knospen nicht weiterentwickeln und abfallen. Um die Luftfeuchtigkeit und dadurch auch die Knospen zu erhalten, erhalten die

Pflanzen eine Folienhaube. Obwohl der *Zygocactus* aus tropischen Gebieten stammt, verträgt er im Winter Temperaturen um 8 °C leichter als zu hohe Wärme. In einem kühleren Raum entwickeln sich auch Knospen und Blüten viel besser.
Das Pflanzsubstrat muß nahrhaft sein. Es ist gut, wenn man der Erdmischung wie sie für die erste Pflegegruppe empfohlen wurde einen großen Teil Misterde zugibt. Der wurzelechte *Zygocactus* kann sich nur bei einer sauren Bodenreaktion gut entwickeln. In dieser Hinsicht ist er weit empfindlicher als andere Kakteen. Deswegen wird er oft auf weniger empfindliche Unterlagen gepfropft.
Epiphyllopsis und *Rhipsalidopsis* sind in ihrem Habitus dem *Zygocactus* ähnlich. Ihre Glieder sind jedoch unterschiedlich groß. Sie blühen im Frühjahr mit aktinomorphen (strahligen) Blüten. Die Kultur ist ähnlich wie bei *Zygocactus,* nur der Zeitraum der eingeschränkten Bewässerung im August fällt aus. Wenn *Rhipsalidopsis* im Frühjahr blühen soll, muß eine 100 Tage dauernde Ruhezeit bei etwa 10 °C eingehalten werden. Auch während dieser Zeit muß mäßig gegossen werden. Diese Arten verlangen eine etwas leichtere Erdmischung als *Zygocactus,* mit einem erhöhten Anteil Torfmull.
Epiphyllopsis gaertneri und *Rhipsalidopsis rosea* wurden oft gegenseitig gekreuzt. Es entstanden einige schöne Hybriden, die immer mehr kultiviert werden. Man hält sie entweder wurzelecht oder sie werden ähnlich wie *Zygocactus* gepfropft.

Selenicereus, Hylocereus und Epiphyllum

Die dritte Pflegegruppe bilden die Arten, die in ihrer Heimat längere Perioden der Trockenheit überstehen müssen. Sie wachsen noch auf niedrigen Bäumen, aber auch an Felsen oder zwischen lichtem Gebüsch. In Kultur fällt die Wachstumsruhe in die Wintermonate, während die Vegetations- und Blütezeit im Sommer liegt. Kakteen dieser Gruppe haben schon festere Äste und daher auch größere Wasservorräte für die Trockenzeit. Es gehören hierher *Aporocactus* mit hängenden Sprossen, *Selenicereus, Hylocereus* und *Deamia,* die sich mit den sproßbürtigen Wurzeln an passenden Stützen verankert und sich emporrankt.

Diese Pflanzen sind zwar keine echten Epiphyten, stellen aber die gleichen Ansprüche an die Kultur. Von echten Epiphyten gehören nur *Epiphyllum* und ähnliche Pflanzen hierher. Alle diese Gewächse verlangen eine durchlässige, aber sehr nahrhafte Erde, deren Hauptbestandteile Torfmull und Misterde sind. Im Laufe des Sommers düngt man sie bei raschem Wachstum mit einer Volldüngerlösung (1 g/ Liter Wasser) nach. Die Sprosse von *Selenicereus* können während einer Vegetationsperiode die Länge von 2 m erreichen. Den Standort sollte man leicht schattieren. In einem Glashaus lüftet man auch nachts. Dann erreicht man bei *Aporocactus* schon im Frühjahr eine Blütenmenge, die die ganze Pflanze bedeckt. Bei den *Selenicereus* — Arten, hauptsächlich bei *Selenicereus grandiflorus,* der berühmten Königin der Nacht kann man die schönen Blüten bewundern. Alle Selenicereen blühen im Sommer nachts bei warmem Wetter. Die Blüten eröffnen sich kurz vor Sonnenuntergang. Etwa eine Stunde später erzeugen die Blüten einen starken, aber sehr angenehmen Duft. Morgens nach dem Sonnenaufgang verwelken die Blüten sehr schnell. Auf ähnliche Weise wird auch *Epiphyllum,* unter der alten Benennung *Phyllocactus* bekannt, gehalten. Dabei muß in botanische Arten oder Hybriden unterschieden werden. Die botanischen Arten von *Epiphyllum* sind sehr selten und gedeihen nur in einem Gewächshaus. Sie erreichen große Dimensionen und blühen nur selten. *Epiphyllum grandilobum* ist eine Schlingpflanze, die in ihrer Heimat Panama und Costa Rica eine Länge bis zu 100 m erreicht. Die einzelnen Triebe sind bis 25 cm breit. Im botanischen Garten von Berkeley wurde seiner Zeit ein Steckling in einem Orchideenhaus ausgepflanzt, dessen Ranken binnen 10 Jahren eine mehrere hundert Quadratmeter große Mauer bedeckten.
Bereits im vorigen Jahrhundert wurden *Epiphyllum* und die nahe verwandte *Nopalxochia* gegenseitig, aber auch insbesondere mit *Heliocereus speciosus* und *Selenicereus grandiflorus* gekreuzt. Später wurden auch *Heliocereus coccineus* und *Aporocactus flagelliformis* eingekreuzt. Es entstanden zahlreiche Hybriden. Im vorigen Jahrhundert wurden die Hybriden mit der Absicht gezüchtet, möglichst große Blüten mit außergewöhnlichen Farben zu erzielen. In neuerer Zeit werden hauptsächlich niedriger Wuchs, zahlreiche Blüten und deren längere Haltbarkeit angestrebt. So erzeugen die französischen Hybri-

den zwar große Blüten, die aber meist nach 24 Stunden verwelkten. Heute bleiben die Blüten mancher vielblütiger Hybriden drei bis vier Tage offen.
Die Kultur der *Epiphyllum* – Hybriden ist nicht schwer. Sie lassen sich hinter dem Fenster, vor dem Fenster oder im Freien ziehen. Sie vertragen jedoch keine große Sonnenhitze und man sollt sie so aufstellen, daß sie etwa von 10 bis 15 Uhr beschattet sind. Im Sommer sollte man sie regelmäßig mit möglichst weichem Wasser gießen. Man kann sie mit verdünntem, gut ausgegärtem Kuhdung düngen. Die letzte Düngergabe soll mehr Phosphor und Kali als Stickstoff enthalten. Deshalb löst man im Gießwasser Phosphor und Kaliverbindungen in passender Form auf. Im Sommer schützt man die Pflanzen durch eine Überdachung vor Hagel, da sonst an den weichen, brüchigen Sprossen große Schäden auftreten können. Auch auf Schnecken ist zu achten, besonders in feuchten Jahren.
Im Winter gießt man diese Hybriden nur spärlich und überwintert sie bei 8 bis 12 °C. Der Überwinterungsraum soll hell sein, da schon im Januar und Februar die ersten Knospen erscheinen. Je mehr sich die Knospen entwickeln, desto mehr, aber vorsichtig wird gegossen. *Epiphyllum* – Hybriden haben oft einen reichen Knospenansatz. Da nicht alle Knospen ernährt werden können, fällt ein Teil ab. Es existieren jedoch Hybriden, die Erbgut der vielblütigen *Nopalxochia phyllanthoides, Nopalxochia ackermanii* und *Nopalxochia hamburgensis* enthalten, die aus jedem Sproß zehn und mehr kleinere Blüten entfalten können. Die großblütigen Hybriden können dagegen auf einem Stengel höchstens zwei Blüten tragen. Das Abwerfen der Knospen bei großblütigen Hybriden ist also eine natürliche Erscheinung. Wenn sich keine Knospen entwickeln oder die Pflanze den Knospenansatz abwirft, ist dies ein Zeichen, daß ein Kulturfehler begangen wurde. Entweder trockneten die Wurzeln allzusehr ab, oder wurden die Pflanzen längere Zeit heißer Sonne ausgesetzt, eventuell hat sich auch der negative Einfluß der trockenen Luft geltend gemacht. Auch übermäßige Nässe des Substrates mit der Foge einer Wurzelfäule hat das Abwerfen der Knospen zur Folge. die *Epiphyllum* – Hybriden werden am besten im August umgepflanzt.

KULTUR IM FREIEN

Kakteenhaltung ohne jede Bedeckung unter freiem Himmel bietet viele Vorteile. Sie ist besonders für Hochgebirgsarten sehr günstig. Tropische und wärmeliebende Kakteen kommen dafür nicht in Frage. Als erster hat der Kakteenzüchter Josef Papírník in Brünn die Kakteenhaltung im Freien ausprobiert. Er begann im Jahr 1930 Kakteen zu kultivieren. Obwohl er ein Anfänger war, hat er sich einige mexikanische Importpflanzen besorgt. Er pflanzte sie in nährstoffreiche Erde und stellte sie auf einen hölzernen Tisch, der draußen unter freiem Himmel stand. Die Kakteen hatten tagsüber volle Sonne und nachts ausgiebigen Tau. Sie wuchsen so außerordentlich schön, daß die Sammlung bald berühmt wurde. Bei heißem Wetter befeuchtete er die Bretter zwischen den Töpfen mehrmals am Tag mit Wasser, und bei dauerndem Regen deckte er die ganze Sammlung mit Frühbeetfenstern ab, die so aufgelegt wurden, daß die Luft von allen Seiten freien Zutritt zu den Pflanzen hatte.

Daß sich diese Methode vorzüglich bewährte, hat sie sich bald herumgesprochen und viele Kakteenfreunde hielten ihre Pflanzen ohne Glas, ebenfalls mit besten Erfolgen. Leider kann man Kakteen nur dort unter freiem Himmel halten, wo man nicht mit übermäßigen Luftverschmutzungen rechnen muß. Der Standort, wo Kakteen frei aufgestellt werden sollen, muß windgeschützt sein. Insbesondere kühle West- und Nordwinde lieben die Pflanzen nicht. Geeignet sind im Süden gelegene Terrassen, Plätze an der Südseite der Gebäude oder Stellen, die durch Hecken geschützt sind usw.

Die Einrichtung für eine Kultur im Freien ist sehr einfach. Es genügt ein Tisch oder einige Bretter, auf der die Kakteensammlung aufgestellt wird. Die Pflanzen selbst stehen entweder in Kästen oder in nicht porösen Gefäßen. Härtere Arten werden selbst von schwachen Frösten nicht beschädigt. Anfänglich ist ein Dach, das die Pflanzen vor kaltem Regen schützt, sehr wichtig. Gut haben sich Plastikfolien bewährt. Solche Folien sind matt und streuen das Sonnenlicht. Sie werden entweder auf einen leichten Holzrahmen gespannt oder zwischen zwei Stangen befestigt, damit man sie leicht zusammenrollen kann. Es ist sehr wichtig, daß frische Luft zuströmen kann.

Bei günstigem Wetter wird die Folie beseitigt, damit die Sonne freien Zutritt zu den Pflanzen hat. Im Freiland ist nämlich die Verbrennungsgefahr nur sehr gering. Lediglich dann, wenn die Pflanzen aus einem dunklen Überwinterungsraum plötzlich der direkten Sonne ausgesetzt werden, ist in den ersten Tagen erhöhte Vorsicht geboten. Kurze Zeit nach dem Ausräumen füllen sich die Pflanzen mit Wasser und setzen bald Knospen an. Am schönsten sind sie jedoch im Herbst, wenn sie lange und starke Dornen entwickeln.
Viele Kakteen lieben den lauwarmen Regen. So ein Bad darf jedoch nicht allzulange dauern und nicht zu heftig sein. Regengüsse, die die Pflanzen scharf angreifen, schwemmen die zarte Wolle ab, verursachen Verunreinigungen und verschlammen das Substrat. Nach einem mehrstündigen, lauen sanften Regen erholen sich die Kakteen sprungartig. Falls man sie bei warmem Wetter zu oft dem Regen aussetzt, können sie von einer Infektionskrankheit, die die Vegetationspunkte angreift, befallen werden. Besonders empfindlich sind die chilenischen Kugelkakteen. Deswegen sollte man es auch mit dem Regen nicht übertreiben. Es existieren jedoch sehr widerstandsfähige Pflanzen, die im Frühjahr auf Gartenbeete ausgepflanzt werden können. Sie vertragen ohne jeden Schutz alle Schikanen des Wetters und werden weder vom Aprilschnee noch von langandauernden Regenfällen geschädigt. Selbst Hagelschlag beeinträchtigt sie nicht. Zu ihnen zählen besonders die säulenförmigen Arten der Gattungen *Cereus, Trichocereus,* verschiedene Opuntien und *Echinopsis.* Für die kleineren Arten ist das Auspflanzen nicht ratsam, da sie von Schnecken und verschiedenen Insekten befallen werden.
Die Kultur im Freien läßt sich auch mit anderen Arten der Kakteenhaltung kombinieren. Beim Fenstergewächshaus oder im Frühbeet kann man die Fenster abnehmen, wenn es die Witterung erlaubt. Der Regen kann den Kakteen auch hier zugutekommen, da bei Regen die Luft meist sauber ist. Es existieren sogar Gewächshäuser mit abklappbaren Dächern. Dort können die Pflanzen überwintern, und im Sommer lassen sich alle Vorteile der freien Kultur ausnützen.
Jede Kulturmethode hat ihre spezifischen Eigenschaften und kommt manchen Arten mehr, anderen weniger entgegen. Die freie Kultur in der reinen Form hat sich bei den Astrophyten, Melokakteen, *Cephalocereus senilis* usw. nicht sehr bewährt. Dagegen wurden bei den Echi-

nocereen, weißen Mammillarien, den langdornigen Hochgebirgslobivien und Pseudolobivien durchaus Erfoge erzielt. Es scheint, als ob man verschiedene Raritäten aus den südlichen Staaten der USA nur im Freien in guter Form erhalten und sogar zum Blühen bringen kann.

Die Vorteile der Kultur im Freien wird insbesondere derjenige zu schätzen wissen, der seine Sammlung einige Tage ohne Pflege belassen muß. Während des Urlaubs können die Pflanzen ohne weiteres unter einem leichten Folienschutz belassen werden. Die Hauptsache ist, daß die Luft ungehinderten Zutritt hat. Im Freien sollte man grundsätzlich auf andere Pfropfunterlagen als Peireskien und *Peireskiopsis* verlegen.

In manchen botanischen Gärten sind Kakteen in freien Pflanzenvitrinen aufgestellt. Anstelle von Glas sind die Wände aus starkem Drahtgeflecht gefertigt. In solchen Vitrinen gedeihen härtere Kakteen und Sukkulenten recht gut. Bei starkem Regen werden die Vitrinen einfach mit Frühbeetfenstern oder noch besser mit Folien abgedeckt.

In solchen Gegenden, wo öfter mit Hagel zu rechnen ist, werden die Pflanzen mit einem dichten Drahtgeflecht auf einem hölzernen Rahmen bedeckt. Das Geflecht hat insofern eine zweite Wirkung, als Regentropfen zersplittert werden und das Wasser sanft auf die Pflanzen fällt.

KULTUR EMPFINDLICHER ARTEN

Es gibt viele Kakteen, die jeder, der ihnen nur einigermaßen annehmbare Bedingungen bietet, ziemlich leicht halten kann. Zahlreiche Arten machen selbst dem erfahrenen Kakteenliebhaber unüberwindliche Schwierigkeiten. Es sind gerade diejenigen Pflanzen, die ihres schönen Aussehens wegen besonders geschätzt sind, mamentlich die Astrophyten und bei ihnen hauptsächlich *Astrophytum asterias, Astrophytum capricorne, Astrophytum senile* und *Astrophytum niveum* mit ihren Varietäten. Ferner *Thelocactus bicolor, Thelocactus lophothele, Thelocactus nidulans, Echinomastus macdowellii, Pediocactus, Sclero-*

cactus, Gymnocactus beguinii usw. Diese Kakteen stammen von Standorten, wo sie während der Vegetationsruhe längere Zeit hohen Temperaturen ausgesetzt sind. Die Wachstumsruhe, die ihnen europäische Winter gestatten, kann offensichtlich nicht ersetzen, woran sie sich durch tausendjährige Wirkung des heimatlichen Klimas angepaßt haben. Es muß jedoch nicht immer so sein. Man weiß, daß Kakteen nordchilenischer oder peruanischer Wüsten, wo es nur einmal in mehreren Jahren richtig regnet, Wurzeln haben, die gegen die Einwirkung des feuchteren Substrates sehr widerstandsfähig sind. Andererseits verlieren empfindliche Arten ihre Wurzeln sehr leicht und zwar meist im Frühjahr oder im Herbst, wenn die Erde länger feucht bleibt. Manche Kakteenhalter suchen Abhilfe zu schaffen, indem sie die Pflanzen pfropfen. Das hat gerade bei empfindlichen Arten viele Nachteile. *Astrophytum ornatum* wächst z. B. wurzelecht weit schneller als gepfropfte Stücke. Andere Arten wachsen, wenn gepfropft, zu schnell und ziehen sich in die Höhe. Sie verlieren das typische Aussehen und den Reiz, so daß man oft gezwungen ist, sie umzupfropfen. Und doch besteht die Möglichkeit, alle empfindlichen Arten mit Erfolg wurzelecht zu ziehen, wenn nur gewisse Regeln berücksichtigt werden.

Vor allem ist es unbedingt notwendig, heikle Kakteen aus der Erde herauszunehmen. Die Wurzeln werden sorgfältig mit Hilfe eines kleinen Pinsels so gereinigt, daß alle Substratreste entfernt sind. Die Borsten des Pinsels dürfen nicht zu steif und scharf sein, damit die Wurzeln nicht unnötig beschädigt werden. Mit einer scharfen Schere kürzen wir sie etwa ein Drittel ein. Falls die Wurzeln noch immer zu lang sind, kürzt man sie noch mehr, damit sie sich im Frühjahr beim Pflanzen nicht umbiegen. Nach dem Wurzelschnitt kontrolliert man das ganze Wurzelwerk und beseitigt alle vertrockneten oder kranken Teile. Die Schnittwunden müssen an allen Wurzeln hell sein. Sind bräunliche rostige Flecken oder nur kleine Punkte wahrzunehmen, wird die befallene Wurzel so lange beschnitten bis man zum vollständig gesunden Gewebe gelangt.

Manche meinen, je länger die Kakteenwurzel sei, umso besser sei die Nährstoffaufnahme. Das ist ein Irrtum. Die Länge der Wurzeln ist nicht wichtig, sondern das Wichtigste ist ihr Wachstum. Die Nährstoffe können nur durch die feinen, haarförmigen Saugwurzeln, die sich

Trichocereus candicans
(GILL.) BR. et R.

Toumeya papyracantha (ENG.) BR. et R.

Selenicereus grandiflorus (L.) BR. et R.

Trichocereus chilensis (COLLA) BR. et R.

knapp hinter der Wurzelspitze entwickeln, aufgenommen werden. Eine kurze Wurzel, die viele gesunde Wurzelspitzen mit den feinen Saugwurzeln besitzt, versorgt die Pflanze mit Nährstoffen weit besser als die längste Wurzel mit nur wenigen Wurzelspitzen. Durch das Kürzen der Wurzel unterstützt man deren Verzweigung und dadurch die Ausbildung neuer Wurzelspitzen. Außerdem läßt sich ein Kaktus mit gekürzten Wurzeln besser und in kleineres Pflanzgefäß eintopfen. Das Kürzen der Wurzeln läßt sich von November bis Januar durchführen. Derart behandelte Kakteen müssen vorübergehend in einem warmen und trockenen Raum untergebracht werden, damit die Schnittflächen schnell heilen. Falls man dies unterließe, wäre das Wurzelsystem in der kühlen und feuchten Umgebung bald infiziert und die ganze Pflanze gefährdet.
Damit die Wunden abtrocknen, setzt man die Kakteen so auf passende Blumentöpfe ohne Erde, daß die Wurzeln frei herunterhängen. Wenn der Pflanzenkörper kleiner ist als der Topfdurchmesser, erhält der untere Teil der Pflanze einen Kragen aus Seidenpapier der den Kaktus in senkrechter Lage hält. Danach überwintert man bei normaler Temperatur.
Vor Beginn der Vegetation ist eine wichtige Maßnahme zu treffen. Die Pflanzen werden in ein Zimmergewächshaus oder ein Glashaus übertragen, wo sie eine etwa 14tägige Hitzeperiode durchmachen. Dabei stehen die Kakteen immer noch in den leeren Blumentöpfen, ohne Erde und in voller Trockenheit. Im Februar und März muß man sorgfältig z. B. mit weißem Papier schattieren, damit es nicht zu Brandwunden kommt. Diese Hitzeperiode ist ein Ersatz für die heiße Trockenzeit ihrer Heimat. Während dieser Periode machen die Kakteen wichtige physiologische Veränderungen durch. Sie trocknen mehr aus und die Säfte im Pflanzenkörper werden konzentrierter. Nach kurzer Zeit erscheinen an den gekürzten Wurzeln weiße kegelförmige Auswüchse. Es sind sogenannte Wartewurzeln. Die Kakteen geben selbst das Zeichen, daß sie schon auf die Vegetation vorbereitet sind und auf Wasser warten. Erst jetzt pflanzt man sie in die passende Erdmischung.
Unmittelbar nach dem Pflanzen beginnt das Wurzelwachstum. Man muß gewährleisten, daß die Kakteen jetzt in der weiteren Entwicklung nicht behindert werden. Ungünstige Bedingungen hätten den

Verlust der Wurzeln und eine Wachstumsstagnation für lange Zeit zur Folge. Falls nach dem Einpflanzen die Temperatur stark sinken sollte, das Substrat kalt wäre oder vollständig austrocknete, wäre die ganze Arbeit vergebens gewesen. Eile mit dem Einpflanzen ist nicht angebracht. Im Einklang mit den individuellen Ansprüchen ist abzuwarten bis alle Vorraussetzungen für ein erfolgreiches Wachstum gesichert sind. Versuchsweise wurde ermittelt, daß die auch erst Ende Juni gepflanzten Kakteen sehr schnell Wasser nachsaugen und durch raschen Wuchs bald nachholten, was sie zunächst versäumt hatten.
Durch viele vergleichende Versuche wurde auch festgestellt, daß das Kürzen der Wurzeln auf die Kakteen vielmehr eine stimulierende Wirkung hat. Pflanzen mit gekürzten Wurzeln wuchsen weit besser und haben sogar viel besser geblüht als Kontrollpflanzen mit ungekürzten Wurzeln.
Manche Kakteenliebhaber setzen diese Methode auf alle Kakteen ihrer Sammlung um und machen gute Erfahrungen. Besonders hat sich dieser Verfahrenskomplex dort bewährt, wo die Pflanzen im Frühjahr in die Frühbeete quasi frei ausgepflanzt werden. Auch Arten, die eine längere Trockenzeit nicht gut vertragen, haben günstig reagiert. Sie müssen schon frühzeitig gepflanzt werden, da sonst die Gefahr einer allzu großen Austrocknung droht. Zu ihnen gehören hauptsächlich Kakteen aus Südbrasilien und Uruguay, die zeitig im Frühjahr mit dem Wachstum beginnen, z. B. *Gymnocalycium denudatum, Notocactus ottonis,* andere Notokakteen, Wigginsien und einige Parodien. Aber diese rechnet man nicht zu den empfindlichen Kakteen.
Bei diesen Arten und bei jenen, die bald im Frühjahr blühen, z. B. *Rebutia,* ist es vorteilhafter, das Kürzen der Wurzeln erst im Sommer, in der Zeit der Vegetationsstagnation durchzuführen. Man nimmt sie in der zweiten Julihälfte aus der Erde, wenn sie das Wachstum einstellen. Die Wurzeln werden gesäubert und gekürzt. In kurzer Zeit erscheinen die Wartewurzeln. Dann wird gepflanzt. Das Pflanzen im folgenden Frühjahr wird unterlassen, um die Blüte nicht zu beeinträchtigen. Zusammenfassend kann man sagen, daß es besser ist, die Wurzeln nordamerikanischer Arten im Frühjahr, südamerikanischer im Sommer zu kürzen.
Das Beschneiden der Wurzeln eignet sich nicht für kleine Sämlinge

und für gepfropfte Pflanzen. Es könnte sonst passieren, daß die Unterlagen von den Pfröpflingen ausgesaugt würden. Unterlagen können nach dem Wurzelschnitt kein Wasser ansaugen. Die Pfröpflinge wachsen viel langsamer als auf einer Unterlage, die durch mäßiges Gießen auch im Winter frisch geblieben ist.
Damit sich die empfindlichen und schwer zu kultivierenden Arten auch weiterhin gut entwickeln, ist für andauernde günstige Wachstumsbedingungen Sorge zu tragen. Astrophyten vertragen, wie schon mehrmals betont wurde, kein saures Substrat. Die Bodenreaktion soll leicht alkalisch sein, d. h. etwa pH 7 bis 7,5 haben. Dagegen verlangen die ebenfalls schwer kultivierbaren Ferokakteen leicht sauren Boden. In derselben Erdmischung, in der Astrophyten rasch wachsen, kümmern die Ferokakteen. Für besondere Arten ist wieder die Kultur im Freien die Beste. Erfahrene Züchter richten sich immer nach den ökologischen Faktoren, unter denen die Pflanzen in ihrer Heimat leben.

AKKLIMATISATION VON IMPORTKAKTEEN

Importierte Kakteen haben einen besonderen Reiz. Es sind Gewächse, die aus der freien Natur, direkt vom heimatlichen Standort kommen. Meistens unterscheiden sie sich auf den ersten Blick von den Pflanzen, die aus der Kultur stammen. Sie haben mächtige, manchmal bunte Dornen. Aber gerade die Exemplare mit den längsten und farbigsten Dornen sind für den Liebhaber am wenigsten geeignet. Wenn sie in der Kultur weiterwachsen, sind die Unterschiede zwischen den ursprünglichen und den neuen Dornen allzu auffällig. Oft sterben die Pflanzen bald ab.
Importierte Kakteen haben ihre Gegner und Gönner. Es ist wahr, daß manche Importkakteen nur unter großen Schwierigkeiten am Leben zu halten sind. Aber es ist auch wahr, daß die Pflege vieler Arten ziemlich leicht ist, zumindest aber nicht schwieriger als die anderer Kulturpflanzen. Importe haben den großen Vorteil, daß sie verhältnismäßig billig sind. Es sind eigentlich die einzigen ausgewachsenen,

blühfähigen Pflanzen, die man auch in größerer Anzahl günstig erwerben kann. Kulturpflanzen gleicher Größe wären um ein mehrfaches teurer. Ein *Ariocarpus*, den man für wenig Geld kaufen kann, ist bereits hundert Jahre oder noch mehr gewachsen. Heute darf in diesem Umfang nicht mehr importiert werden. Das „Gesetz zu dem Übereinkommen vom 3. März 1973 über den internationalen Handel mit gefährdeten Arten freilebender Tiere und Pflanzen (Gesetz zum Washingtoner Artenschutzübereinkommen)" ist zu beachten.

In der Geschichte der Kakteenliebhaberei gab es lange Zeitabschnitte, in denen die Sammlungen nur Importpflanzen enthielten, wie z. B. in den berühmten Kollektionen des vorigen Jahrhunderts. Die Orientierung auf Sämlinge begann eigentlich erst um das Jahr 1925, als sich die Technik der Sämlingspfropfung verbreitete.

Die Einfuhr der Kakteen ist ähnlich, wie der Import anderer Naturalien organisiert. Alles beginnt beim Kakteensammler. Das mag zwar als romantische Beschäftigung angesehen werden, ist aber auch anstrengend und mit vielen Gefahren verbunden. Der kommerzielle Sammler muß entlegene Gebiete aufsuchen, Pflanzen mühselig aus der Erde graben und wenn er einen entsprechenden Vorrat hat, muß er sie einpacken und absenden. Heute können Kakteensammler Kraftfahrzeuge benutzen. In früheren Zeiten waren sie auf Beförderungsmittel wie Maultiere, Esel, Lamas und Pferde angewiesen. Als Kakteensammler haben sich auch zwei Tschechen, Benedikt Roezl und A. V. Frič, einen Namen gemacht. Roezl wurde ein Denkmal am Karlsplatz in Prag gesetzt. A. V. Frič hat viele Pflanzen, die er entdeckte, benannt oder ihnen seinen Namen gegeben.

Für Verteilung und Verkauf der Importkakteen sorgen spezialisierte Firmen. Sie kaufen die Kakteen direkt von den Sammlern und bieten sie interessierten Liebhabern an. Der Weg vom Fundort bis zum Kakteenfreund ist ziemlich langwierig. Die Pflanzen warten oft ganze Wochen auf den Transport zum Hafen, die Fahrt über den Ozean dauert lang und beim Importeur nimmt es auch gewisse Zeit in Anspruch, bis Angebote oder Preislisten erscheinen. Und dann ist die Pflanze noch lange nicht beim Züchter und damit unter Bedingungen, die ein gesundes Wachstum ermöglichen.

Einige Firmen kultivieren die Importkakteen zunächst und erst wenn sie wachsen, verkaufen sie weiter. Kakteenfreunde geben jedoch den

frischen, nicht vorkultivierten Importen den Vorzug. Es besteht zwar das größere Risiko eines Verlustes, aber das wird wieder dadurch aufgehoben, daß die vorkultivieren Pflanzen im Preis höher liegen. Bei frischen Importen findet man auch oft Samen, so daß gleichzeitig die Vermehrung gesichert ist. Alljährlich werden ganze Wagonladungen an Importkakteen nach Europa eingeführt. Sie haben eine große Bedeutung, besonders wenn es sich um neu entdeckte Arten oder neue Formen handelt. Es ist also am Platz, ihnen die beste Pflege zu widmen und ihre weitere Existenz zu sichern.
Neu erworbene Importpflanzen sollte man zuerst gut untersuchen. Man entfernt die Reste des Packmaterials, die oft zwischen den Dornen verwickelt sind. Man kontrolliert, ob sich im Scheitel nicht etwa Früchte oder Samen befinden. Wenn es so ist, werden sie sorgfältig geerntet. Angebrochene Wurzelteile oder vertrocknete Wurzeln werden entfernt. Die unbeschädigten Wurzeln reinigt man von allen Erdresten, die an ihnen haften.
Dann folgt ein Säuberungsbad, in lauwarmem Wasser, in dem ein unschädliches Desinfektionsmittel, am besten Chinosol, aufgelöst wurde. Nach dem Bad läßt man die Kakteen an einer warmen, aber schattigen Stelle gut abtrocknen. Danach untersucht man sie noch einmal. Etwa eingestochene Dornen werden sorgfältig herausgezogen. Manchmal stellt man am Vegetationskörper Hohlräume oder Öffnungen fest. Diese müssen besonders sorgfältig gereinigt werden. Man arbeitet mit einer Pinzette und mit einem kleinen Pinsel so lange, bis die glatte Haut, die die vernarbten Wundstellen abschließt, erscheint. Die gesäuberten Kavernen und Insektengänge werden mit Gips plombiert, um das Eindringen der Feuchtigkeit in das Innere des Körpers zu verhindern. Der Gips desinfiziert gleichzeitig die Wunden. Erst jetzt werden die Importpflanzen zum Einpflanzen vorbereitet. Erst wenn die Wartewurzeln erscheinen, kann man pflanzen. Oft haben die importierten Pflanzen schon Ansätze neuer Wurzeln, die sich während des Transportes entwickelt haben. Solche Kakteen pflanzt man sofort, wenn die durch den Transport entstandenen Wunden vernarbt sind. Kurz vor dem Pflanzen ist es günstig, die Kakteen in eine Lösung mit einem geeigneten Insektizid zu tauchen. Dort beläßt man sie etwa eine halbe Stunde. Vor dem eigentlichen Pflanzen sollen die Kakteen selbstverständlich abtrocknen.

Als Pflanzsubstrat eignet sich eine, im allgemeinen Abschnitt empfohlene Erdmischung. Man kann aber auch in reinen Sand oder Kies pflanzen, wo eine besonders gute Bewurzelung erfolgt. Die Importpflanzen von *Ariocarpus*, der Astrophyten und anderer nordamerikanischer Gattungen wurzeln z. B. in reinem Ziegelsplitt weit besser und schneller als in der Erde. Eine gewisse Bedeutung hat die Tatsache, daß solche Substrate sehr nährstoffarm sind. Das zwingt die Kakteen, ein reicheres und mehr verzweigtes Wurzelsystem zu bilden als in der Erde, die besonders am Anfang gute Nährstoffvorräte besitzt.

Unter den nordamerikanischen Gattungen bewurzeln sich die Mammillarien am leichtesten. Sie wachsen auch weiterhin sehr gut. Dankbar sind ebenfalls fast alle Importkakteen aus Südamerika. Gymnocalycien, Parodien, Notokakteen, Rebutien, Lobivien und *Echinopsis* wurzeln bald und zuverlässig. Bei entsprechender Pflege wachsen sie viele Jahre weiter. Bald kann man sie von den Kulturpflanzen kaum unterscheiden. Die Importkakteen leben in ihrer Heimat unter sehr harten Bedingungen. Sie hatten immer frische Luft und sind auch in Kultur darauf angewiesen. Also keine Angst vor ausgiebiger Lüftung. Anzustreben ist kein rasches Wachstum, sondern die Entwicklung einer sehr starken Bedornung.

Die Bewurzelung von Importkakteen ist in der Regel nicht schwierig, wenn wenigstens Reste von Wurzeln vorhanden sind. Schwieriger wird es mit völlig wurzellosen Pflanzen. Darüberhinaus ist oft der untere Teil des Kakteenkörpers korkartig vertrocknet wie bei den Gattungen *Escobaria, Coryphantha, Echinocereus, Thelocactus* usw. Es bleibt nur, das tote Gewebe nach und nach zu entfernen, bis sich die gesunden Pflanzenteile zeigen. Dann ist zu überlegen, ob man den Versuch, die Pflanzen zu bewurzeln, überhaupt machen soll. Meistens ist es aber günstiger solche Stücke durch Pfropfen zu retten. Als Unterlagen empfehlen sich Arten, die sich mit den ausgetrockneten Pfröpflingen vertragen. Das sind *Trichocereus pachanoi, Trichocereus lamprochlorus* und *Trichocereus schickendantzii.* Erst nachdem sie sich mit Wasser gefüllt haben, kann man sie auf andere Unterlagen umpfropfen. Auch wenn die Importpflanzen Faulstellen haben, pfropft man sofort selbst den kleinsten gesunden Rest.

HYDROKULTUR

Schon vor mehr als hundert Jahren wurde nachgewiesen, daß Pflanzen keinen Boden brauchen, um leben zu können. Damals wurde bekannt, daß sie die Nährstoffe in Form einfacher mineralischer Salze aufnehmen, die im Bodenwasser gelöst sind. Außer dem Kohlenstoff, den sie als Kohlendioxid aus der Luft holen, ernähren sich alle Pflanzen, auch die Kakteen, nur aus den im Wasser gelösten mineralischen Verbindungen. Es gibt Ausnahmen, wie parasitische oder fleischfressende Pflanzen, die auch auf andere Nahrungsquellen eingestellt sind. Derartige Verhältnisse kommen bei Kakteen nicht vor.
Die erste Nachricht, daß man auch Kakteen in einer Nährlösung halten kann, wurde im Jahre 1921 veröffentlicht. Damals wurde zur Bewurzelung von Ablegern und Sprossen Holzkohlengrus benutzt. Der deutsche Kakteenzüchter Rudolf Suhr hat die Erfahrung gemacht, daß manche empfindlichen Pflanzen sofort ihre Wurzeln verlieren, wenn sie aus der Holzkohle in normale Erde umgepflanzt wurden. Damals kam er auf die Idee, die Wurzeln in der Weise zu retten, indem er die Pflanzen weiter in Holzkohle hielt. Für die Zusammensetzung der Nährlösung wählte er eine Rezeptur aus einem alten Lexikon. Der Versuch war erfolgreich. Fünf Jahre später schrieb er wieder von dieser Art der Kakteenhaltung und wie schön die Pflanzen, ausschließlich „künstlich ernährt", wuchsen und blühten.
Weitere zehn Jahre später wurde ein zweiter Bericht über ähnliche Versuche veröffentlicht. Diesmal handelte es sich um eine reine Hydroponikkultur, wobei die Wurzeln der Versuchspflanzen direkt in die Nährlösung hineinhingen. Versuche in einem größeren Umfang hat Dr. Zora Klas an der Universität in Zagreb durchgefährt. Es wurde bewiesen, daß Kakteen in der Nährlösung weit besser wachsen, als die Kontrollpflanzen in einem üblichen Erdsubstrat. Außerdem haben sich die Pflanzen in der Lösung meist besser und schneller bewurzelt als nach der traditionellen Behandlung. Schon damals wurde die Wichtigkeit der richtigen Reaktion der Nährlösung ermittelt. Selbst bei Importpflanzen, die auf konventionelle Weise nicht zur Wurzelbildung bewegt werden konnten, waren die Ergebnisse meist sehr gut, oft überraschend.

Die Hydroponikkultur hat sich aber nicht verbreitet. Der Grund war hauptsächlich der, daß die Zusammenstellung der Nährlösung ziemlichen Aufwand erforderte. Auch die Pflege mehrerer Pflanzen in gläsernen Behältern war mit beträchtlichen Schwierigkeiten verbunden. Erst in den vergangenen Jahrzehnten hat man in einigen fortschrittlichen Gärtnereien mit Verwendung steriler Pflanzsubstrate begonnen. Es wurden die Kies- und Torfkultur eingeführt und in der Praxis erprobt. Und nun ist man auch in der Kakteenzucht auf moderne Kulturmethoden übergegangen.
Dieser Trend wurde auch durch andere Umstände hervorgerufen. Es wird nämlich immer schwieriger, sich eine gute Erdmischung zum Umpflanzen der Kakteensammlung zu beschaffen. Man kann zwar Buchenlaub im Wald sammeln, das Mitnehmen der Walderde ist jedoch nicht gestattet. Auch gute Misterde ist inzwischen selten. Und selbst wenn man sie bekommen könnte, fehlt meist ein Platz zum Ansetzen des Kompostes. Umpflanzen ist jedoch alljährlich notwendig, da die alte Erde nicht wiederholt verwendet werden darf.
Jede Erdart hat gewisse Nachteile. Ihre Zusammensetzung ändert sich laufend. Es bestehen z. B. große Unterschiede zwischen den Lauberden. Selbst die Lauberde desselben Fundorts ist immer wieder anders. Der Prozess der Humifikation verläuft nicht regelmäßig, denn die Bodenbakterien sind einmal in größerer, ein anderes Mal in geringerer Anzahl vorhanden. Verschiedene Pilzarten wachsen je nach dem Grad der Feuchtigkeit usw. Infolge dieser und anderer Faktoren können sich der Gehalt an Nährstoffen und die Bodenstruktur ziemlich schnell ändern. Auch die Einflüsse während der eigentlichen Kakteenpflege müssen berücksichtigt werden. Jedes Gießen schwemmt Nährstoffe aus. Bei dem Feuchtigkeitsgehalt, der für Kakteen als Xerophyten günstig ist, haben Bodenbakterien bei weitem nicht die besten Existenzbedingungen. Die Zersetzung von Humus wird eingestellt, neue Nährstoffe werden nicht freigesetzt. Auch die physikalischen Eigenschaften des Substrats ändern sich sehr schnell. Die Erdmischung verdichtet sich und die Durchlüftung wird immer schlechter. Einzige Abhilfe bietet das oftmalige Umpflanzen.
Alle diese Probleme entfallen bei der erdlosen Kultur. Das sterile Substrat verlangt keine besondere Pflege, bleibt in seiner Struktur immer gleich und es ist regenerierbar. Die Nähstoffe werden in

Notocactus purpureus RITT.

Notocactus herteri WERD.

Notocactus mueller-moelleri FRIČ

Wigginsia arechavaletai (K. SCH. ex SPEG.) D. M. PORT.

Wigginsia kovařikii (FRIČ) BACKBG.

Eriocactus schumannianus
(NIC.) BACKBG.

Eriocactus leninghausii
(NIC.) BACKBG.

Frailea castanea BACKBG.

Chileorebutia odieri
(LEM.) RITT.

Gymnocalycium horridispinum
FRANK.

genauer Dosierung gegeben, wobei sich die Zusammensetzung der Nährlösung auf einfache Weise ändern und den Bedürfnissen der Kakteen anpassen läßt. Versuche kann man unter genau reproduzierbaren Bedingungen wiederholen. Diese Methode überläßt nichts dem Zufall und die Ergebnisse sind ausreichend zuverlässig korrigierbar.
Die Hinweise zur erdlosen Kultur stützen sich auf Erfahrungen, die die Autoren in einem Zeitraum von mehr als 30 Jahren gesammelt haben. Heutzutage ist die Hydrokultur keine unerprobte Neuheit mehr. Es existieren viele große, mittlere und kleine Sammlungen, deren Gedeihen nur der Hydrokultur zu verdanken ist. Kleine Sämlinge, meterhohe Cereen und halbe Meter breite Kugeln der Echinokakteen und Ferokakteen gedeihen tadellos ohne Erde. Die Pflanzen blühen reichlich und bringen Früchte mit gut keimfähigen Samen. Die Dornen sind lang und fest. Viele heikle und schwierig zu kultivierende Arten gedeihen in Hydrokultur besser als in traditionellen Substraten.
Drei Methoden der Hydrokultur sind bekannt. Die unterscheiden sich untereinander nur in der Kulturtechnik. Das Prinzip ist bei allen dasselbe: Die Pflanzen werden ausschließlich mit Nährlösungen ernährt.

1. Wasserkultur: Die Wurzeln sind in der Nährlösung eingetaucht.
2. Kieskultur: Die Wurzeln werden in ein festes, steriles Substrat gepflanzt, in das auf verschiedene Art die Nährlösung eingeführt wird. Die Torfkultur ist nur eine Variante der Kieskultur. Statt Kies wird Torf als Füllsubstrat verwendet.
3. Luftkultur: Die Wurzeln hängen frei in der Luft und werden mit der Nährlösung bespritzt oder besprüht.

Für die Kakteenpflege sind nur die ersten zwei Arten, die Wasserkultur und die Kies-/Torfkultur anwendbar.

WASSERKULTUR

In langjähriger Praxis wurde nachgewiesen, daß Kakteen so kultiviert werden können, als ob sie „Wasserpflanzen“ wären. Die Wurzeln sind in der Nährlösung eingesenkt, wo sie sich stark verzweigen. Auch der oberirdische Teil der Pflanzen wächst sehr gut.
Die Nährlösung steht in gläsernen oder keramischen Gefäßen. Auch

die zahlreichen Kunststoffgefäße eignen sich gut für diesen Zweck. Die sogenannten Hydrovasen sind nicht besonders praktisch. Ihre Größe nimmt sehr viel Platz in Anspruch. Es wird sie nur der verwenden, der nur wenige Pflanzen hält. Gefäße für Kakteen müssen nicht sehr umfangreich sein. Für Pflanzen üblicher Größe genügt vollständig ein Trinkglas-großes Gefäß mit einem Inhalt von etwa 200 cm^3. Sehr wichtig ist die richtige Lage der Pflanze, damit die Närlösung den Kakteenkörper nicht befeuchtet. In die Lösung sollen nur die Wurzeln hineinreichen. Früher wurden Korkstöpsel verwendet, heute steht ein besseres Material zur Verfügung, das Styropor. Aus einer etwa 2 cm dicken Platte kann man mit dem Messer einen beliebig großen Stöpsel herausschneiden. In die Mitte kommt eine angemessen große Öffnung für die Wurzeln. Sie kann relativ klein sein, da die Wurzeln vor dem Eintauchen ohnehin stark zurückgeschnitten werden. Zuletzt erhält der Stöpsel eine leichte Vertiefung, die dem unteren Teil des Pflanzenkörpers entspricht. Die Kakteen sollen stabil auf dem Stöpsel sitzen.

Für die großen Arten fertigt man einen dickeren Stöpsel. Opuntien erhalten eine elliptische Öffnung. Unnötige Zwischenräume um die Wurzeln und um den Körper sollten nicht entstehen. Je besser Stöpsel und Pflanzenkörper zueinander passen, desto geringer sind die durch Verdunstung verursachten Wasserverluste. Der Stöpsel aus Styropor hat noch die weitere gute Eigenschaft, daß er weich ist. Es läßt sich leicht in ein Gefäß eindrücken, wodurch ein luftdichter Abschluß gewährleistet ist und unnötige Verdunstung verhindert wird.

Das Gefäß sollte aus einem lichtundurchlässigen Material hergestellt sein. Bei Lichtzutritt bilden sich sonst Algen, die eine Nährstoffkonkurrenz für die Kakteen bedeuten. Durchsichtige Gläser lassen sich mit Hilfe einer lichtundurchlässigen Umhüllung, z. B. schwarzem Papier, Pappe oder Aluminium verdunkeln.

Für die Hydrokultur eignen sich am besten Ableger oder Stecklinge, die schon die Wartewurzeln entwickelt haben. Wenn man jedoch schon bewurzelte Kakteen umstellen will, nimmt man sie aus dem Substrat, kürzt die Wurzeln auf 2 bis 3 cm und wäscht sie gut ab, bis alle Erdreste entfernt sind. Danach werden sie etwa 14 Tage in einem warmen Raum belassen. Erst dann überträgt man sie in die Nährlösung.

Die vorbereiteten Kakteen setzt man auf Styroporstöpsel und zieht die vorhandenen Wurzeln durch die Öffnung. Das Gefäß enthält zunächst nur reines Wasser, in dem ein Fungizid aufgelöst wurde. Die Flüssigkeit soll nur die unteren Wurzelteile befeuchten. Bei den wurzellosen Kakteen muß die Wasseroberfläche bis an den Wurzelhals reichen. Man kontrolliert täglich, ob sich schon neue Wurzeln gebildet haben. Bei undurchsichtigen Gefäßen ist die Pflanze zusammen mit dem Stöpsel herauszunehmen, bei durchsichtigen Glasgefäßen ist die Beobachtung bequemer.
Erst wenn die neuen Wurzeln etwa 1 cm lang und in größerer Anzahl vorhanden sind, ersetzt man das reine Wasser durch die Nährlösung, die zunächst nur halb so stark konzentriert ist. Wenn man normal 1 g Nährsalz pro Liter Wasser gibt, nimmt man vorerst eine Lösung, die in einem Liter Wasser nur 0,5 g Nährsalz enthält. Erst nach 14 Tagen erhalten die Kakteen die Lösung in voller, optimaler Konzentration. Die weitere Pflege ist einfach. Immer nach 14 Tagen wird die alte

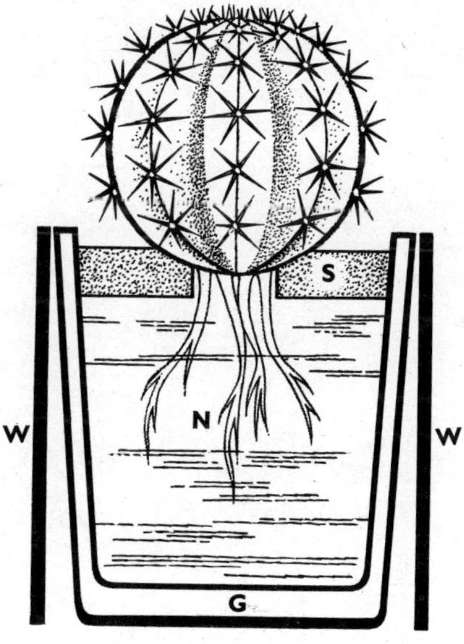

Hydrokultur-Wasserkultur. G = Glasgefäß; N = Nährlösung; S = Stöpsel; W = walzenförmige Umhüllung.

Nährlösung durch eine neue ersetzt. Falls sich Algen entwickeln, reinigt man die Gefäße und erst dann wird eine neue Lösung eingefüllt. Wenn sich bei wurzellosen Pflanzen ein neues Wurzelsystem entwickelt, wird der Nährlösungsspiegel allmählich gesenkt, bis der obere Teil der Wurzeln in einer Länge von ca. 2 cm oberhalb des Flüssigkeitsspiegels befindet. Sollte die Wasserfläche infolge der Verdunstung sinken, ersetzt man die verdunstete Flüssigkeit durch reines Wasser.

Im Herbst, nach Abschluß der Vegetation, gießt man die Nährlösung aus und die Wurzeln bleiben bis zum Frühjahr trocken. Pfropfunterlagen mit widerstandsfähigen Wurzeln können den ganzen Winter hindurch in der Nährlösung bleiben. Im Frühling gibt man wie bei der Bewurzelung zunächst nur reines Wasser, später die Nährlösung in halber Konzentration und erst bei vollem Wachstum die normale Nährlösung. Da die Kakteenwurzeln auch Luft brauchen, wird empfohlen, die Pflanzen täglich aus der Lösung herauszunehmen und nach einer Weile wieder zurückzustellen.

Es ist ersichtlich, daß in Hydrokultur bei jeder Pflanze separat zahlreiche Handgriffe getan werden müssen. Aus diesem Grunde läßt sich die reine Wasserkultur nur dann verwenden, wenn eine sehr beschränkte Anzahl von Pflanzen zu pflegen ist.

Die Wasserkultur bietet aber unschätzbare Vorteile bei der Untersuchung verschiedener Ernährungsprobleme der Kakteen. Die Fragen, welche die beste Zusammensetzung der Nährlösung ist, welche Konzentration der Nährlösung und welche Reaktion (pH) optimal sind, kann durch einfache Versuche ermittelt werden. Um z. B. die Zweckmäßigkeit von Volldüngern auszuprobieren, genügt es, einige Serien gleicher Arten in Lösungen verschiedener Konzentration zu halten. In kurzer Zeit werden die Vor- und Nachteile hinsichtlich des Bedarfs einzelner Nährstoffe offenbar. Derartige kleine Untersuchungen kann jeder Kakteenfreund anstellen und sich manche Frage, die ihn interessiert, selbst beantworten.

Für die Erwerbszwecke ist die reine Wasserkultur nicht geeignet. Beim Umpflanzen in Erde muß sich ein vollständig neues Wurzelsystem entwickeln. Die in der Lösung entstandenen Wurzeln muß man vertrocknen lassen und die Bewurzelung neu durchführen. Das ist sehr langwierig und in größerem Umfang nicht durchführbar.

KIESKULTUR

Die Kakteenkultur in festen Substraten hat sich stark verbreitet und die Zahl der Kakteenliebhaber, die auf diese Methode übergehen, ist immer größer geworden. Die Kakteen werden in ein festes Substrat, ähnlich wie in die Erde gepflanzt. Der wesentliche Unterschied besteht darin, daß dieses Substrat keine Nährstoffe enthält und den Wurzeln nur zum Verankern dient. Es sind mehrere solcher Substrate bekannt. Eigentlich kann man jedes feste Material verwenden, wenn es wasserunlöslich und chemisch indifferent ist. Das heißt das Substrat darf die chemische Zusammensetzung und den pH der Nährlösung nicht verändern. Aus diesen Gründen sind einige Substrate erst nach vorheriger Aufbereitung verwendbar. Am meisten werden folgende Substrate benutzt.

Sand. Man unterscheidet die Sandarten, je nachdem, aus welcher Gesteinsart sie entstanden sind. Für die Kakteenhaltung kommt nur Quarzsand in Frage. Fast reiner Quarz wird für die Glasherstellung benutzt. Er ist ohne jede Beimischungen. Der Sand soll eine Körnung bis zu 4 mm haben. Jeder Sand muß vor Verwendung gründlich gewaschen werden. Am besten wird er in ein Sieb geschüttet und mit einem starken Wasserstrahl so lange durchgewaschen, bis nur noch reines 1Wasser abfließt. Die Schicht im Sieb darf nicht allzu hoch sein, da der Sand sonst nicht genügend gereinigt wird. Auch Flußsand muß gewaschen werden, weil er immer mit Schlamm vermischt ist. Besonders sorgfältig ist Grubensand zu waschen, weil ein schlecht ausgewaschener Sand zusammenklebt. Den ausgewaschenen Sand läßt man gut austrocknen und lagert ihn an einer trockenen Stelle.

Granitkies. Ihn, wie auch Kies aus anderen Gesteinsarten kann man nur unter der Bedingung verwenden, daß seine Körnung der des Sandes entspricht. Da solche Kiese überwiegend aus größeren Körnungen bestehen, mischt man sie mit dem gleichen Anteil feineren Sandes.

Bimskies. Sein Vorteil ist das niedrige Gewicht und die Porösität. Dieses Substrat ist überdies relativ billig, da es als Abfallstoff bei der industriellen Verarbeitung von Bimsstein anfällt. Der Bimsstein ist jedoch kein so ideales Substrat, wie es auf den ersten Blick scheinen mag. Er saugt die Nährstoffe sehr stark an und es entsteht ein unschöner Algenbelag an der Oberfläche. Manche Fachleute behaupten, daß der Bimsstein Eisen und Phosphor binde. Dadurch werde das Wachstum der Kakteen negativ beeinflußt.

Ziegelsplitt. Er ist ein Abfallprodukt der Ziegelherstellung, das mit speziellen Maschinen zerkleinert wird. Wer genug Geduld hat, kann sich Ziegelsplitt aus alten Ziegelsteinen oder Dachziegeln selbst herstellen. Es genügt ein Hammer und ein Sieb mit der Maschweite von etwa 6 mm. Größer als 6 mm darf die Korngröße für die Kakteenkultur nicht sein. Der große Staubanteil des Ziegelsplitts muß bedingt beseitigt werden, da sonst die Gefahr besteht, daß die Wurzeln absterben. Der Staub haftet fest an einzelnen Körnern und läßt sich durch gründliches Waschen in einem Mehlsieb, wie es bei Sand beschrieben wurde, entfernen.
Ziegel werden aus Ziegelton, dessen Hauptbestandteil Kaolin ist, hergestellt. Es überwiegen im Ziegelsplitt neben anderen Verbindungen Siliziumoxid und Aluminiumoxid. Die charakteristische rote Farbe ist auf den Gehalt an Eisenoxid zurückzuführen. Je intensiver die Farbe, umso größer der Gehalt an Eisen. Jeder Ziegel enthält eine gewisse Menge an Kalk. Sie schwankt zwischen 3 bis 15 %. Ziegelsplitt hat, je nach Herkunft, immer eine etwas andere chemische Zusammensetzung. In den frisch gebrannten Ziegeln ist Kalziumoxid (CaO) enthalten. Dieses wandelt sich nach Anfeuchten in Kalziumhydroxid um. Frischer Ziegelsplitt kan demnach eine alkalische Reaktion hervorrufen. Das Hydroxid wird aber bald neutralisiert und das Substrat beeinflußt die Bodenreaktion nicht. In vielen Kulturen hat sich Ziegelsplitt als Pflanzsubstrat sehr gut bewährt.

Schamottekies. Er weist ähnliche Eigenschaften auf wie Ziegelsplitt. Schamotte wird auch aus ähnlichem Material und auf die gleiche Weise hergestellt wie Ziegel. Für die Körnungsgrößen gilt bei allen diesen Materialien das gleiche.

Tuff. Dieses Gestein ist vulkanischen Ursprungs und wird als Ersatz für andere Substrate verwendet. Verwendbar ist nur stark verwittertes, kiesartiges Material. Durch Sieben werden die groben Bestandteile und mit einem Mehlsieb der Staub entfernt. Der Tuff hat sich besonders bei Kakteenarten bewährt, die keinen Kalk vertragen.

Erdbrand. Es handelt sich um ausgebrannte Tonerde. Er entsteht in Kohlengruben beim Verbrennen der Braunkohlenschichten. Der Erdbrand hat eine ähnliche rote Farbe wie Ziegel. Er ist schütter und die gewünschte Körnung kann leicht ausgesiebt werden. Kalk ist nicht vorhanden oder nur in ganz geringer Menge. Für kalkfeindliche Pflanzen gilt Erdbrand als sehr gutes Substrat. Auch sonst ist der Erdbrand dem Ziegelsplitt gleichwertig. Er besteht jedoch überwiegend aus gröberen Korngrößen und ist deswegen mit feinem Sand zu mischen.

Schlacke und Koks. Schlacke entsteht als Abfall beim Heizen von Kesseln und ist leicht zu beschaffen. Die geeignete Körnung erhält man durch Sieben. Der feine Koks hat ähnliche Eigenschaften. Beide Materialien sollen einige Monate in dünner Schicht Regen und Luft ausgesetzt werden. Dadurch werden alle schädlichen chemischen Verbindungen und Gase entfernt.

Holzkohle. Dieses Material hat vor einigen Jahrzehnten Rudolf Suhr ausprobiert. Die Kakteen wuchsen lange Jahre sehr gut und es waren darunter auch manche Arten mit empfindlichen Wurzeln. Derzeit ist die Erzeugung von Holzkohle sehr eingeschränkt. Aus diesem Grund wird sie als Pflanzsubstrat nur in Ausnahmefällen verwendet.

Perlite. Dieser poröse und leichte Stoff hat in der Industrie eine vielseitige Verwendung gefunden. Viele Kakteenliebhaber erzielen mit Perlite als Pflanzsubstrat gute Erfolge. Perlite ist leichter als Wasser und wird beim Gießen oft abgeschwemmt. Dem kann man vorbeugen, indem nach dem Pflanzen die Oberfläche mit einer etwa 1 cm dicken Schicht feinen Kieses oder groben Sandes bedeckt wird. Dadurch wird die Oberfläche so fest, daß man von oben gießen kann. Auch auf den Boden des Pflanzgefäßes sollte als Drainage eine Schicht grobkörnigen Materials gelegt werden.

Keramzit. Es handelt sich ebenfalls um ein natürliches, industriell zubereitetes Material. Es wird in der Bauindustrie verwendet. Das schüttere, aus verschieden großen, abgerundeten Teilchen bestehende Material ist in einer Körnung bis zu 6 mm zweckmäßig.

Bialaston. Es handelt sich um schwarze Kunststoffborsten aus PVC. In diesem Substrat bilden sich allzu feste Wurzelballen. Deswegen ist Bialaston für die Kakteen weniger geeignet. Die Kontrolle des Wurzelsystems und die eventuelle Entfernung kranker Teile wird erschwert.

Polystyrolgranulat. Seit neuerem wird dieses Granulat statt Sand zur Lockerung der schweren Erdarten verwendet. Das Material wird aber sehr leicht vom Wasser abgeschwemmt.

Torf. Dieser organische Stoff steht wegen seiner Struktur der normalen Erde am nächsten. Torf ist sauer. Er wird hauptsächlich in der Torfkultur verwendet.

Auswahl des Substrates

Welches Substrat nun das beste ist, kann nicht so einfach beantwortet werden. Jedes Substrat hat seine Vor- und Nachteile. Ideal wäre die Eigenschaft, die Nährlösung ansaugen zu können. Gleichzeitig sollten sich überflüssige Stoffe leicht auswaschen lassen. Es sollte so billig sein, daß immer wieder neues Material benutzt oder so beschaffen, daß es leicht regeneriert werden kann. Ein geringes Gewicht wäre ebenfalls von Vorteil, aber nicht so gering, daß es vom Wasser getragen wird.

Keines der genannten Substrate hat alle diese Eigenschaften. Quarzsand ist zwar sehr billig, aber nicht immer leicht erhältlich. Außerdem dringt das Licht ein und fördert die Algenbildung. Koks und Schlacke

Gymnocalycium friedrichii
(WERD.) PAŽOUT

Gymnocalycium saglionis
(CELS.) BR. et R.

Gymnocalycium kurtzianum (GUERCKE) BR. et R.

Gymnocalycium griseopallidum BACKBG.

Gymnocalycium zegarrae CARD.

Rebutia violaciflora BACKBG.

Aylostera heliosa
RAUSCH

Hymenilobivia
čabradai FRIČ

sind ebenfalls in genügender Menge vorhanden. Durch mühseliges Sieben muß man aber zuerst die gewünschte Körnung aussortieren und danach das Material einige Monate den Witterungseinflüssen aussetzen. Das Ziegel- und Schamottegranulat ist schwer zu beschaffen. Perlite und Polystyrolgranulat sind so leicht, daß die Körner beim Gießen oft abgeschwemmt werden. Bims ist auch sehr leicht und wird durch Algenbewuchs verunreinigt. Die relativ geeignetsten Substrate sind demnach Ziegelsplitt, Schamotte, Bims, Keramzit, Schlacke, Koks, Sand und Granitkies. Besonders empfehlenswert ist eine Mischung aus Ziegelsplitt und gröberem Sand, Granitkies mit Sand oder Sand mit Keramzit usw. Es lassen sich auch 10 bis 15 % Torf zumischen. Der Torf ändert aber seine Eigenschaften ziemlich schnell. Wenn man Torf beimischt, verliert sich einer der wichtigsten Vorteile der erdlosen Kultur, die Unveränderlichkeit des Substrates.
Die bei den einzelnen Substraten angegebene Körnung hat sich als die beste für erwachsene Pflanzen erwiesen. Für Aussaaten sollen die einzelnen Körner die Größe von 3 mm nicht überschreiten. In das Aussaatsubstrat gibt man immer durchgesiebten Torf. Dieselbe Mischung mit Torf verwendet man auch bei dem Pikieren der Sämlinge. Junge Pflanzen, etwa 2 cm im Durchmesser werden in ein Substrat ohne Torf, aber nur mit einer Körnung von bis 4 mm gepflanzt. Erst die Pflanzen, die einen Durchmesser über 5 cm erreichten, setzt man in ein Substrat mit normaler Körnung.

Pflanzen

In festen Substraten können Kakteen auf zwei verschiedene Arten gehalten werden. Bei der ersten Methode werden die gleichen Pflanzgefäße wie in Erdkultur verwendet, z. B. Schalen oder Plastiktöpfe, grundsätzlich aber nur unporöse Gefäße. Tontöpfe sind nicht brauchbar. Die Pflanzgefäße sollen möglichst klein und flach sein. Gepflanzt wird ähnlich wie in die Erde. Auch bei dieser Kulturform ist es wichtig, daß ein guter Wasserabzug gewährleistet ist. Deswegen werden die Abzugslöcher mit Tonscherben bedeckt.
Bei der zweiten Pflegeart werden Gefäße benutzt, die 10 cm oder noch tiefer sind. Die Abzugslöcher sind jedoch nicht im Boden, sondern etwa 2 bis 3 cm oberhalb in der Gefäßwand angebracht. Zuerst

wird deshalb eine dickere Schicht groben Materials eingefüllt. Darauf folgt eine etwa 6 cm starke Schicht des normal gekörnten Substrates. Die Nährlösung wird so lange eingegossen, bis sie durch die Seitenöffnungen abfließt. So entsteht am Boden ein Reservoir für die Nährlösung, das die obere Schicht mit Feuchtigkeit und Nährstoffen versorgt. Solche Gefäße sind jedoch nur dort zu verwenden, wo eine Bodenheizung für Wärme sorgt. Ein möglicher Temperaturabfall verursacht sonst eine Vegetationsstockung, die bei empfindlichen Arten das Wurzelsystem zerstört. Auch im Herbst bleibt das Substrat zu lange feucht und bedroht die empfindlichen Wurzeln. Aus diesen Gründen ist die erste Methode weit besser und zuverlässiger.
Bei uns hat sich das Pflanzen in kleinere, flache Gefäße, die öfteres Gießen notwendig machen, sehr gut bewährt. Bei Anstaubewässerung kann auf häufiges Gießen verzichtet werden. So läßt sich die Feuchtigkeit des Substrates besser regulieren als in tieferen Behältern. Die Gefahr, daß durch übermäßige Feuchtigkeit die Gesundheit der Wurzeln im Frühjahr und im Herbst gefährdet sein könnte, entfällt. Für die Sämlinge sind Schalen mit 4 cm Tiefe am besten, größere Pflanzen mit einem Durchmesser von über 4 cm begnügen sich meist mit 5 bis 6 cm Topftiefe. Nur tiefwurzelnde Kakteen, wie z. B. Cereen, müssen angemessen tiefe Gefäße erhalten. Wirklich große Exemplare pflanzt man in breite bis 18 cm tiefe Schalen. Für Gruppenpflanzungen von Mammillarien, Echinocereen und anderen flach wurzelnden Arten nimmt man breite, nur etwa 7 cm tiefe Schalen. Gefäße mit breitem Boden müssen mehrere Öffnungen im Boden, hauptsächlich im Randbereich, aufweisen.
Zum Pflanzen wird immer ein ganz trockenes Substrat verwendet. Mit einer Hand hält man die Pflanze in die richtige Lage und mit der anderen schüttet man das Substrat zu den Wurzeln. Im Gefäß dürfen keine Hohlräume entstehen, die Wurzeln sollen gut mit dem Substrat eingefüttert sein. Ab und zu stößt man mit dem Gefäß gegen eine Unterlage, damit sich das Substrat zusammensetzt.
Beim Pflanzen einer größeren Anzahl Kakteen in einen Handkasten ist es günstig, zuerst eine dünnere Schicht des Substrates entlang einer Seitenwand anzuschütten und auf diese schräg angehäufte Fläche eine ganze Reihe von Kakteen zu stellen. Dann werden die Wurzeln mit einer zweiten Schicht des Substrats bedeckt. Danach wird eine weite-

re Reihe Kakteen aufgestellt und die Wurzeln mit Substrat bedeckt. So werden weitere Reihen von Kakteen gepflanzt, bis der ganze Kasten voll ist.
Manche Kakteen, besonders die rasenförmig wachsenden berühren die Substratoberfläche mit ihrem gesamten Unterteil. Wenn man solche Exemplare einpflanzt, stellt man zuerst auf den Boden der Schale 3 bis 4 kleine Töpfe mit dem Boden nach oben. So entstehen im Substrat Hohlräume, die das Durchlüften und das Abtrocknen erleichtern. Sonst bliebe das Substrat zu lange naß, die Nässe gefährdet die Wurzeln, den Wurzelhals und den ganzen unteren Teil des Pflanzenkörpers. In das Substrat soll nur etwa die untere Hälfte der Wurzeln reichen. Die obere Hälfte bzw. ein Drittel des Gefäßes füllt man mit gröberem Kies oder anderem nicht porösem, aber glatten Substrat auf. Das Wasser fließt schnell ab, und die Stellen, wo Infektionsherde am häufigsten entstehen, bleiben trocken. Der Umstellung von der normalen Erdkultur zur erdelosen Pflege ist leicht durchzuführen, ohne daß die Kakteen besonders vorbereitet werden müssen. Man entfernt einfach die alte Erde von den Wurzeln. Ein gründliches Waschen wie bei der reinen Wasserkultur ist nicht notwendig. Selbst wenn den Wurzeln noch kleinere Erdreste anhaften, kann man sorglos pflanzen. Lediglich der Wurzelhals muß sorgfältig gereinigt werden. Auch das Umstellen von Kieskultur auf eine normale Erdmischung ist ohne weiteres möglich. Das problemlose Wechseln der beiden Pflegemethoden ist ein großer Vorteil gegenüber der reinen Wasserkultur.
Ein weiterer, wesentlicher Vorteil besteht darin, daß sowohl während der Vegetations-, als auch während der Ruhezeit ein Umpflanzen möglich ist. Solange man ein trockenes und steriles Substrat verwendet, bleiben die Wurzeln von etwaigen Infektionen verschont. Erst zwei Tage nach dem Umpflanzen gibt man Wasser. Das ist der kürzeste Zeitraum, den kleinere Wurzelwunden benötigen, um sich zu schließen. Sollten auch stärkere Wurzeln beschädigt worden sein, muß mit dem Gießen etwa eine Woche gewartet werden. Vor einem Umpflanzen während der Vegetation läßt man das Substrat austrocknen. Das Pflanzmaterial läßt sich dann leicht von den Wurzeln entfernen.
Bei Kakteen, die ihre Wurzeln verloren haben oder Stecklingen wartet man mit dem Einpflanzen so lange, bis die Wartewurzeln erschei-

nen. Wurzellose Pflanzen setzt man tiefer als normal, da die neugebildeten Wurzeln anfänglich Schwierigkeiten haben, in das Substrat einzudringen und die Pflanzen anheben könnten. In solchen Fällen müssen sie neu eingepflanzt werden.

Nährlösungen

Jede Lösung muß alle Nährstoffe enthalten, die für eine gute Entwicklung der Kakteen nötig sind. Außerdem müssen sie im richtigen Verhältnis und in richtiger Konzentration vorhanden sein. Die Hauptnährstoffe sind Stickstoff, Phosphor und Kalium (N, P, K). Außer diesen drei Elementen brauchen die Pflanzen Kalk (Ca) und in geringerem Umfang auch das Eisen (Fe). Einen weiteren sehr wichtigen Nährstoff, den Kohlenstoff (C) gewinnen die Pflanzen aus der Luft bei der Assimilation des Kohlendioxids. Die optimale Nährlösung muß noch weitere Elemente enthalten, die aber nur in ganz geringen Mengen enthalten sein dürfen, sonst könnten sie auf die Pflanzen giftig wirken. Es sind sogenannte Spurenelemente. Die Lösung läßt sich auch noch mit Vitamin B_1, Wuchsstoffen und eventuell mit anderen Nährstoffen, wie z. B. mit Humusextrakt ergänzen.
Für Versuchszwecke eignen sich besonders Lösungen, die sich jeder selbst zusammenstellen kann. Es hat den Vorteil, daß man die Konzentration einzelner Nährstoffe in breiten Grenzen abändern kann. Für exakte Versuche darf man nur destilliertes Wasser verwenden, sonst genügt reines Regenwasser. Für die reine Wasserkultur sollte man immer nur abgekochtes Wasser verwenden.
Es existieren viele Rezepte für die Zusammenstellung der Nährlösung. Hier sollen nur zwei Nährlösungen vorgestellt werden, nämlich die Ansätze von Knop und van der Krone.

Knop:

H_2O	1 l
$Ca(NO_3)_2$	1 000 mg
$MgSO_4$	250 mg
KH_2PO_4	250 mg
KNO_3	250 mg
$FeSO_4$	250 mg

Van der Krone:

H_2O	1 l
KNO_3	500 mg
$CaSO_4$	500 mg
$MgSO_4$	500 mg
$Ca_3(PO_4)_2$	250 mg
$Fe_3(PO_4)_2$	250 mg

Der Nährlösung werden noch die folgenden Spurenelemente beigemischt. Am häufigsten wird die Zusammenstellung nach Hoagland verwendet.

Hoagland:

H_2O	18 l
LiCl	500 mg
$SnCl_2$	500 mg
KJ	500 mg
$Co(NO_3)_2$	1 000 mg
TiO_2	1 000 mg
$Al_2(SO_4)_3$	1 000 mg
$NiSO_4$	1 000 mg
KBr	500 mg
$CuSO_4$	1 000 mg
$ZnSO_4$	1 000 mg
$MnCl_2$	700 mg
H_3BO_3	11 g

Diese Vorratslösung wird so konzentriert, daß zu 1 l Nährlösung 1 ml Spurenelementlösung zugegeben wird. Alle Spurenelemente können auch in nur einem Liter Wasser aufgelöst werden. Dann entfallen auf 18 l Nährlösung 1 ml Spurenelementlösung.
Diese Ansätze, besonders die für die Spurenelementlösung sollen verdeutlichen, welcher erhebliche Unterschied zwischen der Dosierung der Grundnährstoffe und der Spurenelemente besteht. Spurenelemente werden außerordentlich stark verdünnt. Bei der Mehrzahl genügen 0,5 bis 1 g Salz/18 l Nährlösung. Eine stärkere Konzentration könnte

auf die Pflanzen giftig wirken. Die komplizierte Zusammensetzung der Nährlösungen war eine der Ursachen, warum die Hydrokultur auch der Kakteen aus den Laboratorien heraus keine weitere Verbreitung bei den Züchtern erlangt hat. Heute lassen sich relativ billig vollständige, fertige Nährlösungen beschaffen. Es sind Mischungen von Nährstoffen, die so zusammengestellt sind, daß sie alle Grundnährstoffe in einem ausgewogenen Verhältnis enthalten. Auch die Hoaglandsche Lösung ist als spezielles Präparat erhältlich. Man braucht nur noch laut Anweisung anzusetzen. Außerdem werden inzwischen auch Vollnährstoffdünger mit Spurenelementzusätzen angeboten, zum Teil speziell für die Hydrokultur. Es genügt, eine Pille pro Liter Wasser aufzulösen und die Nährlösung ist fertig. Dies klingt zwar sehr einfach, aber so ist es doch nicht. Die Kakteen haben nämlich etwas andere Bedürfnisse als die üblichen Zimmerpflanzen, die schnell wachsen und viel blühen. Eine wichtige Rolle spielt hier das gegenseitige Verhältnis der Nährstoffe und die Reaktion der Nährlösung.

Was das günstigste Nährstoffverhältnis für Kakteen anbelangt, gehen die Ansichten auseinander. Früher wurde behauptet, Kakteen bräuchten hauptsächlich Phosphor und Kali. Dagegen sei der Stickstoffbedarf nur sehr gering. Durch Vergleichsversuche wurde jedoch auch bei den Kakteen ein ziemlich hoher Stickstoffbedarf ermittelt. Erfahrene Praktiker haben dies schon längst erkannt. Die Kuhdungerde war immer das Erfolgsgeheimnis berühmter Kakteenzüchter. Diese Erfahrungen wurden geheimgehalten und in den Fachbüchern deshalb eine magere Erde empfohlen. So hat sich die Ansicht verbreitet, daß auch die Nährlösung nur einen geringen Prozentsatz Stickstoff enthalten solle.

Bei Untersuchungen, welche Nährlösung für Kakteen die beste ist, haben sich Produkte bewährt, die Spurenelemente in Form der Chelatbindung enthalten. Das ist eine besondere chemische Bindung, die gewährleistet, daß die chemischen Eigenschaften der Nährsalze im Substrat und andere, für die Pflanzen nicht aufnehmbare Verbindungen, sich nicht ändern können. Solche Präparate werden in Form von Tabletten oder kleinen Portionen geliefert.

Bei der Kakteenhaltung in Hydrokultur kann auf die Erdbakterien verzichtet werden. Ihre Aufgabe hat die Chemie übernommen, die alle Nährstoffe in der für die Pflanzen aufnehmbaren Form anbietet. Man

kann noch Vitamin B_1, das die Wurzelbildung unterstützt, hinzugeben und zwar hauptsächlich im Frühjahr. 1 mg/l ist die richtige Dosis. Eine Tablette mit beispielsweise 50 mg genügt für 50 Liter Nährlösung.
In den fertigen Nährsalzmischungen sind auch oft verschiedene Wuchsstoffe, Humusextrakt und andere Zusätze enthalten. Die Wirkung der Wuchsstoffe auf die Kakteen wurde bisher nicht eindeutig bewiesen. Es steht fest, daß Kakteen auch ohne diese Stoffe allgemein gut wachsen. Während langjähriger Beobachtung konnten keine Erscheinungen, die durch das Fehlen der Auxine und anderer Wachstumsstimulatoren erklärbar wären, genommen werden.
Bisher blieben die verschiedenen Dünger, die für die Garten- oder Feldpflanzen bestimmt sind, unerwähnt. In solchen Düngermischungen ist nämlich nur ein Teil der Nährstoffe sofort löslich, der Rest zersetzt sich erst allmählich im Boden. Für die Hydrokultur sind jedoch nur solche Dünger, die sofort in Wasser vollständig löslich sind, zu gebrauchen. Denn Pflanzen können nur gelöste Nährstoffe mit ihren Wurzeln aufnehmen.

Wasser

Es bleibt noch ein sehr wichtiger Faktor zu besprechen, das Wasser. Am besten verwendet man Regenwasser bzw. weiches Wasser. Die meisten Kakteenfreunde sind jedoch auf Leitungswasser angewiesen und das ist meist hart. Die Härte wird hauptsächlich durch Kalziumhydrogenkarbonat verursacht.
In Städten, wo das Trinkwasser aus Oberflächenwasser zubereitet wird, verwendet man dazu Kalziumoxid, gebrannten Kalk. So entsteht eine zwar schwache, aber für die Pflanzen bedeutende Kalziumhydroxid—Lösung. Bei oftmaligem Gießen gelangt diese Verbindung in das Substrat. Sie wird zwar zum Teil von den Pflanzen verwertet, aber die Reste setzen sich ab. Das Wasser verdunstet, während die Stoffe, die die Wasserhärte verursachen, im Substrat zurückbleiben. So wird allmählich die Alkalität erhöht. Sie kann einen so hohen Grad erreichen, daß die Kakteen vollständig das Wachstum einstellen. Aus diesem Grund gilt auch dem Gießwasser eine besondere Aufmerksamkeit.
Die Wasserhärte wird in Grad Deutscher Härte (°dH) ausgedrückt. 1 °dH entspricht dem Gehalt von 10 mg Kalziumoxid pro Liter, d. h.

1 g pro 100 Liter Wasser. Auch wenn man die Härtegrade des zur Verfügung stehenden Wassers kennt, gibt es keine Gewähr, daß sie sich nicht ändern. Im Sommer ist die Wasserhärte eher niedriger, da der Verbrauch größer ist und das zubereitete Wasser überwiegt. In größeren Städten werden oft verschiedene Stadtgebiete aus verschiedenen Quellen versorgt. Es können deshalb große Differenzen in der Wasserhärte auftreten.

Wenn die Wasserhärte etwa 6 °dH nicht übersteigt und man verwendet eine Nährlösung ohne Kalk, ist dies nicht kritisch. Die Kakteen können das notwendige Kalzium dem Wasser entnehmen. Kalkhaltigeres Wasser wird enthärtet, in dem man es mit verdünnter Schwefelsäure ansäuert. Die verdünnte Säure ist nicht so gefährlich wie die konzentrierte und die entsprechende Menge läßt sich bequemer abmessen. Die Säure verbindet sich im Leitungswasser mit den gelösten Kalkverbindungen, die schließlich als Kalziumsulfat ausfallen. Kalziumsulfat ist aber identisch mit Gips, der im Wasser nur schwer löslich ist. Gips setzt sich am Boden des Gefäßes als weißer Niederschlag ab. 1 ml der konzentrierten Schwefelsäure in 100 Liter Wasser erniedrigt die Wasserhärte um 1 °dH.

Noch besser ist die Wasserenthärtung mit Oxalsäure. In 1 Liter Wasser löst man 45 g der Säurekristalle auf. 5 cm^3 dieser konzentrierten Lösung in 10 Liter Wasser enthärten die Flüssigkeit um 1° dH. In diesem Fall entsteht Kalziumoxalat, eine völlig wasserunlösliche Substanz. Auch Oxalat setzt sich am Boden ab. So läßt sich die Wasserhärte, beziehungsweise der Gehalt an Kalziumhydrogenkarbonat beliebig und bequem regulieren. Nach 24 Stunden wird das entkalkte Wasser vorsichtig vom weißen Bodensatz getrennt.

Das Gießwasser soll höchstens 4 °dH und pH 5 bis 6 haben und nicht mehr. Die Reaktion kontrolliert man am einfachsten mit pH—Indikatorpapier. Es ist in Geschäften für Laborbedarf zu haben. Ein Stück des Indikatorpapiers taucht man in das Wasser, wartet eine Weile und vergleicht die Verfärbung mit den Farben der Kontrollskala. Es ist zwar keine ganz exakte Meßmethode, dafür aber sehr einfach. Größere Abweichungen von Normal werden durch die auffällige Veränderung der Färbung signalisiert.

Wenn man den Härtegrad des zur Verfügung stehenden Wasser nicht kennt, gibt man tropfenweise Oxalsäurelösung dazu. Jedesmal mischt

Ariocarpus furfuraceus
(WATS.) THOMPS.

Astrophytum asterias
(ZUCC.) LEM.

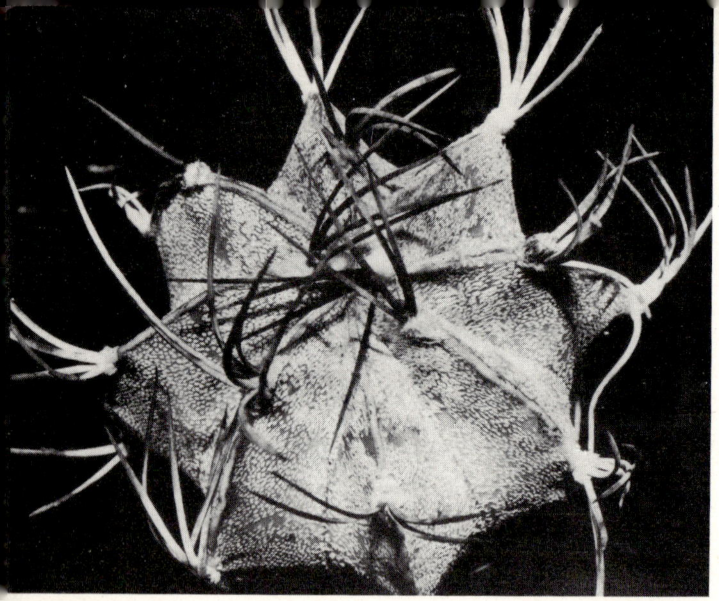

Astrophytum niveum KAYS.

Astrophytum ornatum var. *niveum* SCHÜTZ et FLEISCHER

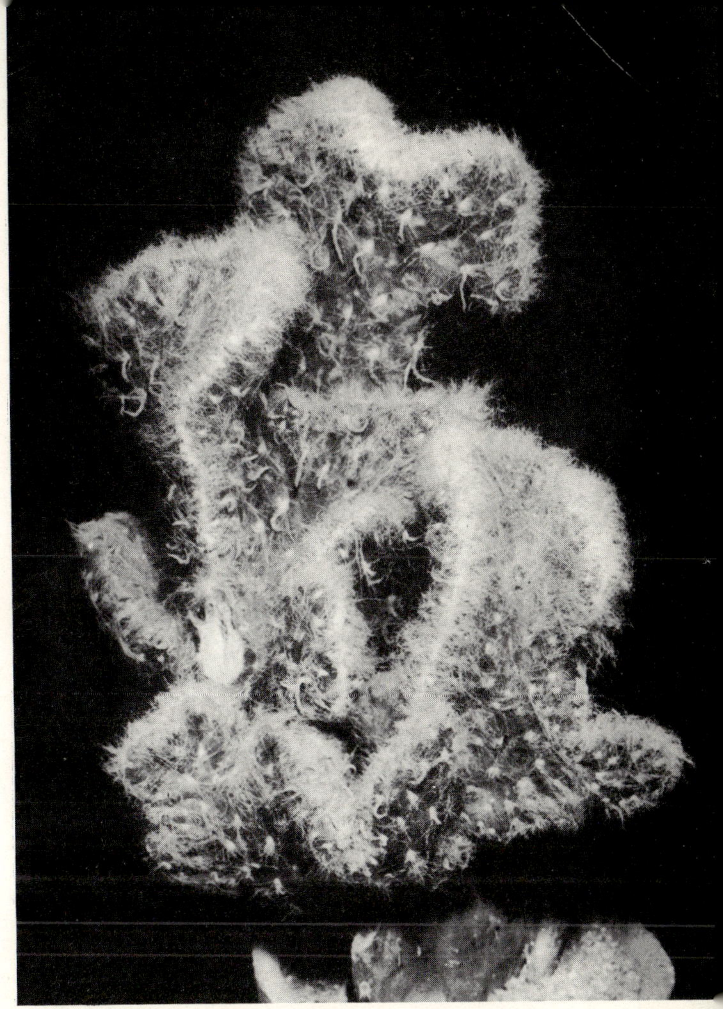

Austrocylindro-opuntia cylindrica
(LAMARCK)
BACKBG. crist.

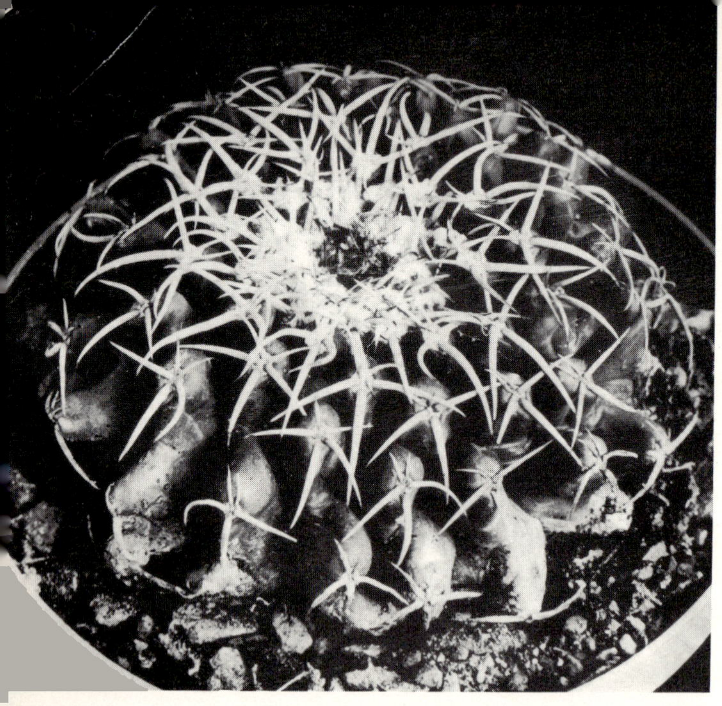

Discocactus carasolensis n. n.

Turbinicarpus lophophoroides (WERD.) BUXB. et BACKBG. crist.

man das Wasser gut durch und mißt mit dem Indikatorpapier. Man merkt sich, wie viele Tropfen nötig waren, um die gewünschte Reaktion zu erreichen. Das nächste Mal gibt man wieder die gleiche Tropfenzahl in die gleiche Wassermenge. Das aufbereitete Wasser bleibt 24 Stunden stehen, damit sich die Kalkverbindungen am Boden absetzen können. Erst nach Ablauf dieser Zeit läßt sich der pH genau messen.

Die Gefäße für die Wasserenthärtung müssen mit einem guten Schutzanstrich versehen sein. Auch schwach konzentrierte Säure genügt, um bei häufiger Verwendung die verzinkten oder anderen Metalloberflächen zu zerstören. Wasserentkalkung ist sehr wichtig und erspart viel Arbeit mit dem sonst unvermeidlichen oftmaligem Umpflanzen. so wird auch verschiedenen Wachstumsstörungen vorgebeugt, die durch Überalkalisierung des Substrates hervorgerufen werden können.

Bewässerungsarten

In Kieskultur können Kakteen genau wie in normaler Erde bewässert werden. Sogar eine Gießkanne mit Brause läßt sich verwenden. Das sollte jedoch eher die Ausnahme darstellen. Nach jeder Benetzung mit Nährlösung sollte man die Kakteenkörper mit reinem Wasser abspülen. Sonst entstehen an der Epidermis Ablagerungen der Nährsalze, die als graue Beläge erscheinen. In der Regel sollte jede Pflanze individuell mit einem Röhrchen gegossen werden.

Die Vorteile der Kieskultur lassen sich erst dann richtig schätzen, wenn man zur Anstaubewässerung übergeht. In kleineren Sammlungen stellt man jeden Topf in eine flache Schale, in die man Wasser oder Nährlösung einfüllt. Sie dringen durch die Abzugsöffnung in das Gefäß und das Substrat saugt die Flüssigkeit an. Dies läßt sich noch vereinfachen, wenn mehrere Pflanzen in eine etwa 5 cm tiefe Schale gestellt werden. Somit läßt sich eine größere Anzahl Töpfe gleichzeitig mit Nährlösung versorgen. Gute Dienste leistet auch eine flache Kiste, die man mit einer Plastikfolie wasserdicht auskleidet. Für größere Sammlungen sind angemessen große Pflanzwannen am zweckmäßigsten, die unbedingt waagerecht stehen müssen.

Die Anstaubewässerung hat viele Vorteile. Man kann sicher sein, daß das Substrat bei allen Pflanzen gründlich befeuchtet wird. Das Gießen ist sehr einfach und nimmt sehr wenig Zeit in Anspruch. Die Kakteenkörper bleiben trocken, die Watte und die feinen Härchen werden nicht abgeschwemmt. Auch der Filzbelag vieler Pflanzen bleibt reinweiß und die Gewächse sehen optisch besser aus als wenn von oben gegossen wird. Einige Arten zeichnen sich durch einen charakteristischen Wachsbelag aus, der sich bildet, wenn er nicht fortwährend vom Gießwasser abgespült wird.

Der größte Vorteil schließlich ist das unvergleichbar bessere Wachstum der Pflanzen. Wenn man den einen Teil der Kakteensammlung durch Anstauen bewässert und andere mit der Gießkanne oder sogar mit dem Schlauch, läßt sich bald ein auffälliger Unterschied im Aussehen feststellen. Konventionell gegossene Pflanzen erscheinen im Vergleich mit den von unten bewässerten, als würden sie vernachläßigt.

Beim Anstauverfahren sollten nur Kakteen zusammengestellt werden, die in annähernd gleich tiefe Gefäße eingepflanzt sind. Sie trocknen gleichzeitig ab und lassen sich auch gleichzeitig befeuchten. Werden Kakteen in kleineren und großen Gefäßen gemeinsam angestaut, leiden entweder die in den größeren Töpfen durch Trockenheit oder die in den kleineren durch übermäßige Näße. Große Pflanzen, besonders wenn es sich um empfindliche Arten handelt, sollten lieber einzeln gestellt werden.

In Kieskultur gießt man, ebenso wie bei der Erdkultur, das erste Mal im Frühling ohne Nährstoffe, sondern nur, mit reinem, aber warmem Wasser. Entgegen den genannten Ratschlägen gießt man zunächst mit der Brause von oben, um den während des Winters angesetzten Staub abzuspülen. Das Wasser sollte handwarm sein. Das erste Brausebad erfolgt nur bei warmem und sonnigem Wetter. Das Substrat soll nicht zu naß werden, es genügt, wenn es etwas angefeuchtet ist. Die Wurzeln arbeiten noch nicht vollständig; außerdem sollte ein möglicher Wetterumschwung berücksichtigt werden.

Erst wenn alle Voraussetzungen für ein volles Wachstum vorliegen, gießt man gründlich und kann auch mit dem Anstauen beginnen. Eine Fläche von 1 m^2 braucht ungefähr 15 Liter Wasser. Das Wasser läßt man etwa 1 Stunde in der Schale stehen und schöpft dann den Überschuß am besten mit Hilfe eines dünnen Gummischlauches ab. Nach derartiger Durchfeuchtung braucht man 14 Tage nicht zu gießen, da das Substrat ziemlich lange feucht bleibt. Erst wenn es austrocknet, wiederholt sich bei günstigem Wetter das Anstauen. Man nimmt noch immer nur reines Wasser ohne Nährstoffe. Zur ersten Wassergabe können Vitamin B_1, eventuell auch Wuchsstoffe zugegeben werden. Es ist jedoch nicht notwendig; die Kakteen bewurzeln sich in der Regel sehr gut, auch ohne Stimulanz.

Erst wenn sich die Kakteen mit Wasser gefüllt haben und im vollen Wachstum stehen, erhalten sie eine Nährlösung. Das ist gewöhnlich Anfang Mai. Die Nährlösung enthält 1 g Nährsalze je 1 Liter Wasser und wird wieder über das Anstauverfahren verabreicht. Anfänglich sollte man zwar nur die halbe Konzentration der Nährstoffe geben, aber die Erfahrung lehrt, daß auch die volle Konzentration die Wurzeln nicht schädigt. Die Wurzeln sind nämlich im festen Substrat weit robuster als in der reinen Wasserkultur.

Bei heißem und sonnigem Wetter kann die Nährlösung oder das Wasser zwei bis drei Tage in der Schale stehen bleiben. Danach bleibt gewöhnlich nichts mehr übrig, was man abschöpfen könnte. Aber an den Kakteen kann man beobachten, daß sie einen Entwicklungssprung vorwärts gemacht haben.

Da nach dem Verbrauch des Wassers im Substrat immer noch unausgenützte Nährsalze haften bleiben, gießt man abwechselnd nur mit reinem Wasser. Die Nährstoffe werden wieder gelöst und die Wurzeln können sie aufnehmen. Falls man nur mit der Nährlösung gießt, könnte die Konzentration der Nährsalze so stark steigen, daß es zu Überdüngungsschäden an den Wurzeln kommen könnte. Um einem Versalzen des Substrates vorzubeugen, gießt man abwechselnd mit reinem Wasser.

Beim Anstauverfahren muß bei weitem nicht so oft bewässert werden, als wenn man von oben gießt. Die Häufigkeit hängt nicht nur vom Wetter, sondern auch vom Standort der Sammlung ab. Bei andauerndem heißen Wetter trocknet das Substrat schneller, im Juli rascher als im Frühling oder Herbst. Kakteen, die sich an der heißen Südfront des Hauses oder auf einer stark beschienenen Terasse befinden, brauchen wesentlich mehr Feuchtigkeit, als wenn sie in feuchter Umgebung stünden. In Lagen, wo das Substrat außerordentlich schnell austrocknet, bewässert man zwar öfter, aber zwischen zwei Nährlösungsga-

ben reicht man zwei- bis dreimal reines Wasser. Die Nährlösung gibt man von Mai bis August, insgesamt etwa fünfmal pro Saison, das letzte Mal gegen Ende August. Mitte September kann man noch mit einer Lösung nur mit Phosphor und Kalium gießen. Sehr gut eignet sich eine Lösung von Kaliumphosphat mit 1 g pro Liter Wasser. Diese zwei Elemente brauchen die Kakteen gerade vor dem Eintritt der Vegetationsruhe in erhöhtem Maße.
Nicht alle Nährstoffe, mit denen man die Pflanzen versorgt, werden auch verbraucht. Nach gewisser Zeit erscheint auf der Oberfläche des Substrates ein weißer Belag. Es sind kleine Kristalle der nicht aufgenommenen Nährsalze. Um dies zu verhindern, muß das Substrat zweimal während der Vegetationsperiode durchgewaschen werden. Sehr einfach wäre, die ganze Sammlung einige Stunden einem leichten Regen auszusetzen. Das weiche Regenwasser löst die Salzkristalle und schwemmt sie ab. Gleichzeitig entwickeln sich auch viele neue Saugwurzeln. Um ihnen sofort Nahrung anbieten zu können, gießt man unmittelbar nach dem Durchspülen mit Nährlösung. Auf diese Weise fördert man das Wachstum. Läßt sich das Substrat auf diese Weise nicht auswaschen, muß bei Pflanzen mit unbefriedigendem Wachstum das Substrat öfter gewechselt werden.
Das Gießen stellt man Ende September bis Anfang Oktober ein, wenn sich das Wetter verschlechtert. Denn im Herbst bleibt das Substrat sehr lange feucht. Im Winter bleiben die Pflanzen trocken. Für die Überwinterung gelten die üblichen Grundsätze.

Regeneration des Substrates

Die meisten festen Substrate lassen sich wiederholt verwenden. Bevor ein benütztes Substrat wiederverwendet wird, muß es regeneriert und desinfiziert sein. Durch die Regeneration werden aus dem Substrat alle unverbrauchten Salze und andere Verunreinigungen entfernt. Vor allem Erdreste und Staub, die sich während der Lagerung abgesetzt haben. Im alten Substrat befinden sich auch noch Wurzelreste, Algen usw., die gründlich ausgewaschen werden müssen. Es ist darauf zu achten, daß kleinere Mengen schneller und gründlicher gewaschen werden können. Das gewaschene Substrat wird danach mit heißem Dampf sterilisiert. In einen großen Topf füllt man etwa 3 cm hoch

Wasser, das man zum Sieden bringt. Der heiße Dampf vernichtet während eines etwa halbstündigen Desinfektionsvorganges alle Krankheitserreger wie Schädlinge samt Brut, Algen, Pilze einschließlich der Unkrautsamen. Nach dem Trocknen kann man das regenerierte Substrat benutzen.
Regeneriert werden hauptsächlich Ziegelsplitt, Schamottekies, Keramzit und Perlite. Sand nur ausnahmsweise, wenn die Beschaffung eines neuen umständlich wäre. Koks und Schlacke werden kaum regeneriert. In ein nicht desinfiziertes Substrat soll man nie pflanzen, sonst könnten Infektionen und Krankheitserreger verbreitet werden. Auf ein steriles und einwandfreies Material darf man nie verzichten. Es wurde auch die Erfahrung gemacht, daß sich Kakteen selbst in einem ausgewaschenen, aber nicht gedämpften Substrat schlecht bewurzeln und nie den Entwicklungszustand einer gesunden Pflanze erreichen.

TORFKULTUR

Zwischen der Erd- und der Kieskultur bildet die Torfkultur eine Zwischenstufe. Der Torf ist in seinen Eigenschaften in mancher Hinsicht der Erde ähnlich. Im Unterschied zu den oben beschriebenen Substraten ist der Torf organischen Ursprungs. Er enthält aber keine Nährstoffe. Bis zu einem hohen Grad ist er frei von Krankheitserregern. Bei der Torfkultur hat man nicht die Probleme wie bei der Aufbereitung der verschiedenen Erdarten. Es liegen keine unterschiedlichen Nährstoffgehalte vor wie in den Erden. Torf ist ein Substrat, das in seinen Grundeigenschaften immer ziemlich gleich ist.
Der Torf hat jedoch den wesentlichen Nachteil, daß sich seine Eigenschaften im Vergleich zu den mineralischen Substraten ziemlich schnell ändern. Das gilt vor allem für die Bodenreaktion. Torf eignet sich nicht für alle Kakteenarten gleich gut. Seines hohen Säuregehaltes wegen ist er für Astrophyten, *Ariocarpus* und andere empfindliche Arten nicht verwendbar. Dagegen hat er sich bei der Anzucht der üblichen Kakteenarten für den Markt gut bewährt. In großen Kakteenzüchtereien wird der Torf entweder in natürlicher Form oder verschiedenartig zubereitet verwendet.
Die Aufbereitung des Torfsubstrates ist sehr einfach. Der Torf wird,

wenn er in einem Paket zusammengepreßt ist, gelockert und gesiebt. Dadurch werden gröbere Bestandteile entfernt. Dann muß man noch den Staub aussieben. So bleibt ein faseriger, luftiger Stoff übrig, der nur noch mit Sand, Ziegelsplitt, Perlite oder ähnlichem Material gemischt wird. Das Verhältnis von Torf zu den als Drainage dienenden Stoffen sollen etwa 2 zu 1 sein. Alles wird gut durchgemischt und kann zum Pflanzen verwendet werden. Die Mischung soll mäßig feucht sein. Im übrigen gelten die gleichen Regeln wie bei der Pflanzung in eine Erdmischung. Auf dem Boden des Pflanzgefäßes soll eine Drainageschicht liegen, um den Abzug des überschüssigen Wassers zu gewährleisten.

Grundsätzlich pflanzt man nur in nicht-poröse Gefäße. Auch bei der Torfkultur ist das Anstauverfahren die Bewässerungsmethode, die am besten für die Kakteen ist und am wenigsten Zeit in Anspruch nimmt. Der Torf bindet mehr Wasser als andere Substrate und trocknet auch viel langsamer aus. Infolgedessen wird in größeren Zeitabständen gegossen.

Selbst wenn mit weichem oder entkalktem Wasser gegossen wird, kommt es allmählich zu chemischen Veränderungen des Torfsubstrates. Die anfänglich sehr sauere Bodenreaktion ändert sich in eine neutrale und zuletzt in eine alkalische um. Diese Erscheinung kann man selbst durch zeitweises Durchwaschen nicht verhindern. Im Gegenteil: Durch das Waschen werden die Säuren ausgeschwemmt und die Alkalisierung schreitet umso schneller fort. Es bleibt also nichts anderes übrig als das oftmalige Umpflanzen. Da junge Kakteen ohnehin ziemlich oft umgepflanzt werden müssen, ist die Torfkultur auch ökonomisch vorteilhaft. Torf bzw. Torfkultursubstrat ist billiger als andere Erdarten zu beschaffen.

Der Gefahr, daß die Kulturen von Pilzen befallen werden, kann man durch eine prophylaktische Behandlung mit Fungiziden vorbeugen. Die Vorteile der Torfkultur kommen umso besser zur Geltung, je kleiner das Sortiment ist, wenn die geeigneten Arten ausgewählt und wenn große Mengen Kakteen gezüchtet werden.

Es besteht auch die Möglichkeit, erwachsene Sämlinge oder Pfröpflinge direkt in kleinere Töpfe einzupflanzen, wo sie gut weiterwachsen und immer für den Weitervertrieb bereit sind. Es fällt das Umpflanzen kurz vor der Lieferung weg und der Verbraucher bekommt

Kakteen mit einem qualitativ guten Wurzelsystem. Auch die Neubewurzelung von Ablegern und Stecklingen nimmt in der Torf-Sand-Mischung einen sehr günstigen Verlauf.

PFLEGE WINTERHARTER KAKTEEN

Es gibt nur wenige Arten, die man unter europäischen klimatischen Bedingungen frei auspflanzen kann und die den Winter ohne irgendwelche Vorkehrungen im Freien überleben. Es sind meist Opuntien aus den USA, die ihre Heimat im Regenschatten der Rocky Mountains bis zur kanadischen Grenze und sogar in den südwestlichen Gebieten von Kanada haben. Die winterhärtesten Arten sind *Opuntia humifusa* (syn. *rafinesquei*), *Opuntia camanchica, Opuntia rhodantha* und *Opuntia fragilis.* Jede dieser Arten hat mehrere Varietäten, die sich von den Stammarten mehr oder weniger stark unterscheiden. Außerdem kennen wir noch einige Opuntien, die zwar anfänglich im Garten gut gedeihen, aber in allzu strengen Wintern stark beschädigt oder vollständig vernichtet werden.

Winterharte Opuntien bilden niedrige, sich in die Breite verzweigende Sträucher. Die abgeplatteten, runden oder bei der *Opuntia fragilis* eiförmigen Glieder schrumpfen im Herbst zusammen, auch wenn es feucht ist. Diese Schrumpfung ermöglicht ihnen, europäische Winter zu überleben. Am besten gedeihen die Opuntien auf trockenen und sonnigen, südlichen Abhängen. An mehr trockenen Stellen kann man es nicht nur mit anderen Arten der Opuntien, sondern auch mit einigen Kakteen, die anderen Gattungen angehören, versuchen. Als winterhart werden folgende Arten bezeichnet, die auch schon in Mitteleuropa den Winter unter freiem Himmel überstanden haben: *Coryphantha vivipara, Coryphantha neomexicana, Coryphantha arizonica, Echinocereus coccineus, Echinocereus viridiflorus* und *Neobesseya missouriensis.* Auch manche südamerikanischen Kakteen müssen in ihren Heimatländern heftige Fröste überstehen, lange und feuchte Winter in Europa können sie nicht überleben. Angeblich die einzige, garantiert winterharte südamerikanische Kakteenart ist *Maihuenia poeppigii.* Sie stellt aber eine Seltenheit dar und so konnte das nicht zuverlässig überprüft werden.

Damit die ins Freie gepflanzten Kakteen nicht nur den Winter überstehen, sondern auch wachsen und blühen, muß die Erde aufbereitet werden. Das ist vor allem bei den Kugelkakteen sehr wichtig. Der Boden muß sehr durchlässig und ohne jedes stehende Untergrundwasser sein. Unter den Nährstoffen darf der Stickstoff nicht überwiegen, da das Wachstum sonst zu üppig würde und die Glieder nicht ordentlich ausreifen könnten. Der Erde sollte man Braunkohlenasche und Thomasmehl beimischen. Dadurch reichert man Phosphor, Kalium und Kalk an und gleicht den überschüssigen Stickstoff aus.

Im Frühjahr und Sommer ist darauf zu achten, daß sich auf den mit den Kakteen bepflanzten Flächen kein Unkraut bildet. Das Jäten zwischen den winterharten Opuntien ist eine sehr unangenehme Arbeit. Gegen Opuntiendornen schützen oft selbst Lederhandschuhe nicht. Wenn die Kakteenbeete von Quecken oder anderen ausdauernden Unkrautarten besiedelt werden, bleibt nichts anderes übrig, als die Kakteen herauszunehmen und dann das Unkraut gründlich zu beseitigen. Inzwischen wurden mit gutem Erfolg selektive Herbizide zur Bekämpfung von Unkraut eingesetzt. Jedes Präparat sollte vor dem Spritzen größerer Flächen zunächst an wenigen Pflanzen ausprobiert werden.

Die empfindlicheren Arten vertragen zwar starke Fröste, das oftmalige Auftauen und Frieren der Erde schadet aber. Sehr schlecht vertragen sie auch den Rauhreif. *Oreocereus celsianus* und *Oreocereus trollii* überstehen einige Frostgrade gut bei trockenem Wetter, aber sie erfrieren sofort, wenn sich bei Temperaturen nahe dem Nullpunkt am Pflanzenkörper Rauhreif bildet. Gegen die Unbillen des Wetters lassen sich Kakteen durch Abdecken mit einer Folie schützen. Solche Folien breitet man schon Ende September aus. Übermäßiges Naßwerden der Erde durch dauernden Regen wird verhindert und gleichzeitig unterstützt man den Abschluß der Wachstumsperiode. Wenn stärkere Fröste auftreten, so daß selbst die Erde unter der Folie friert, bedeckt man die Pflanzen mit einer Papierschicht. Dadurch werden sie vor heftigen Kälteschocks geschützt. Gleichzeitig verhindert man das vorzeitige Auftauen des Bodens bei Tauwetter. In wärmeren Gebieten, wo das Tauwetter ergiebiger ist, so daß selbst die Erde unter

Lobivia cinnabarina
var. *oligotricha*
(CARD.) RAUSCH.

Lobivia nigrostoma
KRZGR. et BUIN.

Lobivia famatimensis (SPEG.) BR. et R.

Arthrocereus rondonianus BACKBG. et VOLL

Hertrichocereus beneckei
(EHRENBG.) BACKBG.

Azureocereus hertlingianus
(BACKBG.) BACKBG.

Cleistocactus dependens GARD.

Loxanthocereus sp.

der Bedeckung auftaut, muß die Bedeckung ein wenig angehoben und gelüftet werden.
Wenn man konsequent dieser Anleitung folgt, erweitert sich die Auswahl der winterharten Kakteen um folgende Arten: *Opuntia imbricata, Opuntia arborescens, Opuntia hystricina, Opuntia phaeacantha, Echinocereus mojavensis, Echinocereus oklahomensia, Echinocereus fendleri, Sclerocactus whiplei, Sclerocactus polyancistrus, Echinomastus johnsonii, Pediocactus simpsonii, Toumeya papyracantha, Utahia sileri* und von den südamerikanischen *Tephrocactus corrugatus, Tephrocactus pentlandii, Tephrocactus andicolus.*
Die meisten der genannten Arten gehören zu den größten Seltenheiten, die sich in Sammlungen von Liebhabern gewöhnlich nur kurze Zeit halten. Vielleicht, daß gerade sie unter härteren Bedingungen kultiviert sein wollen und eine Frostperiode benötigen. Infolge der Seltenheit solcher Pflanzen konnten bisher unter europäischen Klimabedingungen keine umfangreicheren Versuche durchgeführt werden.
Die Auswahl der winterharten Kakteen wird beträchtlich größer, wenn man die seltenen Arten im Herbst aus der Erde nimmt und an einer kalten Stelle überwintert. Es kann ein tieferes Frühbeet, ein ungeheiztes Zimmer, eine Veranda oder auch ein kaltes Kleingewächshaus sein.
Vor etwa 35 Jahren wurden in Fachzeitschriften Nachrichten veröffentlicht, daß unglaublich viele Arten strenge Winter in ungeheizten Gewächshäusern oder in Räumen, wo alle Fensterscheiben zerstört waren, ohne jede Beschädigung überlebt hätten. Es gibt zwar schon einige Fachleute, nichtsdestoweniger ist die Pflege der winterharten Kakteen aber erst im Anfangsstadium. Für Kakteenfreunde, die Gärten in Südlagen besitzen, könnte ein Versuchssteingarten mit diesen interessanten Kakteen neue Erkenntnisse bringen.
Als seinerzeit A. V. Frič mehrere südamerikanische Hochgebirgsarten einführte, hielt er sie versuchsweise in einem Steingarten, den er als „Andinum“ bezeichnete. Leider haben sich gerade die südamerikanischen Kakteen als in Europa nicht winterhart erwiesen. Die meisten wirklich winterharten Arten stammen, wie schon erwähnt, aus Nordamerika.
Größere Widerstandsfähigkeit gegen europäisches Klima erreicht man bei einigen winterharten Arten durch das Pfropfen auf winter-

harte Opuntien. Besonders hat sich *Opuntia fragilis* bewährt, weil sie eiförmige Glieder hat. Der Pfröpfling muß etwas exzentrisch sitzen. Näheres folgt im Kapitel über das Pfropfen.

VERMEHRUNG DER KAKTEEN

Wahrscheinlich bemüht sich jeder, der sich mit Kakteenpflege beschäftigt, stets um die Erweiterung seiner Sammlung. Der Anfänger, der eine Sammlung aufzubauen versucht, freut sich über jede neuerworbene Pflanze, ob es sich nun um eine Seltenheit handelt oder nicht. Der erfahrenere Kakteenfreund hat in der Regel konkrete Pläne und klare Vorstellungen, was er für seine Sammlung erwerben sollte. Am deutlichsten kann man das bei jenen feststellen, die sich spezialisiert haben. Sie sind nur an bestimmten Objekten interessiert.

Eine Spezialisierung kann sehr verschiedenartig sein. Es gibt Kakteenfreunde, die nur Arten einer einzigen Gattung sammeln, andere sind nur an Kristaten (Kamm-oder verbänderte Formen) interessiert und wieder andere nur an Miniaturen. Auch aus diesen Gründen gehört die Vermehrung der Kakteen zu den üblichen Tätigkeiten eines jeden Kakteenfreundes.

Die einfachste Vermehrungsart ist die vegetative Vermehrung. Es ist aber darauf zu achten, daß nicht etwa Pflanzen, die von einer Krankheit befallen sind, zur Vermehrung verwendet werden. Mit einem geschenkten Sproß könnten auch leicht verschiedene Krankheiten oder Schädlinge in die Sammlung eingeschleppt werden. Die vegetative Vermehrung ist noch mit einer anderen Gefahr verbunden. Sehr oft werden für Vermehrungszwecke Pflanzen benutzt, die eine Anlage zur krankhaften Sproßbildung besitzen. Sie wachsen nicht normal

weiter, erreichen nie den typischen Habitus, sondern erzeugen ganze Klumpen von Sprossen. Diese Neigung hat noch einen weiteren Nachteil. Solche Kakteen sind in der Regel blühfaul oder bringen oft überhaupt keine Blüten.
Die vegetative Vermehrung bietet auch sehr große Vorteile. Manche besonders schönen Exemplare lassen sich auf andere Weise als durch Ableger oder Stecklinge überhaput nicht vermehren. Es existierte z. B. nur ein einziges *Gymnocalycium gibbosum* var. *nobile* mit reinweißen Dornen. Wenn diese begehrte Pflanze in den Sammlungen Verbreitung fand, war es nur durch Stecklingsvermehrung möglich. Das Original blühte nämlich nicht und wenn es Blüten entfaltet hätte, wäre es fraglich gewesen, ob die Eigenschaft, reinweiße Dornen zu entwikkeln, auch über die Samen vererbt worden wäre. Eine ähnliche Situation lag bei *Echinocactus grusonii* vor. Auch er hat eine weißdornige Mutation entwickelt. Unter hunderttausenden normaler, goldgelber Sämlinge konnte kein anderer weißer entdeckt werden. Ohne Ausnahme trugen alle die typischen, bernsteinfarbigen Dornen. Die weiß bedornte Rarität wurde also ausschließlich vegetativ vermehrt. Erst in jüngster Zeit ist es gelungen, auch Samen, die die Erbanlage für Weißdornigkeit enthalten, zu gewinnen. Auch bei den Kristaten und Monstrosen ist man ausschließlich auf vegetative Vermehrung angewiesen. Edle Hybriden von *Epiphyllum, Zygocactus* usw. lassen sich nicht anderst als durch Stecklinge vermehren. Ein Kapitel für sich ist die Vermehrung der Propfunterlagen. Meist reicht der Vorrat nie aus. Die nötige Menge kann man nur durch Ableger oder Stecklinge schnell heranziehen.
Zu den vegetativen Vermehrungsarten gehört auch das Pfropfen. Von zwei Pflanzen gewinnt man oft drei und manchmal noch mehr Nachkommen. Der obere Teil der Unterlage, das Kopfstück, benutzt man in der Regel als Steckling. Nach der Bewurzelung entsteht so eine neue Unterlage. Im unteren Teil des Pfröpflings entstehen oft Sprosse und es entwickelt sich eine Art Mutterpflanze. Auch für das Pfropfen gilt das schon Beschriebene über die Gefahr der Verbreitung von Krankheitserregern.
Ohne Pfropfen kommt heute kaum ein Kakteenfreund aus. Man kann bereits winzige Sprosse pfropfen, die noch nicht fähig sind, eigene Wurzeln zu treiben. Außerdem besteht die Möglichkeit, ganz kleine

Keimlinge, die den Winter nicht überstehen würden, durch Propfen zu retten. Durch Pfropfen lassen sich auch größere Pflanzen am Leben erhalten, die sich aus irgendwelchen Gründen nicht bewurzeln wollen. Und wenn man die Technik des Pfropfens beherrscht, läßt sich jede beliebige Pflanze vermehren. So haben innerhalb einer größeren Ausaat von *Gymnocalycium friedrichii* zwei chlorophyllose Sämlinge gekeimt. Ihre Körper waren intensiv rot gefärbt. Ohne Chlorophyll (Blattgrün) könnten diese Pflänzchen keine Assimilate bilden. Der Züchter hat beide Keimlinge sofort gepfropft und da die rot gefärbten Körper sehr attraktiv wirkten, fing er an, sie zu vermehren. In kurzer Zeit wurden viele Exemplare dieser Seltenheit gezogen und aus Japan in alle Teile der Welt exportiert. Außer der roten Körperfarbe zeichnet sich diese Form auch durch dauernde Sproßbildung aus, die eine schnelle Vermehrung durch Pfropfen ermöglicht hat.
Das ursprüngliche *Gymnocalycium friedrichii* f. *rubra* war von tiefroter Farbe. In den Handel wurde es unter der Benennung *Gymnocalycium* 'Hibotan' aufgenommen. Später wurde eine verbesserte Variante entwickelt. Sie hatte helleres Rot, aber auch einen leichten Schimmer durch die glänzende Epidermis. Der Handelsname ist *Gymnocalycium* 'Nishiki'. Die Kombination der strahlend blauen Unterlage mit dem roten Pfröpfling gilt als Zeugnis des guten Geschmacks der japanischen Produzenten. Mit diesen Züchtungen war aber der Ansturm der Japaner auf den Weltmarkt noch nicht beendet. In unglaublichen Mengen wurden neue Züchtungen produziert. Sie haben bunte oder interessant marmorierte Körperoberflächen. Auch eine satt rote *Mammillaria woburnensis* wird angeboten. Da sich für derartige Kuriositäten immer viele Abnehmer finden, muß man auch weiterhin mit einer lawinenartigen Vermehrung attraktiver Mutationen mit Hilfe der Pfropftechnik rechnen.
Damit man durch vegetative Vermehrung und auch durch Pfropfen nicht gleichzeitig die Verbreitung der Krankheiten fördert, ist für die strenge Auswahl der Mutterpflanzen wie der Unterlagen zu sorgen. Aus diesem Grund sollte man jede Pfropfunterlage die den Pfröpfling nicht angenommen hat oder auf der er abgestorben ist, sofort ausscheiden und verbrennen. Eine krankheitsverdächtige Unterlage darf nie als Mutterpflanze zur Anzucht weiterer Unterlagen verwendet werden.

Eine beliebte Art, die Sammlung zu erweitern, ist die Aussaat der Kakteensamen. Die Beobachtung der aufwachsenden Sämlinge ist außerordentlich interessant. Bei der Anzucht läßt sich auch lernen, was für die Sämlinge nützlich oder schädlich ist. Auf diese Weise erfährt man die Gesetzmäßigkeiten des Wachstums und der Entwicklung der Kakteen viel schneller als bei der Betreuung nur der erwachsenen Pflanzen. Durch Aussaat erhält man gesunden Nachwuchs und durch das Pfropfen auf gesunde Unterlagen bald blühfähige Kakteen. Sämlinge sollte man trotzdem wurzelecht (mit eigenen Wurzeln) halten. Nicht selten werden sie die gepfropften Kakteen entscheidend überholen. Der größte Vorteil einer Aussaat besteht in der Möglichkeit, die schönsten und wüchsigsten Exemplare für die eigene Sammlung auszuwählen. Sämlinge, die schon von Anfang an üppig wachsen, sind in der Regel am widerstandsfähigsten und lassen sich am besten akklimatisieren. Solche Pflanzen sind selbstverständlich für die Sammlung die wertvollsten.

ABLEGER UND STECKLINGE

Ableger oder Kindel sind junge Pflanzen, die aus der Areole oder Axille einer älteren Pflanze entspringen. Manchmal genügt ein leichter Druck und der Ableger löst sich von der Mutterpflanze. Sehr gut kann man das bei einer der bekanntesten Arten, der *Echinopsis eyriesii*, beobachten. Aus den Areolen wachsen auffällige, dicht bedornte Kugeln. Sie lassen sich leicht abtrennen und man sieht, daß sie mit der Mutterpflanze nur durch ein dünnes Gefäßbündel verbunden sind. Nach der Abtrennung sind oft schon einige gut entwickelte Wurzeln zu beobachten. Ein solcher Ableger wächst nach dem Einpflanzen und nach der Bewurzelung als selbständige Pflanze weiter.
Die Methode bezeichnet man als vegetative, d.h. ungeschlechtliche Vermehrungsart im Gegensatz zur generativen Vermehrung, bei der neue Pflanzen aus Samen entstehen. Bei der vegetativen Vermehrung bleiben alle Nachkommen in ihren Eigenschaften der Mutterpflanze völlig gleich. Bei selbsterilen Arten bekommt man durch die Befruchtung mit den Blüten derselben Mutter keine Samen.

Es gibt Arten, die so viele Ableger bringen, daß die Anzucht aus Samen nicht notwendig wird. Außer der schon erwähnten *Echinopsis eyiriesii* und verwandeter Arten kann man noch *Mammillaria fragilis, Mammillaria prolifera, Mammillaria multiceps, Chamaecereus silvestrii* als Beispiele nennen. Andere Arten sprossen nur wenig und es gibt auch solche, die überhaupt keine Sprosse bilden. Einige Arten sprossen mehr, wenn man sie in nahrhafter Erde zieht. Andere Arten bilden Seitensprosse nur dann, wenn der Scheitel, d.h. der Hauptvegetationspunkt mechanisch zerstört wurde.
Besondere Gebilde sind die unterirdischen Sprosse. Bei *Notocactus ottonis* kann man sie oft beobachten. Sie entstehen am basalen Teil des Pflanzenkörpers, unterhalb der Erdoberfläche. Ursprünglich sind sie braun gefärbt. Nach Form, Farbe und Entstehungsort sind sie bis zu gewissem Grad kleinen Kartoffeln ähnlich. Es handelt sich jedoch um keine Knollen, sondern um Ableger, die nach der Trennung von der Mutterpflanze und dem Einpflanzen ihr Aussehen ändern und sich zu einem normalen *Notocactus ottonis* weiterentwickeln. Ähnliche Sprosse im basalen Teil der Pflanze bilden unter anderem auch

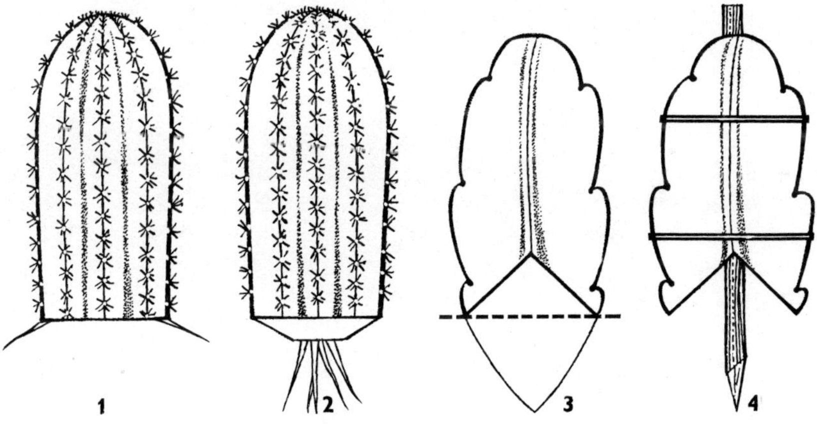

Stecklinge. 1 = Cereus treibt oft Wurzeln aus den Seiten; 2 = Steckling mit abgeschnittenen Kanten wurzelt richtig aus der Achse; 3 = Stecklinge von Epiphyllum schneidet man an einer breiteren Stelle unterhalb von zwei gegenüberstehenden Areolen in Form eines Dreiecks aus; 4 = Endform des Stecklings, den man vor dem Einpflanzen an einem Hölzchen anbindet.

Gymnocalycium denudatum, Gymnocalycium paraguayense und *Gymnocalycium fleischeranum.*
Die Ableger, die von der Mutterpflanze getrennt werden, beläßt man ein bis zwei Tage an einer warmen, trockenen und schattigen Stelle, damit die durch die Trennung entstandenen Wunden vernarben können. Dann pflanzt man die Sprosse in normale Kakteenerde, wo sie sich bald bewurzeln und zu selbständigen Individuen weiterentwickeln. Falls man in Kies, d.h. in Hydrokultur pflanzt, müssen die Sprosse etwas tiefer gesetzt werden, damit sie durch den Druck der Wurzeln nicht angehoben werden.
Ein Steckling ist ein Teil der Pflanze, der mit einem Messer abgeschnitten werden muß, da er mit der Mutterpflanze fest zusammenhängt. Wenn man Stecklinge mit Gewalt abbrechen wollte, könnte es passieren, daß man gleichzeitig ein langes Gefäßbündel aus dem Körper der Mutterpflanze herausreißt.
Durch Stecklingsschnitt lassen sich viele Kakteenarten leicht und bequem vermehren. Da bei den Stecklingen eine größere Schnittfläche entsteht, sollte man sie sofort nach dem Abschneiden desinfizieren. Die offene Wunde könnte sonst zur Eintrittspforte für Krankheitserreger werden. Es ist selbstverständlich, daß die Schnittstelle an der Mutterpflanze ebenso desinfiziert wird. Früher hat man zur Desinfektion Holzkohlenpulver oder Gips verwendet. So entstand bald ein fester Abschluß der Wunde, der nach dem Vernarben leicht abgenommen werden konnte. Inzwischen wird es als zweckmäßiger angesehen, anstatt von Holzkohlenpulver oder Gips Aluminiumpulver zu verwenden. Man trägt es am einfachsten mit einem Haarpinsel auf. Das Alupulver haftet an der feuchten Schnittfläche und es entsteht eine dünne Schicht, die gleichzeitig als mechanischer und chemischer Schutz gegen Infektionen wirkt.
Stecklinge pflanzt man nicht so bald wie Ableger. Die Wunde muß zuerst gründlich abtrocknen, es muß sich Kallus (Wundverschlußgewebe) bilden. Außerdem benötigt der Steckling ausreichend Zeit, um neue Wurzeln anzusetzen. Man sollte die Stecklinge so lange ohne Erde lassen, bis die Wurzelansätze wirklich gut sichtbar sind. Das dauert je nach Temperatur und Art der Pflanze 10 bis 30 Tage. Am schnellsten bewurzeln sich Stecklinge im Frühjahr, wenn die Vegetation beginnt. Man kann sie aber schon gegen Ende des Winters

Stetsonia coryne (SD.) BR. et R.

Cereus ‚Pitahaya' crist.

Opuntia hystricina
var. *bensonii*
BACKBG.

Espostoa lanata
(HBK) BR. et R.
f. *cristata*

Oreocereus neocelsianus BACKBG.

Isolatocereus dumortieri (SCHEIDW.) BACKBG. f. *aurea*

Denmosa rhodacantha
(SD) BR. et R.

Chamaecereus silvestrii
(SPEG.) BR. et R.

abschneiden. Mutterpflanzen und Stecklinge müssen jedoch warm und trocken stehen. Zweckmäßigerweise plaziert man sie in der Nähe der Heizkörper. Es dürfen aber keine Verbrennungen entstehen.
Der Steckling soll immer in der Lage bleiben, die er nach dem Einpflanzen einnimmt. Wenn man z. B. Stecklinge von Opuntien oder Cereen auf die Seite legt, beugen sie sich um. Derartige Bogen lassen sich nicht gut pflanzen, und die entstandene Deformation wird sich nie wieder ausgleichen. Es kann passieren, daß die Wurzeln nicht an der üblichen Stelle entstehen, sondern daß sie sich am Stengel entlang entwickeln. Deswegen sollten die Stecklinge immer senkrecht, in einem angemessen großen Blumentopf stehen und wenn notwendig, in senkrechter Lage fixiert werden.
Durch Stecklinge werden die meisten Cereen, Opuntien, Epiphyllen, Zygokakteen und andere kugelförmigen oder kurzsäuligen Kakteen vermehrt. Bei wertvollen Hybriden ist die vegetative Vermehrung besonders wichtig, da nur so alle Eigenschaften der Mutterpflanzen erhalten werden können. Die Stecklinge von *Zygocactus* (Weihnachtskaktus), *Schlumbergera* (Osterkaktus) und *Rhipsalidopsis* schneidet man an der schmalsten Stelle zwischen den Gliedern ab. Es wird nur ein einziges Glied oder ein ganzes Ästchen mit mehreren Gliedern abgetrennt.
Dagegen schneidet man die Stecklinge von *Epiphyllum* (Phyllokakteen) nie an der schmalen Stelle, sondern 3 bis 5 cm höher, wo die Zentralachse nicht so verholzt und der Ast wenigstens 2 cm breit ist. Den Querschnitt führt man etwa einen halben Zentimeter unter zwei gegenüberstehenden Areolen. Zwei weitere Schnitte schräg nach oben geben dem Steckling die Form eines Schwalbenschwanzes. Wenn man einen so vorbereiteten Steckling einpflanzt, entwickeln sich aus beiden unteren Areolen Sprosse, von denen jeder eigene Wurzeln hat. Damit erhält man aus einem Steckling gleichzeitig zwei neue Pflanzen.
Bei Stecklingen säulenförmiger Kakteen kann es passieren, daß das Gewebe an der Schnittstelle so stark eintrocknet, bis ein tiefer Hohlraum entsteht. Die Bewurzelung wird dann schwierig. Diese Aushöhlung läßt sich verhüten, wenn der untere Teil des Stecklings auf die Art eines Kegelstumpfes abgekantet wird. Dann treiben die Wurzeln aus der Zentralachse.

Wenn die Stecklinge einige Suchwurzeln zeigen, pflanzt man sie ein. Man kann zwar sofort normale Kakteenerde verwenden, aber viele Praktiker stecken die Pflanzen vorerst in reinen Sand oder in eine Mischung aus Torf und Sand.
In solchen Substraten bewurzeln sich die Stecklinge sehr bald, aber man sollte darauf achten, daß sie nicht übermäßig viele Wurzeln entwickeln. Das allzu große Wurzelsystem wird beim Einpflanzen in die Töpfe leichter beschädigt. Längere Stecklinge sind nicht genügend stabil, deswegen bindet man sie zuerst an Stäbchen und steckt sie mit diesen in die Erde. Die Stäbchen dringen tiefer in die Erde ein und verhindern das Umstürzen der wurzelnden Pflanzen.
Die meisten Kakteen wurzeln sehr leicht, nur bei wenigen Arten ist es mit gewissen Schwierigkeiten verbunden. So müssen Stecklinge von Pectinaten und anderen dickleibigen Echinocereen knapp an der Mutterpflanze abgeschnitten werden. Wenn man sie höher abtrennt, werden sie nie Wurzeln treiben.
Die schnelle Wurzelbildung wird durch gespannte (feuchtwarme) Luft unterstützt. Das Substrat selbst soll aber nur mäßig feucht bleiben. Unter keinen Umständen darf man die Stecklinge übergießen. Bei warmer Witterung werden sie mehrmals täglich besprüht. Ableger und Stecklinge, die längere Zeit nicht wurzeln wollen, hält man in einem geschlossenen Raum, dicht unter einer Glasscheibe oder Plastikfolie und schattiert stärker. Aber auch hier gibt es Ausnahmen. Bei *Opuntia microdasys* kommt es öfter vor, daß die schon wurzelnden Stecklinge in einem abgeschlossenen Raum massenhaft absterben. Wenn das rechtzeitig bemerkt wird, entfernt man die faulenden Stücke, sorgt für Zutritt frischer Luft und desinfiziert das Ganze.
Eine besondere Art der Stecklinge sind die sogenannten Kopfstecklinge. Bei ihnen sind die Schnittflächen besonders groß. Man behandelt sie zwar wie andere Stecklinge, aber das Abtrocknen der Schnittstelle und die Ausbildung der Wurzelspitzen braucht viel mehr Zeit. Die Köpfe schneidet man meist deshalb ab, weil der untere Teil der Pflanze von Fäule befallen ist oder daß er infolge des hohen Alters unschön geworden ist. Man verjüngt die Pflanze. Oft entfernt man den Kopf auch in der Absicht, den unteren Teil zum Sprossen anzuregen. Bei Kopfstecklingen ist auch noch nach erfolgter Bewur-

zelung die Schnittfläche durch Infektionen gefährdet. Eine so große Narbe braucht sehr lange Zeit, bis sie Abwehrmechanismen gegen Infektionen entwickelt, wie sie die ursprüngliche Epidermis besitzt. Deswegen gibt man unter den Kopfsteckling immer eine Schicht Kieselsteine, damit der basale Teil trocken bleibt.
Manche Arten treiben ohne Stimulanz keine Sprosse. Aber auch aus ihnen können Mutterpflanzen erzeugt werden. Die säulenförmigen Cereen schneidet man einfach durch. Den oberen Teil bewurzelt man wie einen Steckling, während der untere in der Regel bald Sprosse treibt. Es entstehen Ableger, die man wieder abschneiden und wie Stecklinge behandeln kann. Nach und nach erscheinen auf solchen Mutterpflanzen neue Triebe. Um eine möglichst große Anzahl zu erzwingen, bietet man der Mutterpflanze beste Wachstumsbedingungen. Durch einen nicht sachgemäßen Schnitt läßt sich das Triebwachstum andererseits begrenzen. Deswegen schneidet man nie alle Zweige auf einmal ab, sondern entnimmt nur die älteren, damit auf der Mutterpflanze immer einige stehen bleiben.
Interessant ist die Vermehrung durch einzelne Mamillen. Das gelingt jedoch nur bei wenigen Arten. Abgeschnittene Mamillen von *Dolichothele longimamma* besitzen die Fähigkeit, Wurzeln auszutreiben und neue Pflanzen auszubilden. Man muß sie jedoch knapp am Pflanzenkörper abschneiden. Es eignen sich nur gut entwickelte, nicht allzu alte Mamillen. Die abgeschnittenen Mamillen behandelt man genau so wie Stecklinge, d.h. man läßt sie zunächst auf einer warmen, entsprechend schattigen Stelle liegen. Erst nach Abtrocknen der Schnittstelle pflanzt man sie in Handkästchen und sorgt für gespannte Luft. Nach der Bewurzelung platzt die Mamille und aus der Seite treibt eine neue Pflanze aus. Ähnlich werden auch *Mammillaria plumosa* und andere Arten vermehrt. Gelegentlich bewurzelt sich auch ein Teil der Rippe mit einer oder zwei Areolen. Das ist als Ausnahmen anzusehen. Man kann es versuchen, wenn man eine seltene Pflanze retten will.
Ziemlich oft spricht und schreibt man von der Verwendung von Bewurzelungsmitteln für Ableger oder Stecklinge. Da sich Kakteen in der Regel ziemlich leicht bewurzeln, ließ sich bisher kein überzeugender Beweis bringen, daß die Bewurzelung durch Applikation bestimmter Präparate tatsächlich begünstigt wurde. Es wurde im

Gegenteil festgestellt, daß bei objektiver Betrachtung die Resultate eher negativ zu bewerten sind.
Bei der Arbeit mit Bewurzelungshormonen ist die schwierigste Aufgabe, die zweckmäßigste Konzentration festzustellen. Wahrscheinlich reagiert jede Kakteenart anders. Eine leicht mögliche Überdosierung führt zur Desorganisation der Zellentätigkeit, zu unnatürlichem Wachstum usw. Der große Artenreichtum der Kakteen verführt häufig zu Fehlern, da die verschiedenen Arten unterschiedlich reagieren. Es ist aber immer verläßlicher, Pflanzen, die nicht wurzeln wollen, stattdessen aufzupfropfen.

PFROPFEN

Das Pfropfen ist im Grunde ein chirurgischer Eingriff, der dazu führen soll, daß sich zwei Pflanzen zu einem Organismus vereinigen, der die Fähigkeit zu selbständigem Wachstum besitzt. Die Verbindung zweier Organe verschiedener Individuen wird als Transplantation bezeichnet. Eine vergleichbare Methode, u. a. auch die schnelle Vermehrung neuer Arten von Obst- und Ziergehölzen bietet noch viele andere Verwendungsmöglichkeiten. Bei den Gehölzen spricht man vom Veredeln, das auf verschiedene Art und Weise möglich ist. Bei Kakteen kommt nur das Pfropfen in Betracht. Das Übertragen von Augen, d. h. einzelner Mamillen oder Rippenteile samt Areole, stellt eher eine Ausnahme dar und ist selten von Erfolg gekrönt. Auch der Versuch, Pflanzen verschiedener Familien zu verbinden, scheitert meistens. Angeblich ist es aber schon gelungen, Kakteen auf *Didierea,* einer Pflanze aus Madagaskar, aufzupfropfen. Sonst ist es nur im Rahmen der Familie Cactaceae möglich, hier aber sogar Vertreter sehr entfernt verwandter Gattungen erfolgreich zu verbinden. Gegenseitiges Pfropfen zwischen Unterfamilien ist üblich. Immerhin ist die Fähigkeit, Pfröpflinge anzunehmen viel größer, als nach gegenseitiger Kreuzung auf geschlechtlichem Weg eine Vebindung zu erreichen. So ist es noch nie gelungen, eine *Opuntia* mit irgendeinem *Gymnocalycium* zu kreuzen. Das Pfropfen von Gymnocalycien auf Opuntien als

Unterlage ist durchaus üblich. Warum werden die Kakteen gepfropft?

1. Durch das Pfropfen wird die Pflege schwieriger Arten oder Formen erleichtert. Die Wurzeln mancher Arten werden leicht von Krankheiten befallen, z. B. als Folge eines Pflegefehlers oder wenn eine falsche Erdmischung benutzt wurde. Wenn man heikle Arten aufpfropft, fallen diese Schwierigkeiten weg.
2. Das Wachstum wird beschleunigt. Kakteenarten, die man als Unterlagen zum Pfropfen verwendet, zeichnen sich in der Regel durch die Fähigkeit aus, schnell zu größeren Ausmaßen heranzuwachsen. Demzufolge ernähren sie auch den Pfröpfling ausgiebiger, als wenn er auf eigenen Wurzeln wüchse. Besonders deutlich ist dies bei den Sämlingspfropfungen sichtbar.
3. Gepfropfte Kakteen erreichen viel früher die blühfähige Größe. Neben der früheren Blüte steigt auch die Anzahl der Blüten, die überdies oft auch größer sind als bei wurzelechten Pflanzen.
4. Veredelte Kakteen entwickeln längere und kräftigere Dornen, mehr Haare und mehr Wolle. Durch das Pfropfen auf eine geeignete Unterlage wird ein schöneres Gesamtbild erreicht.
5. Das Pfropfen ist die einzige Möglichkeit, auch solche Pflanzen zu kultivieren, die sonst nicht fähig wären, selbstständig zu wachsen. Das sind vor allem Aurea- und Rubra-Formen, also chlorophyllose Kakteen.
6. Durch das Pfropfen können angefaulte oder verletzte Pflanzen in einem Zeitraum gerettet werden, in dem die Neubewurzelung nicht möglich wäre. Das ist hauptsächlich während des Winters.

PFROPFUNTERLAGEN UND IHRE EIGENSCHAFTEN

Die Technik des Pfropfens kann man durch Übung erlernen. Schwieriger und langsamer stellt sich die Erkenntnis ein, welche Unterlage für den gegebenen Fall die zweckmäßigste ist. Jede Unterlage nimmt nämlich nicht alle Arten an. Außerdem ist das Aussehen einer Pflanze stark durch die Wahl der Unterlage zu beeinflussen. Die gleiche Unterlage wirkt bei der einen Art positiv auf die Länge der Bedornung aus, während sich bei der anderen die Dornen nur sehr unbefriedigend entwickeln. Ein recht verschiedenartiger Einfluß auf die Blüh-

willigkeit ist ebenfalls festzustellen. Deswegen sollen im folgenden die Unterlagen, die am häufigsten verwendet werden, genannt und ihre Eigenschaften bewertet werden.
Trichocereus spachianus bildet hellgrüne, bis 2 m hohe Säulen und erreicht einen Durchmesser von 6 cm. Diese zehn- bis fünfzehnrippige Pflanze ist sehr widerstandsfähig und verträgt eine kalte Überwinterung. Sie wächst gut, auch wenn sie während des Sommers im Garten frei ausgepflanzt wird. Leichte Fröste im Frühjahr oder im Herbst verträgt sie ohne Beschädigung. *Trichocereus spachianus* ist eine besonders gute Unterlage für *Espostoa, Haageocereus, Oreocereus* und für die Mehrzahl der Kugelkakteen. Rebutien, Lobivien und ähnliche Arten wachsen auf dieser Unterlage nur langsam. Sie deformieren sich zwar nicht, aber blühen nur mittelmäßig. Die Unterlagen, die neuerdings aus Samen herangezogen wurden, sind entscheidend besser als alte, seit hundert Jahren vegetativ vermehrte Pflanzen. Nachteilig ist bei *Trichocereus spachianus* das häufige Sprossen, insbesondere wenn langsam wachsende Arten aufgepfropft wurden. Diese Unterlage muß auch in der Ruhezeit ab und zu gegossen werden, sonst trocknet sie zu sehr aus, schrumpft und nimmt das Wasser nicht mehr an.
Trichocereus santiaguensis stammt aus Argentinien (Santiago del Estero). Er ist *Trichocereus spachianus* sehr ähnlich. Die Botaniker Britton und Rose haben beide für identisch gehalten. *Trichocereus santiaguensis* ist weiß bedornt und in der Natur erreicht er eine Höhe bis zu 8 m. Als Pfropfunterlage hat der dieselbe Eigenschaften wie *Trichocereus spachianus.*
Trichocereus macrogonus zeichnet sich durch sehr schnelles Wachstum aus. Der säulenförmige Körper ist blau und wird etwa 7 cm im Durchmesser. Wenn er die Höhe von 2 m erreicht hat, fängt er an, von der Basis zu sprossen. Die Pflanze hat sieben Rippen, die verhältnismäßig niedrig und flach sind. Früher wurde sie für die beste Unterlage gehalten. Heutzutage findet sie kaum noch Verwendung. Viele Arten wachsen auf dieser Unterlage zwar schnell, dies geht aber zu Lasten des guten Aussehens. Manche Arten wachsen an, bleiben aber sitzen, während die Unterlage um so reichlicher austreibt. Sehr gut gedeihen alle Varietäten von *Trichocereus chilensis,* die eine besonders schöne Bedornung entfalten. Auch *Cephalocereus senilis* wächst gut, aber

man muß ihn auf die Spitze, d. h. auf junges Gewebe pfropfen. Außerdem hat sich *Trichocereus macrogonus* als ausgezeichnete Unterlage für Kristat-Formen bewährt. Diese Art verträgt Kälte und Trockenheit, und ist auch sonst sehr widerstandsfähig.

Trichocereus pachanoi ähnelt im allgemeinen *Trichocereus macrogonus.* Er ist weniger intensiv blau gefärbt, die Rippen sind flacher und die Dornen fehlen in der Regel ganz. Die Zentralachse wird nie holzig. Er hat ausgezeichnete Eigenschaften als Unterlage, konnte aber noch nicht bei allen Arten erprobt werden. Für die Miniaturkakteen ist er weniger geeignet, dagegen entwickeln sich *Neoporteria, Copiapoa, Horridocactus* so gut wie auf keiner anderen Unterlage. Den Pfröpfling wie die Unterlage sollte man vor dem Pfropfen abkanten, damit sie nur auf einer Fläche von etwa 25 mm im Durchmesser in Berührung kommen. Nach dem Pfropfen wird die Unterlage allmählich dicker. Sie verträgt Kälte und Trockenheit und nimmt Pfröpflinge auch in der Zeit der Vegetationsruhe an. Man kann sie also auch dann empfehlen, wenn irgendeine Pflanze gerettet werden sollte.

Trichocereus schickendantzii sieht auf den ersten Blick wie eine kleinere Abart von *Trichocereus spachianus* aus, bleibt aber kurz zylindrisch und treibt von der Basis so stark aus, daß er ganze Rasen bildet. Er hat 18 niedrige Rippen und der Körperdurchmesser beträgt 6 bis 8 cm. Sein Fleisch ist saftig und weich. Früher hat er nur selten Verwendung als Unterlage gefunden. Man hat aber festgestellt, daß *Trichocereus schickendantzii* dic beste Unterlage gerade für soche Arten ist, die im Winter stark schrumpfen sollen. Als Nachteil wird die starke Sproßbildung angesehen. Deswegen empfiehlt es sich, die Sprosse erst dann, wenn sie Walnußgröße erreicht haben, abzuschneiden. Recht gut wachsen auf dieser Unterlage die pectinaten Echinoceréen und *Mamillopsis senilis. Mamillopsis* sproßt früher als auf anderen Unterlagen. *Trichocereus schickendantzii* eignet sich auch für *Pediocactus, Neobesseya* und *Toumeya papyracantha.* Sie verträgt einen sehr kalten Winterstandort und Frost bis minus 3 °C.

Trichocereus lamprochlorus ist hellgrün, glänzend, bis 6 cm im Durchmesser. Er wächst säulenförmig und bildet später schüttere Sträuche. Durch seinen hohen Saftgehalt nimmt er auch ausgetrocknete Pfröpflinge sehr gut an. Er wird für solche Pflanzen verwendet,

denen die Kraft, selbst Wurzeln zu treiben, fehlt und die auf anderen Unterlagen nicht anwachsen würden. Da sie bald vom Pfröpfling ausgesaugt werden, müssen derartige Pflanzen nach einigen Jahren umgepfropft werden. *Trichocereus lamprochlorus* ist die beste Unterlage für die Gymnocalycien aus der Untergattung *Muscosemineum,* also aus dem Verwandtschaftskreis von *Gymnocalycium mihanovichii, Gymnocalycium friedrichii, Gymnocalycium delaetii.*
Trichocereus candicans wächst zuerst kugelig und erreicht bald einen Durchmesser bis zu 12 cm. Dann streckt er sich und wird zur stärksten aller üblichen Unterlagen. Er ist ziemlich weichfleischig und biegt sich später etwas um. Als Unterlage kommt er besonders dann in Betracht, wenn es darum geht, ältere und breite Pflanzen aufzupfropfen. Er nimmt gut an und die Pfröpflinge werden viele Jahre von ihm ernährt. *Trichocereus candicans* ist jedoch eine ziemlich seltene Pflanze und kann deswegen nicht für das übliche Pfropfen verwendet werden. Als Unterlage wird er nur für wirklich kostbare Stücke benutzt. Kälte und Trockenheit verträgt er gut.
Trichocereus cuscoensis ist eine peruanische, in der Natur bis 6 m hohe Art. Die aus eingeführten Samen gezogenen jungen Kakteen sehen wie dünnere Triebe von *Trichocereus pachanoi* aus. In manchen Ländern wird sie oft als Unterlage benutzt, wohl weil man sie durch Aussaat vermehren kann. Es fehlen jedoch langjährige Erfahrungen, die eine Bewertung von *Trichocereus cuscoensis* noch nicht zugelassen.
Trichocereus terscheckii und *Trichocereus pasacana* sind in ihren Heimatländern hohe, säulenförmige Gewächse, die einen Durchmesser von 30 bis 35 cm erreichen. Es handelt sich um sehr widerstandsfähige Gebirgsarten. Als Unterlagen benutzt man sie meist in Walnußgröße. Sie sind ziemlich selten und teuer, da man sie nur durch Aussaat vermehren kann. Abgeschnittene Kopfstücke und Sprosse bewurzeln sich gewöhnlich nicht. Die Sämlinge wachsen nur langsam, so daß man erst im dritten Jahr pfropfen kann. Als Unterlage eignen sie sich für seltenere Arten. Die Pfröpflinge wachsen zwar nur langsam, aber alle charakteristischen Merkmale entwickeln sich sehr gut. Beide Trichocereen gelten als widerstandsfähige, harte Unterlagen, die niedrige Temperaturen gut vertragen und nur selten sprossen. Man kann sie besonders für die Kakteen aus den Gattungen *Pelecy-*

Echinopsis

Echinofossulocactus multicostatus
(HILDM.) BR. et R.

Echinopsis eyriesii
(TURP.) ZUCC.

Gymnocalycium megatae Y. ITO

Gymnocalycium occultum FRIČ ex SCHÜTZ

Gymnocalycium ragonesii CAST.

Gymnocalycium stellatum var. *paucicostatum* (BACKBG.) R. STRONG

phora, Solisia, Turbinicarpus, Toumeya, Escobaria, Navajoa, Blossfeldia, Frailea und *Neochilenia* empfehlen. Größere Pasacanas sind eine Zierde jeder Sammlung. Kaum jemand wird sie deshalb als Unterlagen verwenden.

Echinopsis eyriesii und ihre Hybriden haben sich besonders als Unterlagen für die Sämlingspfropfung bewährt. Man kann sie leicht aus Ablegern in jeder gewünschten Menge erhalten. Es ist jedoch besser, Echinopsen auszusäen und Samen zu verwenden, die von wenig sprossenden Pflanzen stammen. *Echinopsis* nimmt alle Arten sehr gut an und ist in dieser Hinsicht sehr verläßlich. Darin besteht ihre größte Bedeutung. Meistens ist sie jedoch nicht sehr dauerhaft. Aufgepfropfte Sämlinge kann man nach zwei bis drei Jahren abschneiden und wurzelecht weiterkultivieren. Von *Echinopsis* abgetrennte Sämlinge bewurzeln sich viel besser als die anderer Unterlagen. Schwierige Arten sollte man lieber auf dauerhaftere Unterlagen bringen. *Echinopsis* selbst ist nur für wenige Arten als Dauerunterlage verwendbar, so z.B. für verschiedene Thelokakteen und Coryphanthen. Im allgemeinen braucht *Echinopsis* eine nahrhafte Erde und einen geschlossenen Raum mit gespannter Luft, da sie sonst unter den Pfröpflingen zusammenschrumpft und umso mehr zum Sprossen neigt. Wenn die Unterlage welk geworden ist, erholt sie sich in der Regel nicht mehr.

Cereus peruvianus wächst in Natur strauchartig und hat bis 3 m lange Äste. Junge Pflänzchen, die man als Unterlage verwendet, haben meist die Form vier- bis fünfrippiger kurzer Säulen, etwa 5 cm im Durchmesser. Die als Unterlagen benutzten Pflanzen sind überwiegend Kreuzungen, die aus Samen, bezogen aus südeuropäischen botanischen Gärten, gewonnen wurden. Dort wachsen meist mehrere verwandte Arten beieinander und werden bei gleichzeitiger Blüte von Insekten gegenseitig bestäubt. Übrigens ist die wirkliche Heimat dieser Art nicht bekannt. Es steht aber fest, daß der Artname „peruvianus" nicht passend ist, weil sie nicht aus Peru stammen kann.

Die Sämlingspflanzen sind recht unterschiedlich. Als Unterlagen sind nur die grünen Formen brauchbar. Die hellblau gefärbten, wie die bereiften Formen sind zwar sehr schön, aber als Unterlagen weniger geeignet, da sie sich als kälteempfindlich erwiesen haben. Der grüne *Cereus peruvianus* ist eine bewährte Unterlage für Rebutien, Lobivien und verwandte Arten. Wenn kein *Trichocereus spachianus* zur Verfügung steht, können auch Pilosocereen, Espostoas, Oreocereen und andere säulenförmige Kakteen erfolgreich gepfropft werden. Dagegen vertragen Gymnocalycien, Notokakteen, Astrophyten, Fraileen und andere kugelförmige Kakteen diese Unterlage auf die Dauer nicht. Die Pfröpflinge wachsen zwar an, es folgt sogar ein üppiges Wachstum, aber nach etwa einem Jahr entsteht zwischen Unterlage und Pfröpfling eine Schicht toter Zellen, die man als Spund bezeichnet. Diese Schicht ist braun gefärbt und manchmal entsteht ein korkartiges Gewebe, das das ganze Innere des gepfropften Pflanzenkörpers einnimmt. Dieses Gewebe kann man oft wie einen Stöpsel herausziehen. Ein weiterer Nachteil von *Cereus peruvianus* ist der Umstand, daß er bei kalter Überwinterung im ersten Jahr nach der Pfropfung schwarze Flecken bildet. Oft stirbt die Unterlage sogar ab. Das ist nicht etwa eine Infektion, sondern eine physiologische Störung. Im zweiten und den folgenden Jahren zeigen sich keine Flekken mehr. Die Unterlagen werden unter normalen Umständen im Laufe der Zeit holzig und ernähren die Pfröpflinge Jahrzehnte lang. So entwickleten sich allmählich außergewöhnlich große Pflanzen.

Cereus jamacaru, Cereus dayamii, Cereus stenogonus und *Cereus alacriportanus* sind nahe verwandte Arten. Als Pfropfunterlagen haben sie die gleichen Eigenschaften wie *Cereus peruvianus.* Besonders gut haben sich *Cereus dayamii* und *Cereus stenogonus* bewährt.

Eriocereus tortuosus, Eriocereus pomanensis, Eriocereus guelichii, Eriocereus bonplandii und *Eriocereus martinii* sind einander in Habitus und Eigenschaften ziemlich ähnlich. Unter der Voraussetzung, daß sie genügend abgehärtet sind, erweisen sie sich als gute Unterlagen. Nach gewisser Zeit werden sie holzig und sind dann weniger kälteempfindlich als vorher. Diese *Eriocereus* – Arten sind besonders zum Pfropfen von Sämlingen bis zu einem Durchmesser von 1 cm geeignet. Die schlanken Unterlagen werden unter dem Pfröpfling nicht breiter. Man sagt, man „propfe auf ein Hühnerbein". Keinesfalls sollte man diese Unterlagen für kälteliebende Arten verwende. Sie eignen sich auch nicht für die Kugelkakteen, die nur eine kurze Achse haben und mehr in die Breite wachsen. Sie umhüllen sonst die dünne Unterlage mit ihrem Körper und es sieht so aus, als ob der Pfröpfling die Unterlage in sich hinein gezogen hätte. Als Vorteil ist zu würdigen, daß Eriocereen nur selten sprossen.

Eriocereus jusbertii ist stärker als andere Eriocereen. Er erreicht bis zu 4 cm im Durchmesser. Er hat kurze schwarze Dornen, die denen von *Echinopsis eyriesii* auffällig ähneln. Möglicherweise ist es eine Kreuzung von *Eriocereus* und dieser *Echinopsis*- Art, das läßt sich aber nicht beweisen. *Eriocereus jusbertii* läßt sich zwar mit dem Blütenstaub von *Echinopsis eyriesii* befruchten, aus den Samen keimen aber wieder nur echte *Eriocereus jusbertii.* Diese Art ist eine der besten Pfropfunterlagen, die man kennt. Sie nimmt Pfröpflinge aller Kakteenarten an, die sich schön und natürlich weiterentwickeln. Am besten nimmt *Eriocereus jusbertii* die Pfröpflinge zeitig im Frühjahr, noch vor dem eigentlichen Vegetationsbeginn an. Im Sommer, der Zeit des vollen Wachstums, gelingt das Pfropfen bei weitem nicht so gut. Sollte man trotzdem pfropfen wollen, muß die Unterlage einige Zeit trocken gehalten werden, bis sie etwas welkt. Manche Praktiker empfehlen, im Sommer nur bei kühlem und regnerischem Wetter zu pfropfen. Die besten Unterlagen sind junge, aus Samen gezogene Pflanzen. Alte, jahrelang geschnittene *Eriocereus jusbertii* sind meist degeneriert oder krank.

Roseocactus tephracanthus hat einen strauchartigen oder baumartigen Wuchs. Die Äste sind meist achtrippig und bis 6 cm im Durchmesser. In der Jugend, wenn sie noch schlank sind, eignen sie sich als Unterlagen am besten für die Gattung *Wilcoxia.* Vielleicht könnten sie auch für andere Arten benutzt werden, aber es wurden bisher keine umfangreicheren Versuche gemacht.

Selenicereus grandiflorus, die bekannte Königin der Nacht, wird meist als Kreuzung mit *Selenicereus pteranthus* gehalten. Es handelt sich um eine Kletterpflanze mit vier- bis fünfrippigen Ästen, die nur 1 bis 2 cm stark sind. *Selenicereus* liebt die Wärme und braucht im Winter 12 bis 16 °C. Man gießt mäßig, auch in der Zeit der Vegetationsruhe. Als Pfropfunterlage eignet sie sich für Sämlinge wärmeliebender Kakteen.

Selenicereus hamatus hat ähnliche Eigenschaften und wird ähnlich verwendet wie *Selenicereus grandiflorus.* Außerdem werden auf die langen grünen Sprosse mit schnabelartigen Auswüchsen auf den Rippen, *Aporocactus, Zygocactus* und *Rhipsalidopsis* gepfropft. Es entstehen reichblühende Miniaturbäumchen.

Myrtillocactus geometrizans, dessen Sämlinge schöne blaubereifte

Säulen bilden, ist die beste Unterlage für Miniaturkakteen der Gattung *Blossfeldia.* In Japan wird sie massenhaft als Unterlage für die Sorte 'Roter Mihanovich' verwendet. Sie ist eine Mutation von *Gymnocalycium friedrichii entstanden.* Die Pflänzchen sind chlorophyllos und von orangeroter Farbe. Die für den Anfänger reizvolle Attraktion, hat inzwischen den Kakteenmarkt überschwemmt. Auf dieser Unterlage gepfropfte Pflanzen müssen im Winter mehr als 12 bis 16 °C haben und dürfen nie ganz austrocknen.
Opuntien sind sehr brauchbare Unterlagen. Lobivien und Rebutien wachsen auf ihnen schnell und schön. Durch das Pfropfen auf Opuntien lassen sich relativ schnell Mutterpflanzen erzielen. Auch für Gymnocalycien eignen sich Opuntien sehr gut. Insbesondere die größeren Arten wachsen in kurzer Zeit zu ausgesprochenen Schaupflanzen heran. Opuntien haben sich auch als Dauerunterlagen für viele Arten der Gattung *Copiapoa* bewährt. Für alle Arten von *Tephrocactus, Pterocactus* und für andere Opuntien sind Opuntien die einzige Unterlage. Sie eignet sich auch für einige Echinocereen und Wilcoxien. Von den vielen Arten hat sich besonders *Opuntia ficus-indica* große Beliebtheit erworben. Die glänzend grünen, mittelgroßen Glieder sind bis zu 2 cm dick. Mehrere Formen sind im Gebrauch. Wenn sie als Dauerunterlage dienen sollen, müssen sie gut abgehärtet werden. Das gilt übrigens auch für alle anderen Arten. *Opuntia tomentosa* hat 15 cm lange, dunkelgrüne Glieder, deren Oberfläche mit ganz kuzen, dichten Haarfasern bewachsen ist, die sich sametartig anfühlen. Die Glieder sind schmaler als die der *Opuntia ficus-indica,* länglich und deswegen als Dauerunterlage besonders geeignet. Im Laufe der Zeit verändert sie sich in ein rundes, holziges Stämmchen, das den Pfröpfling gut ernährt. Wenn das Pfropfen gelungen ist, wird die Opuntie fast zur „ewigen" Unterlage. Pflanzen, die auf Opuntien seit mehr als 25 Jahre prächtig gedeihen, sind keine Seltenheit. Eine Opuntienart, die man nicht näher bestimmen konnte, eignet sich sogar für *Ferocactus latispinus.* Auf anderen Opuntien wächst er nicht. Auf dieser geht er aber nicht nur rasch, sondern auch die Bedornung ist so stark, wie es sonst nur bei Importpflanzen der Fall ist. Man könnte unter den Opuntien sicher noch viele Arten finden, die sich für Pfropfunterlagen eignen. Versuche würden sich lohnen. Sehr gut ist z. B. *Opuntia leucotricha.* Sie ist jedoch so dicht bedornt, daß der Umgang

sehr unangenehm ist. *Opuntia robusta* ist zwar nur wenig bedornt, und es existieren auch vollständig dornenlose Formen, aber sie eignet sich wiederum nur für andere Arten von *Opuntia*. Von den Austrocylindropuntien eignet sich nur *Opuntia subulata* und die nur für *Tephrocactus*. Im Jahr 1928 hat A. V. Frič *Opuntia cardenche* empfohlen, die sich jedoch nicht durchsetzen konnte.

Peireskiopsis velutina und *Peireskiopsis spathulata* sind strauchartige Kakteen mit dünnen Stengeln und echten Blättern. Sie sehen wie kleinblättrige Peireskien aus, gehören jedoch in die Unterfamilie der Opuntioideae. Stecklinge, bevor sie holzig geworden sind, bewurzeln sich schnell. Mann kann bald auf sie pfropfen. Es werden nur ganz kleine Keimlinge auf den jüngsten Teil des Stengels gepfropft. Die Pfröpflinge wachsen außerordentlich schnell an und sprossen bald sehr reichlich. Da *Peireskiopsis* viel schneller als andere Pfropfunterlagen massenhaft vermehrt werden kann, ist sie in neuerer Zeit sehr beliebt. Im Winter hält man *Peireskiopsis* warm und gießt sie mäßig, damit sie ihre Blätter nicht verliert.

Peireskia aculeata und *Peireskia sacharosa* sind normal belaubte Sträucher oder Bäume. Auf die noch unverzweigten Äste wird am häufigsten *Zygocactus* (Weihnachtskaktus) gepfropft. Bei sachgemäßer Pflege entstehen bald zierliche Kronenbäumchen. Auch *Epiphyllopsis gaertneri, Rhipsalidopsis rosea* und ihre Hybriden entwickeln sich auf Peireskien gut. Peireskien lassen sich durch krautartige Stecklinge vermehren. Besonders schnell bewurzeln sie sich in einer Torf-Sand- Mischung bei milder Bodenwärme. *Echinocereus salm-dyckianus* wird als Unterlage für *Epithelantha micromeris* empfohlen. Man kann diese Unterlage als auch die stärkeren Formen von *Echinocereus pentalophus* für *Echinocereus pectinatus, Echinocereus inermis* und andere schwierige Echinocereen verwenden.

Als Besonderheit ist anzuführen, daß A. V. Frič Fraileen und eine *Lobivia einsteinii* auf *Mammillaria hidalgensis* pfropfte. Die Unterlage mußte zweimal durchgeschnitten werden, damit die Pfropfstelle nicht mit Milchsaft benetzt wurde. Durch das Pfropfen auf diese Unterlage wollte Frič erreichen, daß die Pflanzen klein blieben.

Der Erfolg beim Pfropfen hängt sehr davon ab, wie die Unterlagen gehalten wurden. Da es sich meist um gut wachsende, harte Arten handelt, sollte man ihnen viel Licht und Luft geben. Dann können sie

auch ausgiebig gegossen werden. Es wäre keinesfalls richtig, die Unterlagen allzu trocken zu halten. Sie haben dann schwammartiges Gewebe und nehmen die Pfröpflinge schlecht an.
Es kommt oft vor, daß der untere Teil der Unterlage weich und wenig mit Wasser gefüllt ist, während der obere Teil eine feste Konsistenz zeigt. Derartige Unterlagen müssen zum Pfropfen vorbereitet werden. Um dies zu erreichen, schneidet man zuerst den oberen Teil ab. Den Schnitt führt man etwas oberhalb der Stelle, auf der man pfropfen will. Vorher muß man die Pflanze gründlich gießen. Nach etwa einer Woche kann man pfropfen, da sich der untere Teil in dieser Zeit mit Wasser vollgesaugt hat. Nur *Eriocereus jusbertii* ist eine Ausnahme, denn er soll beim Pfropfen bis zu einem gewissen Grad welk sein.
Eine grundsätzliche Bedingung für den Pfropferfolg ist eine gut abgehärtete Unterlage. Zwischen der richtig ausgewählten, abgehärteten Unterlage und dem Pfröpfling soll ein Zustand des Gleichtgewichtes herrschen. Beide Komponenten sollen sich gegenseitig ernähren als Gewähr für eine lange andauernde Verbindung. Viele Exemplare wachsen als Pfropfungen Jahrzehnte hindurch und haben sich zu prächtigen Schaupflanzen entwickelt. Einen grundsätzlichen Fehler machen die Kakteenzüchter, die in der Absicht, in kürzester Zeit möglichst viele Unterlagen heranzuzüchten, viel Schatten und Wärme geben, nicht lüften und übermäßig düngen. Auf diese Weise gezogene Unterlagen sind meist nicht dauerhaft und wenn sie in andere Kulturbedingungen übertragen werden, schrumpfen sie bald zusammen. Die Pfröpflinge stagnieren im Wachstum oder sterben oft sogar ab. In solchen Fällen ist es ratsam, möglichst bald das Umpfropfen auf widerstandsfähige Unterlagen durchzuführen.
Verhältnismäßig am schnellsten lassen sich Peireskien und *Peireskiopsis* vermehren. Hier ist das Treiben nichts unnatürliches, denn es sind Pflanzen, die auch in der Natur unter solchen Bedingungen leben. Manche Unterlagen, wie schon bei einzelnen Arten angeführt wurde, sollen den Pfröpfling nur kürzere Zeit ernähren. Nach zwei bis drei Jahren werden die Pfröpflinge abgeschnitten und entweder bewurzelt oder umgepfropft. Aber wenn man gute Ergebnisse erzielen will, sollen auch diese provisorischen Unterlagen gut und abgehärtet sein. Bis auf einige Ausnahmen sind die Unterlagen anfänglich dünn und vergrößern erst später ihren Durchmesser. Man kennt jedoch

verschiedene Methoden, die es ermöglichen, daß die Pflanzen bereits in der Nähe der Wurzeln genügend stark sind. Am einfachsten schneidet man den oberen, bereits stärkeren Teil einer größeren Pflanze ab und bewurzelt ihn wie einen Steckling. Der übriggebliebene Stumpf treibt bald Sprosse, die in der Regel schon ziemlich stark sind. Wenn die neuen Triebe die Länge von etwa 20 cm erreicht haben, schneidet man sie ab und bewurzelt. So können von einer Mutterpflanze nach und nach eine größere Anzahl starker Unterlagen gewonnen werden. *Trichocereus spachianus, Trichocereus macrogonus* und *Trichocereus pachanoi* können im Garten direkt in nahrhafte Erde ausgepflanzt werden. Wenn sie etwa 1 m hoch geworden sind, treiben sie von der Basis sehr starke Sprosse. Nachdem man sie abgeschnitten und bewurzelt hat, sind es breite und harte Eliteunterlagen für besonders schöne Arten. Bei *Eriocereus jusbertii* erreicht man starke Triebe, wenn man die Spitze etwa 1 cm unterhalb des Scheitels abschneidet und auf eine starke Opuntie pfropft. Um eine größere Dicke der Opuntienglieder zu erzwingen, kann man sie im Garten oder im Frühbeet auspflanzen und ständig alle neuen Sprosse entfernen. So entstehen bis über 2 cm dicke Glieder, die sich auch für größere Pfröpflinge eignen.

TECHNIK DES PFROPFENS

Für das Pfropfen braucht man außer Unterlage und Pfröpfling verschiedene Hilfsmittel. Folgende Gegenstände sollte man schon vorher zurechtlegen:

1. Zwei Pfropfmesser aus rostfreiem Stahl mit gerader Schneide und zugespitztem Ende. Der gerade Teil eines Messers sollte etwa 20 cm lang sein, damit ein langer, gezogener, ununterbrochener Schnitt in einer Richtung möglich ist. Das andere Messer kann kürzer und dünner sein.
2. Rasierklingen, die hauptsächlich bei der Sämlingspfropfung gebraucht werden.
3. Gummiringe sind in Drogerien erhältlich. Weiche und sehr elastische werden bevorzugt. Sie sollen etwa 1 mm breit sein.

4. Eine Schere dient zum Abschneiden von Dornen, die das Hantieren mit dem Pfröpfling sonst erschweren oder unmöglich machen.
5. Aluminiumpulver und Haarpinsel braucht man zur Desinfektion der Schnittwunden.

Wer bisher noch nie Kakteen gepfropft hat, sollte sich ein Stück Stoff oder Watte vorbereiten, mit der die Unterlage eingehüllt werden kann. Beim Schneiden muß man die Unterlage fest in der Hand haben und gleichzeitig eine Berührung mit den Dornen vermeiden.

Am häufigsten wird das Pfropfen mit geradem Schnitt durchgeführt. Dies trifft hauptsächlich für kugelförmige und kurzsäulige Arten auf säulenförmigen Unterlagen zu. Zuerst schneidet man die Unterlage etwa 1 cm oberhalb der Stelle, wo später der Pfröpfling aufgesetzt werden soll. Dann schneidet man mit schrägem Schnitt die Ränder der Rippen weg. Man kantet sie so ab, daß ein Stumpfkegel entsteht. Der zweite Schnitt dient dazu, den ersten zu korrigieren. Der erste Schnitt ist nämlich fast nie vollständig glatt. Das läßt sich durch den zweiten, ziehenden und langen Schnitt erreichen. Das Messer soll eine glatte Schneide haben. Wenn der glatte Schnitt noch immer nicht gelingen sollte, führt man lieber einen weiteren durch, bis die Fläche ganz glatt ist. Damit die Schnittfläche während der Zeit, die man zur Vorbereitung des Pfröpflings braucht, nicht eintrocknet, läßt man die abgeschnittene Scheibe auf ihr liegen.

Ebenso geht man beim Pfröpfling vor. Man schneidet ihn waagerecht durch, mit schrägem Schnitt werden die Kanten entfernt und wenn nötig, wird der Ausgleichsschnitt durchgeführt. Auch beim Pfröpfling muß die Schnittfläche vollständig glatt sein. Nun entfernt man das deckende Scheibchen und setzt den Pfröpfling mit der ganzen Schnittfläche auf die Unterlage. Im Idealfall sollen Unterlage und Pfröpfling den gleichen Durchmesser haben. Dies ist aber keine Bedingung. Meistens ist der Pfröpfling größer oder kleiner. Nur die Leitbündelkreise müssen sich gegenseitig decken. Leitbündel sind in der Mitte der Schnittfläche als kreisförmige Gebilde sichtbar. Falls eine vollständige Deckung der Leitbündelringe nicht möglich ist, setzt man den Pfröpfling exzentrisch und zwar so, daß sich die Ringe wenigstens auf einer Seite decken oder sich gegenseitig überschneiden.

Unmittelbar nachdem man den Pfröpfling auf die Unterlage aufge-

Aporocactus flagelliformis (L.) LEM.

Heliaporus mallisonii HORT.

Epsis × Lobivia
'Zázrak nad Vltavou'
(hybrid)

Echinopsis obrepanda
(SD.) K. SCH.

Rhipsalidopsis rosea
(LAG.) BR. et R.

Parodia schützianа
JAJÓ

Parodia yamparesi CARD.

Neoporteria gerocephala Y. ITO

setzt hat, dreht man ihn etwas hin und her und übt gleichzeitig auf ihn einen leichten Druck aus, damit eine gute Adhäsion erreicht wird und die zwischen den Schnittflächen gebildeten Luftblasen verschwinden. Nun werden noch die Gummiringe überzogen, um den Pfröpfling auf der Unterlage zu fixieren. Eine gewisse Übung ist nötig, damit der Pfröpfling nicht abrutscht oder durch ungleichmäßigen Druck des Gummiringes weggedrückt wird. Den Gummiring zieht man über die Finger der rechten Hand. Wenn man die Finger auseinanderstreckt, wird der Gummiring gespannt. Jetzt nimmt man den Blumentopf mit der linken Hand, hebt ihn etwas an und mit der rechten Hand legt man den Gummiring unter den Topfboden. Nun stellt man den Topf wieder auf den Tisch, drückt ihn mit zwei Fingern fest gegen die Tischplatte und mit dem Zeigefinger hält man den Pfröpfling in der richtigen Lage. Dann spannt man den Ring über dem Scheitel und legt vorsichtig den Gummiring auf. Gewöhnlich werden zwei Gummiringe kreuzweise übereinander gelegt. Je größer die Pflanze ist, die man pfropft und je härter, desto mehr Gummiringe müssen sie auf die Unterlage pressen. Lieber nimmt man mehrere Gummiringe, die wenig spannen, als wenige mit einer hohen Spannkraft. Der Pfröpf-

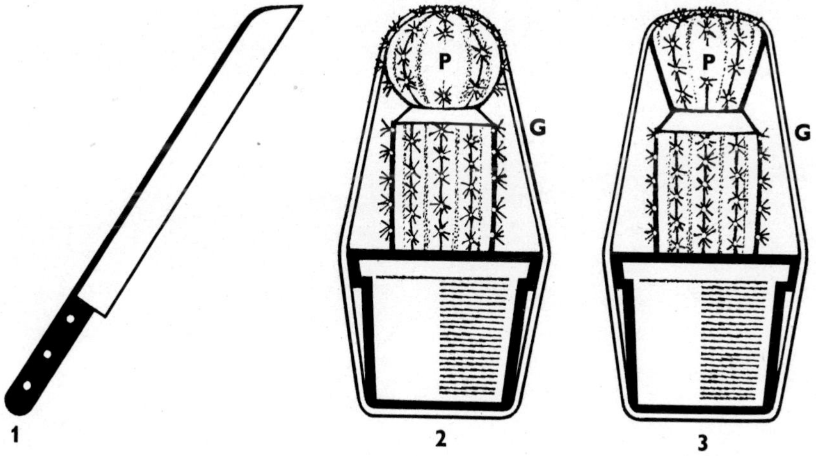

Pfropfen. 1 = Pfropfmesser soll eine lange, gerade Schneidc haben; 2 = Pfropfen auf einen Cereus; 3 = Pfropfen einer Kristat-Form; G = Gummiring; P = Pfröpfling.

ling darf durch allzu großen Druck der Gummibänder nicht zerdrückt werden.
Den Umgang mit den Gummiringen sollte man zuerst üben. Für die ersten Versuche sollte man lieber eine dickere Unterlage und als Pfröpfling eine nicht besonders seltene Art auswählen. Je größer die Unterlage ist, desto größer ist auch die Assimilationsfläche und desto üppigeres Wachstum ist zu erwarten. Allzu hohe Unterlagen wirken jedoch bei den kugelförmigen Kakteen optisch nicht gut. Deswegen wird meist etwa 10 cm oberhalb der Topfoberfläche gepfropft. Die Unterlage wirkt nicht mehr so auffällig und nach einiger Zeit erkennt man nicht mehr, daß es sich um eine gepfropfte Pflanze handelt. Den Pfröpfling schneidet man immer an einer möglichst breiten Stelle und achtet darauf, daß er nicht viel höher als breiter ist. Hohe Pfröpflinge sind labil und oft auch so biegsam, daß es eine Kunst ist, sie in richtiger Lage zu befestigen.
Man soll nur bei günstigem Wetter, wenn es warm und trocken ist, pfropfen. Dann erfolgt das Zusammenwachsen sehr schnell. Kleine Pfröpflinge wachsen oft schon binnen 24 Stunden an. Pfröpflinge mit einer breiteren Schnittfläche brauchen eine ganze Woche oder noch mehr. Die Gummiringe sollte man nicht allzu bald abnehmen. Wenn die gepfropfte Pflanze das Wasser anzusaugen beginnt, können Risse entstehen und das frische Gewebe an der Pfropfstelle beschädigt werden.
Die frisch gepfropften Pflanzen stellt man zunächst schattig auf. Wenn es nach dem Pfropfen regnet und die Luftfeuchtigkeit steigt, besteht die Gefahr, daß die Schnittfläche von Fäulnispilzen angegriffen wird. Um das zu verhindern, bestäubt man die Schnittfläche unmittelbar nach dem Pfropfen mit Aluminiumstaub. Dazu lassen sich etwa 5 % irgendeines Fungizids beimischen. Seitdem die Behandlung der Pfropfstellen durchgeführt wird, sank die Zahl der Verluste beim Pfropfen von ursprünglich 10 % auf etwa 1 % der gepfropften Pflanzen.

ANDERE PFROPFARTEN

Durch oftmaliges Pfropfen gewinnt man Übung und Sicherheit. Ein großer Künstler auf diesem Gebiet war der vor wenigen Jahren gestorbene Kakteenzüchter Ludvik Kozelský. Er hat viele verschiedene Pfropfarten ausprobiert, die unter gewissen Umständen Bedeutung haben können. Von den zahlreichen Varianten sollen die wichtigsten beschrieben werden.

Wenn man auf hohe Unterlagen z. B. Cereen pfropft, ist es nicht möglich die Gummiringe unter den Topf zu legen. Man hakt sie einfach an die Dornen der Unterlage ein. In solchen Fällen werden die Gummiringe zuerst auf den Pfröpfling gelegt. Es kann auch vorkommen, daß die Dornen der Unterlage nicht genügend fest sind, so daß die Gummiringe nicht haften. In solchen Fällen legt man einen Gummiring um die Unterlage herum. An diesem Ring befestigt man etwa vier Häckchen aus Draht. Dann setzt man den Pfröpfling auf die Unterlage, legt die Gummiringe über den Scheitel und befestigt sie an den Häkchen. Auf diese Art kann man z. B. einen 2 m hohen *Cereus* bequem pfropfen, wobei man bald besonders schöne Pflanzen erzielt.

Opuntien machen besonders deswegen Schwierigkeiten, weil ihre Glieder nicht rund, sondern flach sind. Auch der Leitbündelring ist nicht kreisförmig und befindet sich auch nicht in der Mitte der Schnittfläche. Er bildet eine hellere, ovale Linie in der unmittelbaren Nähe der Epidermis. Aber auch hier müssen sich die Leitbündel wenigstens teilweise decken. Da die Schnittfläche bei Opuntien außerdem viel glitschiger ist als bei den Cereen, erfordert das Überziehen der Gummiringe eine weit grössere Geschicklichkeit und Erfahrung. Es geht darum, den Pfröpfling auf der Schnittfläche aufrecht zu halten und gleichzeitig den Zug des Gummibandes auf beiden Seiten ins Gleichgewicht zu bringen. Um dies zu erleichtern, legt man den Gummiring gewöhnlich nicht unter den Topf, sondern man hängt ihn an ein Stück Holz, mit dem vorher das Opuntienglied durchstochen wurde. Den Pfröpfling fixiert man am besten so, daß man den Gummiring etwa 3 cm unterhalb der Pfropfstelle mit Daumen und Zeigefinger der linken Hand an die beiden flachen Seiten der Opuntie andrückt. Dann zieht man einen anderen Gummiring horizontal um die Unterlage herum. Dieser Querring wird das senkrechte Gummiband dicht am Körper der Unerlage halten und das Abrutschen der aufgepfropften Pflanze verhindern. Oft pfropft man auf Opuntien dünnere Kakteen, z.B. *Aporocactus flagelliformis, Chamaecereus silvestrii* oder einen schwachen *Echinocereus.* In solchen Fällen schneidet man den Pfröpfling nicht quer, sondern der Länge nach. Ein so vorbereiteter Sproß liegt dann auf der ganzen Schnittfläche der Opuntie und man kann ihn bequem an mehreren Stellen mit Gummiringen anpressen. Diese Arten treiben gleichzeitig aus mehreren Areolen und es entstehen schöne Sträucher, die der natürlichen Wuchsform entsprechen.

Eine andere Möglichkeit des Pfropfens dünner Triebe ist die Spaltpfropfung. Der Pfröpfling wird unten keilförmig zugeschnitten und die Unterlage erhält einen entsprechenden Einschnitt in der Form eines V. Den Pfröpfling schiebt man in den V—förmigen Spalt ein und verbindet das Ganze mit einem durchgesteckten Dorn. Eine Stecknadel sollte man nicht verwenden, weil sie bald rostet.

An Opuntien lassen sich noch andere Pfropfvarianten praktizieren. So soll ein treppenartiger Schnitt das Abrutschen des Pfröpflings verhindern. Oder man legt ihn von der Seite an, d. h. auf die flache Seite der Unterlage, wo vorher die Epidermis entfernt wurde. Diese Pfropfarten werden nur selten und nur von sehr erfahrenen Kakteenfreunden angewandt. Sie erfordern große Fingerfertigkeit und Erfahrung, damit sich beide Teile gut decken. A. V. Frič hat oft das Pfropfen in eine Vertiefung praktiziert. In diesem Falle wurde die Unterlage nicht gerade durchgeschnitten, sondern es wurde eine konkave Vertiefung herausgeschnitten. Der Schnitt am Pfröpfling muß genau dieser Form entsprechen. Dadurch wurde ein besserer Sitz des Pfröpflings auf der glitschigen Unterlage erreicht.

Das Pfropfen mit einem Nagel ist dagegen eine leichte und sehr

Verschiedene Pfropfarten. 1 = Pfropfen auf eine Opuntie; 2 = Keilpfropfung; 3 = Anplatten (der Pfröpfling ist der Länge nach geschnitten); 4 = Treppenartiges Pfropfen; 5 = Pfropfen auf eine Peireskia in den Spalt; 6 = Pfropfen auf einen unbewurzelten Cereus; 7 = Pfropfen auf eine hohe Unterlage mit Hilfe der Häckchen; 8 = Pfropfen auf eine ausgepflanzte Unterlage; 9 wie 8, aber mit seitlichen Gewichten; D = Dornen; GS = kleine Gewichte, dienen zum Spannen des Gummiringes; H = ein Stück Holz, mit dem das Opuntienglied durchgestochen wurde; dient zum Festhalten des Gummiringes; HD = Häckchen aus Draht; WG = waagrechter Gummiring;

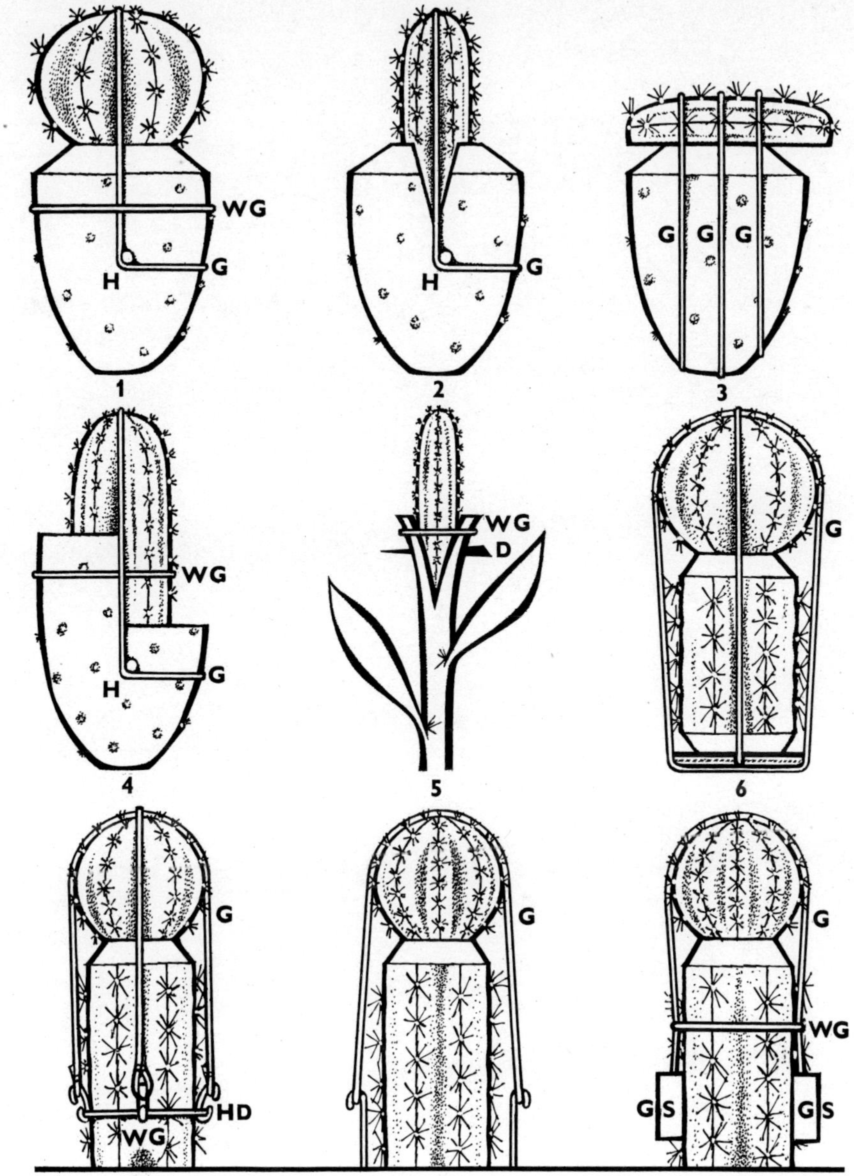

WG
G
H
1
G
H
2
G G G
3
WG
G
H
4
WG
D
5
G
6
G
HD
WG
7
G
8
G
WG
G S
G S
9

effektvolle Methode. Besonders gern hat es L. Kozelský bei seinen zahlreichen Pfropfkursen vorgeführt. Man nimmt z.B. einen schlanken Zweig der *Wilcoxia viperina* und spitzt ihn am unteren Ende wie einen Bleistift zu. Dann wird mit einem stärkeren Nagel in einen abgeschnittenen *Cereus* ein Loch gebohrt, in das das zugespitze Pfropfstück fest eingesteckt wird. Das Zusammenwachsen erfolgt ohne Gummibänder oder eine andere Sicherung.

Auf die dünnen Stämmchen der *Peireskia* wird hauptsächlich in den Spalt gepfropft. Man schneidet die *Peireskia* in entsprechender Höhe zunächst quer und dann macht man von oben einen senkrechten, etwa 1 cm langen Einschnitt. Ein Glied des *Zygocactus* schneidet man von beiden Seiten leicht an und schiebt es in den Spalt der Unterlage. Etwa 3 mm unterhalb des oberen Spaltrandes steckt man einen längeren Dorn durch Unterlage und Pfröpfling. Dann drückt man den oberen Rand des Einschnittes mit einer Klemme, z.B. einer Wäscheklammer, zusammen und umwinden ihn mit einem Stück Bast. Die Klemme wird beseitigt, sobald der Pfröpfling zu wachsen beginnt. Den Dorn zieht man jedoch nicht heraus.

Bisher war vom Pfropfen auf schon bewurzelte Unterlagen die Rede. Es ist aber auch möglich, auf wurzellose Unterlagen mit Erfolg zu pfropfen. Ein Opuntienglied läßt sich abschneiden und kann sofort mit einem Pfröpfling besetzt werden. Dies ist sogar leichter durchzuführen als das Pfropfen auf gepflanzte Opuntien. Den Gummiring zieht man entweder über das ganze Glied oder über das Hölzchen, mit dem es durchgestochen wurde. Falls man den Gummiring über das ganze Glied ziehen will, sollte im unteren Teil des Gliedes ein kleiner Einschnitt gemacht werden, damit das Gummiband nicht abrutschen kann. Ist das Opuntienglied noch weich (noch junges Gewebe), so daß es durch den Zug des Gummiringes gekrümmt werden könnte, stabilisiert man es mit zwei Holzstücken, die man mit einigen quer gelegten Gummibändern befestigt. Der Pfröpfling wächst normal zu und die Unterlage, die man wie einen Steckling behandelt, wird sich bald bewurzeln.

Auch auf unbewurzelten Eriocereen, vor allem *Eriocereus jusbertii,* läßt sich in dieser Art pfropfen. Lange Triebe zerschneidet man in 8 bis 10 cm lange Stücke und pfropft auf das obere Ende. Nach dem Abtrocknen der unteren Schnittfläche bewurzeln sie sich leicht. In der beschriebenen Art und Weise kann man auf Opuntienglieder und Stücke der *Eriocereus jusbertii* auch in der Vegetationsruhe pfropfen. Besonders günstig ist der Monat Februar. Frische Pfropfungen stellt man warm, zum Beispiel oberhalb der Heizkörper und hält sie bei 30 °C. Sie verwachsen sehr zuverlässig und im Frühjahr bewurzeln sie sich zum Vegetationsbeginn gleichzeitig mit anderen Kakteen.

Die Kammformen oder Kristaten werden fast ausschließlich gepfropft kultiviert. Wer diese Besonderheiten sammeln will, muß das Pfropfen gut beherrschen und immer einige Unterlagen bereit halten. Es eignen sich alle höheren Trichocereen, hauptsächlich *Trichocereus macrogonus.* Bei den Kristaten sind die Leitbündel in zwei parallel verlaufenden Reihen angeordnet, ähnlich wie bei den Opuntien. Auch hier ist es wichtig, daß sich die Gefäßbündel des Pfröpflings und der Unterlage wenigstens teilweise decken oder überschneiden. Um Pfröpflinge zu gewinnen, schneidet man die Enden der Kämme mit einem senkrechten Schnitt ab. Die abgeschnittenen Teile werden bald ersetzt, da die Kristaten in der Richtung des Kammes weiterwachsen. Der abgeschnittene Teil ist gewöhnlich gekrümmt und die untere Seite muß mit einem waagrechten Schnitt geebnet werden. So erhält man eine gerade Schnittfläche, an der Pfröpfling und Unterlage zusammenwachsen können. Für die Kristate eignen sich höhere Unterlagen besser. Deswegen müssen die Gummiringe an den Dornen oder Häkchen eingehängt werden.

SÄMLINGSPFROPFUNG

Oft ist es nötig und zugleich vorteilhaft, ganz kleine Sämlinge zu pfropfen. Auf diese Weise können Sämlinge empfindlicher Arten das kritische Stadium, in dem die meisten Verluste drohen, überwinden. Sobald der Sämling angewachsen ist, ist er nicht mehr so empfindlich und unter den richtigen Bedingungen entwickelt er sich sehr schnell. Durch die Sämlingspfropfung wird das Wachstum um das 5- bis 6fache beschleunigt. Bei zeitiger Pfropfung im Frühjahr, im März oder April, können Pfröpflinge vieler Arten im gleichen Jahr das zweite Mal geschnitten werden. Den oberen Teil pfropft man wieder auf eine neue Unterlage, der untere wird sprossen und es entsteht eine

Mutterpflanze. Bei einigen Arten, namentlich bei seltenen chilenischen Kakteen können solche Mutterpflanzen nur aus ganz jungen Sämlingen gezogen werden, da sie aus älteren Areolen nie sprossen würden. Bei gepfropften Sämlingen tritt viel früher die Blüte ein als bei den wurzelechten Kakteen.
Sämlinge werden entweder auf kleine *Echinopsis* oder auf ganz junge Cereen und eventuell *Peirekiopsis* gepfropft. In der Tschechoslowakei ist das Pfropfen auf *Echinopsis* am weitesten verbreitet und einige Züchter haben eine hohe Vollkommenheit erreicht. Namentlich war es der Kakteenzüchter Jan Suba, der sich auf diese Pfropfart spezialisiert hat. Die im Januar oder Februar gekeimten Sämlinge haben oft schon im August des gleichen Jahres geblüht. Durch seine Erfolge ist er bei den Kakteenfreunden in aller Welt berühmt geworden. Deutsche Kakteenliebhaber bevorzugen das Pfropfen auf Sämlinge schnell wachsender Selenicereen. Die Pfröpflinge wachsen zwar langsamer, aber es wird dafür öfter eine dauernde Verbindung erreicht. Das Pfropfen auf *Peireskiopsis* hat sich erst vor rund 30 Jahren und zwar in Japan verbreitet. Die besonderen Vorteile dieser Pfropfart bestehen in der Möglichkeit einer sehr schnellen Vermehrung der Unterlagen als auch eines sehr raschen Wuchses der Pfröpflinge. Das Prinzip des Pfropfens ist bei allen genannten Unterlagen das gleiche. Die Leitbündel des Sämlings müssen genau an der Stelle anwachsen, wo sich die Gefäßbündel der Unterlage befinden. Am Querschnitt des winzigen Sämlings ist das Leitbündel nur als ein hellerer Punkt in der Mitte der Schnittfläche sichtbar. Der Sämling ist deshalb etwas exzentrisch zu setzen, damit dieser Punkt mit irgendeiner Stelle des Leitbündelrings der Unterlage in Berührung kommt. Sollte sich die Zentralachse des Sämlings innerhalb des Leitbündelrings befinden, könnte sich der Pfröpfling nicht weiter entwickeln, es sei denn, daß er fest angewachsen ist.
Zum Durchschneiden der Sämlinge eignet sich eine Rasierklinge am besten, von der man den geschnittenen Sämling direkt auf die Unterlage schieben kann. Besonders gut wachsen Sämlinge an und wachsen auch besser weiter, die im unteren Drittel, wo sie auch die größte Breite haben, geschnitten wurden. Für die Sämlingspfropfung sollten Echinopsen, die nur 1 bis 2 cm breit sind, bevorzugt werden. Der Schnitt ist ziemlich niedrig zu führen, d.h. dort, wo der Leitbündelring

Melocactus acunai Léon

Gymnocalycium vatteri BUIN.

Sulcorebutia rauschii FRANK

Pterocactus hickenii
BR. et R.

Sulcorebutia taratensis
(CARD.) BACKBG.

Opuntia (syn. *Tephrocactus*) *alexandrii* var. *bruchii* (SPEG.) ROWL.

schon deutlich sichtbar ist. Wenn man in allzu großer Höhe schneidet, erscheint die Zentralachse nicht als Ring, sondern nur als heller Punkt. Wenn die Vegetationsmitte der Unterlage frei bleibt, wird ein neuer Kopf austreiben. Dieser Kopf drückt den Pfröpfling zur Seite oder durchwächst ihn sogar.

Wenn man auf Cereensämlinge pfropft, schneidet man mit der Rasierklinge nur etwa eine 3 mm hohe Spitze ab. Diese Unterlagen sollten noch ganz junge Sämlinge sein, die nur etwa 4 cm hoch sind. Die Leitbündel sind bei ihnen ebenso groß wie bei den Pfröpflingen, die sich somit genau in die Mitte setzen lassen.

Zum Pfropfen auf *Peireskiopsis* nimmt man grundsätzlich für die Anzucht der Unterlagen nur ganz junge Triebe. Man schneidet von älteren Pflanzen etwa 4 cm lange Triebe, die mindestens vier gut entwickelte Blätter haben. Die Triebe werden wie Stecklinge behandelt, man läßt sie aber nicht abtrocknen, sondern steckt sie sofort nach dem Abschneiden in eine lockere Erdmischung. Die Bewurzelung erfolgt bald und auch das Wachstum ist üppig. Man pfropft auf den jüngsten Teil der Unterlage, nur 3 bis 5 mm unterhalb des Scheitels. Das Leitbündel soll nur als kleiner heller Punkt sichbar sein. Den

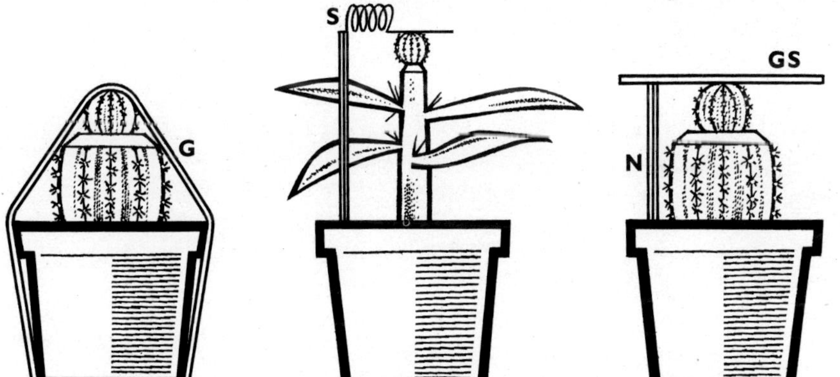

Sämlingspfropfung. 1 = Pfropfung mit Hilfe Gummiring G; 2 = Pfropfen auf Peireskiopsis; S = kleine Spirale aus Draht; 3 = Glasstreifenmethode; N = Namensschild als Stütze für das Glasstreifchen GS.

Sämling setzt man Mitte auf Mitte. Wenn die Unterlage nur ein wenig niedriger geschnitten wird, erscheint schon ein deutlicher Ring in der Nähe der Epidermis. In dem Falle muß der Pfröpfling etwas exzentrisch gesetzt werden, damit die Achse des Sämlings mit dem Leitbündelring der Unterlage in Berührung kommt. Man pfropft nur sehr junge Sämlinge auf sehr junge Teile der Unterlage. Beide Gewebe wachsen sehr schnell zusammen. Bei älteren Sämlingen oder beim Pfropfen auf einen reiferen Teil der Unterlage sind die Erfolge meist weniger gut.
Größere Sämlinge, die schon eine festere Konsistenz haben, befestigt man auf der Unterlage (*Echinopsis*) mit Hilfe von Gummibändern. Winzige und noch weiche Keimlinge könnten jedoch durch den Druck eines selbst sehr schwachen Gummirings zerquetscht werden. Statt dessen nimmt man einen Baumwollfaden, der mit einem Stück Gummi verlängert wurde, so daß der Faden nur eine leichte Spannung ausübt. Auch die „Glasstreifchen-Methode" hat große Vorteile. Das Prinzip ist sehr einfach. Man nimmt einen Streifen Fensterglas (1 cm breit, 6 cm lang) und legt ihn mit einem Ende auf den Sämling und mit dem anderen auf einen leeren Topf oder einen anderen Gegenstand. Die wagrechte Lage des Streifens muß gesichert sein. Der geringe Druck der Glasscheibe genügt für ein sicheres Zusammenwachsen vollständig. Beim Pfropfen auf *Peireskiopsis* und Cereensämlinge ist nur diese Methode anwendbar. Die notwendige Adhäsion wird auch dann erreicht, wenn die Sämlinge nur mit der Hand auf diese Unterlagen gedrückt werden. Man braucht sie dann nicht mehr zu belasten und sie werden auch so gut zusammenwachsen. Das hat sich hauptsächlich beim Pfropfen auf *Peireskiopsis* bewährt.
Frisch gepfropfte Sämlinge wachsen mit der Unterlage schon binnen weniger Stunden zusammen. Man sollte sie in einem warmen Raum und im Schatten, aber nicht in völliger Dunkelheit aufstellen. Auf *Peireskiopsis* pfropft man am besten abends, denn dadurch wird Verlusten vorgebeugt, die durch den Temperaturanstieg während des Tages verursacht werden. Alle Unterlagen werden immer einen Tag vor dem Pfropfen gründlich gegossen. Die Universalunterlage für Sämlinge aller Kakteenarten ist *Echinopsis*. In den letzten Jahren hat sich auch das Pfropfen auf *Peireskiopsis* sehr verbreitet und man hat festgestellt, daß auch diese Unterlage die Mehrzahl der Arten

annimmt. Die Selenicereensämlinge nehmen zwar die Pfröpflinge gut an, sehr oft zeigen sich jedoch Folgen schlechter Affinität.

PFROPFAPPARATE

Der Erfindergeist der Kakteenfreunde ist mitunter sehr groß und dann wann erscheinen verschiedene Verbesserungen und Hilfsmittel, die das Pfropfen erleichtern sollen. In diesem Zusammenhang wurden verschiedene Pfropfapparate entwickelt. Meist handelt es sich um eine schmale Holzsäule, die auf einem Grundbrett befestigt und in verschiedenen Höhen mit Einschnitten versehen ist. In diese Einschnitte werden federnde Metallstreifen gesteckt, die den Pfröpfling auf die Unterlage drücken. Zwischen Metallfeder und Pfröpfling wird ein Stück Filz als Schutz gegen mechanische Verletzungen eingelegt. Ein anderes Hilfsmittel ist der Pfropfring. Das ist ein Metallring mit etwa 6 cm Druchmesser, den man leicht auf die Unterlage aufstecken kann. Der Ring ist mit Kerben versehen, damit sich die Gummiringe, die den Pfröpfling leicht andrücken, kreuzweise anbringen lassen. Die Gummiringe werden durch das Gewicht des an ihnen hängenden Metallrings gespannt gehalten.

Die meisten Hilfsmittel wurden mit der Absicht gebaut, das Andrükken der Sämlinge auf die Unterlage zu erleichtern. Ein mit dem Nagel durchgestochenes Etikett, ein im rechten Winkel gebogenes Stück Draht oder ein dünner spiralenartig eingerollter Draht, der auf ein Hölzchen befestigt wurde, sind Vorrichtungen, die unter Umständen recht nützlich sein können. Ein Teil wird immer neben der Unterlage in das Substrat gesteckt, das andere Ende dieser Hilfsmittel lehnt sich leicht auf den Pfröpfling. Beim Pfropfen auf *Peireskiopsis* haben sich auch gläserne Tablettenröhrchen oder Reagenzgläser bewährt. Sie werden ganz einfach auf die Unterlage gesteckt. Der Pfröpfling wird durch ein Stück in das Röhrchen eingeschobener Watte angedrückt. Alle diese, manchmal zwar recht mühselig entwickelten Hilfsgeräte haben sich in der Praxis nicht bewährt. Es wäre besser, das Pfropfen mit Gummiringen gründlich zu lernen. Das ist weit einfacher und zuverlässiger. Bei kleinen Sämlingen ist die Glasstreifchen-Methode die beste.

Die Pfropfapparate wird auch diese einfache Einrichtung ersetzen: Ein Glasstreifchen oder ein Etikett wird zwischen zwei kleine, prismatische Magnetstücke geklemmt und durch die Anziehungskraft der Magnete an einer eisernen Platte oder an einer Blechkanne befestigt. Die Etikette lassen sich in solcher Lage fixieren, daß sie mit einem Ende auf den Pfröpfling einen leichten Druck ausüben. Am besten wird das im Bild veranschaulicht.

ÜBERPRÜFUNG DES PFROPFERFOLGES

Gewisse Zeit nach dem Pfropfen nimmt man die Gummiringe ab und es bleibt nur die Überprüfung, ob die Arbeit erfolgreich war. Wenn beide Teile im ganzen Umfang zusammengewachsen sind, ist das ein Zeichen, daß alles in Ordnung ist. Wenn der Pfröpfling das Wasser anzusaugen beginnt, macht er oft den Eindruck, als hebe er sich von der Unterlage ab. Es kommt auch vor, daß das Kopfstück nur teilweise angewachsen ist. In diesem Fall befindet sich zwischen Pfröpfling und Unterlage eine Lücke. Ein solcher Pfröpfling kann zwar gut wachsen, eine völlige Verbindung ist dies jedoch nicht.
Manchmal ist der Pfröpfling scheinbar gut angewachsen, zeigt aber keine Weiterentwicklung. Im Gegenteil, er schrumpft und wird immer kleiner. Das bedeutet, daß sich entweder die Unterlage mit der gepfropften Art nicht verträgt oder daß sich die Gefäßbündel nicht decken und die Säfte nicht strömen können. Wenn dann noch die Unterlage zu übermäßiger Sproßbildung neigt, ist es das beste, den Pfröpfling abzunehmen und umzupfropfen. Oft läßt er sich leicht abziehen und man sieht, daß er schon kurze Würzelchen gebildet hat. Man läßt ihn einige Tage abtrocknen und bewurzelt ihn wie einen Steckling.
Nach einer gelungenen Pfropfung bietet die Unterlage der aufgepfropften Pflanze einen mächtigen Nährstoffstrom. Das ist sehr günstig besonders bei den Arten, die in der Natur größere Ausmaße erreichen. Bei Zwergkakteen hat eine allzu üppig wachsende Unterlage keine gute Wirkung. Sie zwingt den Pfröpfling entweder zu unnatürlicher Größe oder zum übermäßigen Sprossen. Gegebenenfalls verursacht sie auch andere Deformationen. Diese Wirkung läßt bis zu

einem gewissen Grad durch eine Erdmischung mit wenig Stickstoff, aber genügend Phosphor und Kali ausgleichen. Unnötiges Schattieren unterbleibt oder man hält die Kakteen im Freien ohne Glas.

Manchmal entwickelt sich die gepfropfte Pflanze anfänglich gut, stellt dann plötzlich das Wachstum ein und die Unterlage sproßt, oder der Pfröpfling schrumpft, während die Unterlage hart und voll mit Wasser ist. Das ist ein Zeichen, daß die Verbindung beider Teile unterbrochen wurde. Zwischen Unterlage und Oberteil entwickelt sich eine korkartige Zellenschicht. Es bleibt nichts anderes übrig, als das Pfropfstück abzuschneiden, das abgestorbene Gewebe zu entfernen und den abgeschnittenen Teil wie einen Steckling zu behandeln.

Die weitere Pflege der gepfropften Pflanzen ist leichter als die der wurzelechten. Man pflanzt sie in eine nährstoffreiche Erde und sorgt für gleichmäßige Feuchtigkeit.

Die Unterlagen könnten von den Pfröpflingen ausgesaugt werden. Das kommt besonders im Winter vor, wenn die Pfröpflinge schon zu wachsen beginnen ohne Rücksicht darauf, daß die Unterlagen noch ruhen. Deswegen sollte das Substrat bei gepfropften Pflanzen auch im Winter mäßig feucht gehalten werden. Das setzt auch eine etwas höhere Temperatur voraus.

Manche Unterlagen können nach einigen Jahren verholzen. Das ist insofern günstig, als eine verholzte Unterlage nicht mehr ausgesaugt werden kann. Ihre Wurzeln gewähren der aufgepfropften Pflanze für viele Jahre eine gute Entwicklung. Die gepfropften *Peireskiopsis* bilden bald neue Sprosse aus. Sie schöpfen die Säfte zum Nachteil des Pfröpflings ab. Man entfernt sie durch Ausbrechen und zwar so, daß auch die Augen beseitigt werden. So verhindert man das wiederholte Austreiben.

GEWEBEKULTUR

Die Vermehrung durch Gewebe- oder Meristemspitzenkultur ist eine Entwicklung aus neuerer Zeit. Sie bedeutet einen erstaunlichen Fortschritt in der vegetativen Vermehrung der Pflanzen. Diese Methode besteht stark vereinfacht darin, daß ein Stück pflanzlichen Gewebes unter sterilen Bedingungen in ein Reagenzglas mit einem Nährsubstrat übertragen wird. Das Dauergewebe muß wieder zur Zellteilung angeregt werden. Zur besseren Belüftung des flüssigen Nährmediums wird das Reagenzglas mit dem Gewebestück durch eine spezielle Apparatur ständig gedreht.
Wenn Gewebe in ausreichender Menge vorhanden ist, wird es aus dem Reagenzglas herausgenommen und in mehrere Stücke aufgeteilt, die wieder in andere Gläser übertragen werden, wo sie sich weiterentwickeln. Wenn die richtige Wuchsstoffkombination vorhanden war, entwickeln sich aus dem Grundgewebe normale Pflänzchen. So entstehen „in vitro“ („im Glas“) ganze Populationen, die alle Merkmale und Eigenschaften der Mutterpflanzen aufweisen. Diese Methode hat sich besonders bei der Vermehrung seltener Orchideen bewährt. Auf diese Weise werden heute auch Chrysanthemen, Pelargonien und andere Pflanzen vermehrt. Ein weiterer wesentlicher Vorteil ist auch darin zu sehen, daß die so vermehrten Pflanzen zum größten Teil ohne Krankheiten sind, da das herauspräparierte Gewebe in der Regel vollständig krankheitsfrei ist.
Es wurde bewiesen, daß auf diese Weise auch Kakteen vermehrt werden können. Die Kultur muß unter absolut sterilen Bedingungen, bei dauernder Beleuchtung und gleichmäßiger Wärme von 35 °C erfolgen.

VERMEHRUNG DURCH SAMEN

BLÜTEN, BEFRUCHTUNG UND SAMEN

Die Ansicht ist noch immer verbreitet, daß Kakteen nur einmal in sieben Jahren oder sogar nur einmal während ihres Lebens blühen. Zahlreiche Kakteen, die in den Sammlungen überreich blühen, beweisen das Gegenteil. Alle Kakteen können alljährlich Blüten entwickeln, und viele tragen Blüten sogar vom Frühjahr bis zum Herbst. In der Mehrzahl blühen sie jedoch nur einmal pro Jahr und immer zu einer bestimmten Zeit. Einige zeigen ihre Blüten schon zeitig im Frühjahr, andere im Sommer oder im Herbst. Der *Zygocactus* gerade um Weihnachten, in der Mitte des Winters. Wenn einige Arten in Europa nicht blühen wollen, liegt es daran, daß sie in Kultur nie die nötige Größe erreichen können. In der Natur kommen sie als hohe Bäume oder umfangreiche Sträucher vor.

Kakteenblüten haben, wie Blüten anderer Pflanzen, männliche und weibliche Geschlechtsorgane, d.h. Staubfäden und Stempel. Die Befruchtung erfolgt, wenn der Pollen auf die Narbe übertragen wird. Die Pollenkörner keimen auf der Narbe, der Pollenschlauch durchwächst den Griffel und dringt in die Samenanlagen ein. Aus den befruchteten Samenanlagen entwickeln sich die Samen. Wer in der Sammlung blühende Kakteen hat, kann Samen von eigenen Pflanzen gewinnen. Jede Sammlung sollte sich durch eine gewisse Spezialisierung auszeichnen und gute Samen bestimmter Arten produzieren. Das erfordert mehrere Exemplare jeder Pflanze. Die überwiegende Mehrzahl der Kakteenarten ist selbststeril. Zur erfolgreichen Befruchtung braucht man zwei verschiedene Individuen derselben Art. Jede der Elternpflanzen muß jedoch aus einem anderen Samen stammen. Bei den selbststerilen heterogenen Arten können sich zwei Ableger derselben Mutterpflanze gegenseitig nicht befruchten. Um bei diesen Arten Früchte und Samen zu erhalten, wird mit einem feinen Haarpinsel der Pollen von der Blüte der einen Pflanze abgenommen und auf die Narbe der Blüte einer anderen Pflanze übertragen. Falls sich gleichzeitig mehrere Blüten entfaltet haben, lassen sich auch alle abwechselnd bestäuben.

Der Erfolg der Befruchtung ist besonders von der Qualität des Pollens abhängig. Guter Pollen ist wie feiner Staub und haftet leicht am Pinsel. Ein feuchter, zusammengeklebter Pollen ist oft keimunfähig. Die Narbe soll reif sein, d.h. die Narbenlappen sollen ausgebreitet sein und eine klebrige Oberfläche haben. Der Pollen kann auch auf eine noch nicht ganz reife Narbe übertragen werden. Die Pollenkörner bleiben einige Zeit lebendig und wenn die Narbe reif ist, kommt es oft doch noch zu der Bestäubung.

Pollen lassen sich auch konservieren. Es kommt oft vor, daß Blüten, die gegenseitig bestäubt werden sollen, nicht gleichzeitig blühen. Für diesen Falle überträgt man den Blütenstaub auf ein Kärtchen aus stärkerem Papier und steckt es in ein Kuvert. Auf dem Umschlag notiert man genau den Namen der Pflanze und das Datum der Pollenentnahme. Der Pollen wird an einem kühlen, aber trockenen Platz aufbewahrt. Wenn sich die Blüte der zweiten Pflanze öffnenet, versucht man die Befruchtung mit dem aufbewahrten Pollen. Der Erfolg ist zwar nicht garantiert, da die Lebensdauer der Pollen verschiedener Arten nicht immer gleich ist, aber bei Seltenheiten ist es immerhin einen Versuch wert. Manchmal ist es schon gelungen, eine Befruchtung noch nach 6 Wochen zu erreichen, während andere Pollen schon am zweiten Tage keimunfähig waren.

Wie bereits angeführt, braucht man in der Regel zwei verschiedene Exemplare derselben Art, um Samen zu gewinnen. Es gibt jedoch auch Kakteenarten, die sich selbst befruchten können. Man bezeichnet sie als selbstfertil oder autogam. Zur Befruchtung genügt eine Blüte. Bei solchen Pflanzen überträgt man den blüteneigenen Pollen von den Staubblättern auf die Narbe der gleichen Blüte; wieder mit einem Haarpinsel. Autogam ist z.B. *Echinocactus grusonii.* Auch einige Formen von *Gymnocalycium gibbosum* entwickeln nach Selbstbefruchtung normale Früchte.

Bei einigen Arten der Gattung *Frailea* ist es noch einfacher. Die Befruchtung erfolgt bereits in der Knospe. Die Blüte öffnet sich überhaupt nicht und die Frucht entwickelt sich direkt aus der Knospe. Sie enthält gut keimfähige Samen. Bei solchen kleistogamen Arten genügt ebenfalls eine Pflanze zur Samenproduktion.

Auch bei selbststerilen Arten gelingt manchmal die Bestäubung mit blüteneigenem Pollen. Man überträgt zuerst auf die Narbe den Pollen

Matucana haynei
(O.) BR. et R.

Submatucana paucicostata
(RITT.) BACKBG.

Mediolobivia spiralisepala SCHÜTZ

Sulcorebutia tiraquensis (CARD.) BACKBG.

Sulcorebutia kruegeri (CARD.) RITT.

Rodentiophila atacamensis RITT.

Epiphyllum hybr.

Uebelmannia pectinifera BUIN.

einer verwandtschaftlich sehr entfernten Art. Dann wird auf dieselbe Narbe alle fünf Minuten der eigene Pollen aufgetragen. Fremder Pollen kann zwar die Befruchtung nicht vollziehen, aber er schaltet auf eine bisher nicht ganz geklärte Weise die Selbststerilität aus. Auf der gereizten Narbe keimt nun der eigene Pollen und es kommt zur Selbstbefruchtung. Wir gewinnen artreine, nicht hybridisierte Samen. Bei einer größeren Anzahl von Arten hat sich der Pollen von *Astrophytum asterias* und *Hamatocactus setispinus* zum Brechen der Selbststerilität als besonders gut erwiesen. Bei Gymnocalycien wurde mit Erfolg der Pollen von *Gymnocalycium saglionis* erprobt. Es ist nochmals zu betonen, daß für die Reizung der Narbe ausschließlich Pollen verwandtschaftlich sehr entfernter Arten genommen werden darf. Wenn man die Selbstbefruchtung von *Astrophytum capricorne* erreichen will und den Pollen von *Astrophytum asterias* benutzt, wären Hybriden die Folge. Gleichfalls darf der Pollen von *Gymnocalycium saglionis* nicht auf die ähnlichen *Gymnocalycium pflanzii* oder *Gymnocalycium zegarrae* übertragen werden. Bei Rosen, Dahlien und anderen Zierpflanzen will man durch Kreuzung immer neue Kultivare hervorbringen. Dagegen schätzt man bei Kakteen grundsätzlich nur die reinen, botanischen Arten. Deswegen ist darauf zu achten, daß bei der Befruchtung nicht etwa hybridisierte Samen entstehen. Verdächtige Früchte sollte man lieber vernichten. Die Hybridisation ist nur für Untersuchungen oder die Forschung zulässig. Zielgerichtete Hybridisation ist eine komplizierte und anspruchsvolle Aufgabe. Gute Kenntnisse der genetischen Gesetze sind eine der Vorbedingungen. Bis man an das gewünschte Ziel gelangt, dauert es oft viele Jahre.
Hervorragende Erfoge wurden bei der Kreuzung von Epiphyten erzielt. Das ist ein Resultat zielstrebiger Arbeit mehrerer Generationen von Züchtern, die Hybridisation und Selektion gewissenhaft durchgeführt haben. Bei den Epiphyllen werden botanische Arten nur in Ausnahmen kultiviert. Ähnlich ist es bei den Gattungen *Zygocactus, Rhipsalidopsis* und anderen Kakteen, die als Zimmerpflanzen verbreitet sind. Interessante Formen wurden bei der Hybridisation von Astrophyten erreicht. Wer sich mit der Kreuzung beschäftigt, sollte seine Pflanzen nur mit einer deutlichen Kennzeichnung, daß es sich um Hybriden handelt, in Umlauf geben.
Wenn man besonders schöne Pflanzen erzielen will, sucht man für die

gegenseitige Befruchtung zwei herausragende Exemplare derselben Art aus. Man wählt z.B. Kakteen mit besondes langen Dornen oder mit farbigen und großen Blüten, eventuell mit intensiver Körperfarbe, schöngefärbter Bedornung usw. aus. Mit hoher Wahrscheinlichkeit ist zu erwarten, daß diese Eigenschaften auch bei der Nachkommenschaft, oft in gesteigertem Maße wieder auftreten. So gewinnt man Pflanzen, die zwar artecht sind und dabei charakteristische, aber qualitativ verstärkt ausgeprägte Merkmale besitzen. Die sorgfältige Auswahl der Eltern ist eine der Möglichkeiten, Pflanzen, die den Exemplaren der natürlichen Standorte gleichen, heranzuzüchten. Kakteen mit schlechten Eigenschaften, der Tendenz zum Kränkeln, mit reduzierten Dornen, Pflanzen, die schlecht oder in die Höhe statt in die Breite wachsen usw. kommen für die Samenproduktion nicht in Frage. Samen gesunder und wüchsiger Eltern keimen in der Regel besser und früher, und die Sämlinge wachsen auch üppiger als die Nachkommen minderwertiger Pflanzen. Auch bei den Kakteen gilt die alte Wahrheit, daß zwischen den Samen große Unterschiede auftreten.

Nach gelungener Bestäubung wird aus dem Fruchtknoten eine Frucht. Man läßt sie ausreifen, damit auch die Samen reif bzw. keimfähig werden. Daß die Frucht schon reif ist, erkennt man an den Beeren, die óm Zustand der Reife platzen. Bei den Gymnocalycien öffnet sich ein schmaler, senkrechter Riß, in dem man die reifen Samen erkennen kann. Die Früchte einiger Astrophyten öffnen sich sternartig mit dem Samen in der Mitte. Andere Astrophyten- Früchte platzen in ganzer Größe. Die Frucht von *Gymnocalycium denudatum* wird weich und zerfließt beinahe. Rebutien und Aylostereen haben trockene Früchte am unteren Teil des Körpers. Sie säen sich leicht selbst aus. Die reifen *Parodia-* Früchte sind von einer dünnen Haut eingehüllt, die leicht aufreißt und die Samen freilegt. Mammillarien und Melokakteen treiben reife Früchte aus den Axillen, manchmal ziemlich plötzlich. Die Melokakteen werfen sogar ihre Früchte von der Pflanze ab. Auch Coryphanthen pressen ihre reifen, verhältnissmäßig großen Früchte aus den Axillen in der Nähe des Scheitels.

Die Kakteenfrüchte lassen sich nach ihrer Konsistenz in zwei Kategorien, trockene und saftige, einteilen. Aus den trockenen Früchten läßt sich der Samen leicht herausnehmen. Man lagert sie in kleinen Papier-

säckchen. Der Umschlag wird immer mit dem Namen der entsprechenden Art oder Varietät oder der Nummer versehen, unter der die Mutterpflanze im Katalog der Sammlung geführt wird.
Samengewinnung aus saftigen Früchten verlangt mehr Arbeit. Zuerst müssen die Samen gut ausgewaschen werden. Dies sollte möglichst bald nach der Ernte erfolgen, damit sich das Fruchtfleisch nicht zersetzt und die Samen nicht von Schimmelpilzen angegriffen werden. Es wird manchmal behauptet, daß Samen in der Frucht länger ihre Keimfähigkeit behalten. Praktische Erfahrungen haben das nicht bestätigt. Die Samen legt man in einen Leinenlappen oder in einen Nylonstrumpf und formt ein kleines Säckchen. Man nimmt es in die linke Hand, taucht es in Wasser und reibt darin die Samen vorsichtig gegeneinander. Die Früchte werden zerquetscht, das Fruchtfleisch wird mit dem Wasser abgeschwemmt und die Samen bleiben im Säckchen. Die gereinigten Samen werden anschließend mit einer Desinfektionslösung, z.B. 1 g Chinosol/l Wasser oder einer satt rosa gefärbten Hypermanganlösung behandelt. Dann überträgt man die Samen auf ein Stück Papier, entfernt die trockenen Fruchtreste, die noch verblieben sind und lagert die Samenkörner wie üblich. Samenwäsche ist zwar eine langwierige, aber sehr wichtige Arbeit.

Aussaat

Die Kakteen werden am häufigsten durch Aussaat vermehrt. Die Aussaat ist auch eine der interessantesten Arbeiten des Kakteenfreundes. Im Vergleich mit der vegetativen Vermehrung hat die Aussaat zwei Hauptvorteile. Man erhält schneller eine größere Anzahl von Pflanzen und aus den Samen entstehen neue, gesunde Generationen. Das ist besonders bei Arten wichtig, die nach langjähriger, stetiger, vegetativer Vermehrung schon weniger wüchsig sind oder an verschiedenen Krankheiten leiden. Durch die Aussaat von Importsamen lassen sich die Sammlungen durch Neuheiten ergänzen. Die Aussaat zeigt überdies die ganze Variationsbreite, wie sie in der Natur vorkommt.

Für die Aussaat benützt man etwa 5 cm tiefe Schalen, damit zwischen der Glasscheibe, mit der man die Saatschale bedeckt, und der Oberfläche des Substrates ein etwa 3 cm hoher Zwischenraum entsteht. Diese Maßnahme soll die allzu hohe Erwärmung der Saat bei sonnigem Wetter verhindern.

Die Erdmischung für die Aussaat muß die besten physikalischen Eigenschaften haben. Gut hat sich eine Mischung von Ziegelsplitt (Körnung bis 3 mm) und Sand bewährt. Der Sand soll gut gewaschen sein, keine Lehmbestandteile enthalten und jeweils zur Hälfte grobe und feine Teile enthalten. Zeigelsplitt und Sand mischt man im Verhältnis 1 : 1 und fügt 15 % gesiebten Torf hinzu. Den Torf verwendet man in seiner natürlichen Beschaffenheit, nicht entsäuert. Eine solche Mischung hat die physikalischen Eigenschaften, die für die Aussaat notwendig sind, ist aber sehr nährstoffarm. Für die erste Bewässerung empfiehlt sich die übliche Nährstoffkonzentration von 1 g Vollnährsalz je Liter Wasser.

Das Substrat muß vor Gebrauch am besten durch Dämpfen desinfiziert werden. Der heiße Dampf soll wenigstens eine Stunde lang einwirken, um alle Moose, Algen und Schimmelpilze garantiert zu vernichten.

Alle Samen, sowohl die aus eigener Ernte, wie die anderweitig erworbenen, werden vor der Aussaat noch einmal gewaschen, desinfiziert und getrocknet. Dann beizt man die Samen z. B. mit Thiuram. Auch die Präparate wie Captan, die eine noch größere Wirksamkeit haben, können verwendet werden. In ein kleines Röhrchen z. B. von Tabletten wird einen geringe Menge des Beizmittels zusammen mit den Samen gegeben. Das Röhrchen wird mit einem Stöpsel verschlossen und so lange geschüttelt, bis alle Samen mit feinem Staub bedeckt sind. Andere Beizmittel, z. B. die Quecksilberpräparate können nicht für alle Arten empfohlen werden.

Das Aussaatsubstrat wird etwa 1,5 bis 2 cm hoch in die Saatschale geschüttet. Die Oberfläche wird glattgestrichen und in kleine, markierte Felder aufgeteilt. Der Samen wird über die ganze Fläche eines Feldes verteilt. Die Aussaat soll nicht zu dicht sein, um nicht vorzeitig pikieren zu müssen. Kakteensamen werden grundsätzlich nicht mit Substrat bedeckt. In älteren Anleitungen wurde noch empfohlen, die Samen mit einer gleichhohen Schicht, die der Größe des Samenkorns entspricht, abzudecken. Das ist falsch. Wenn die Kakteensamen gut keimen sollen, müssen sie auf der Oberfläche liegen. Man drückt sie nur mit einem flachen Gegenstand auf dem Substrat an. Die einzige Ausnahme bilden Opuntiensamen. Sie werden mit einer etwa 0,5 cm hohen Schicht des Aussaatsubstrates bedeckt.

Gleichzeitig mit der Aussaat notiert man, welche Arten sich in den einzelnen Feldern befinden. Wer eine größere Anzahl von Arten aussät, bezeichnet sie am besten mit Nummern und notiert sie in einem Verzeichnis. Zu jeder Nummer werden der Tag der Aussaat, der Artname, die Herkunft der Samen, der Keimbeginn und die Zahl der gekeimten Sämlinge vermehrkt. Solche Notizen sind manchmal selbst nach mehreren Jahren noch von großer Bedeutung.

Wenn alle Samen ausgesät sind, wird befeuchtet. Wir gießen die ganze Aussaat mit einem sehr feinen Sprühnebel; günstiger ist, das Substrat von unten anzustauen. Man nimmt weiches, abgekochtes Wasser mit etwas Vollnährsalz. Nach der Bewässerung deckt man die Saatschale mit einer Glasscheibe ab, die mit Kalk gestrichen wurde. Die Samen keimen am besten im Schatten, aber nicht in völliger Dunkelheit. Anstelle des Kalkanstrichs kann man mit einer oder mehreren Schichten Zeitungspapier schattieren. So schützt man die Aussaat vor direkter Sonne, die sonst den Samen unter der Glasscheibe verbrennen würde.

Nach dem Gießen muß die Aussaat angemessen Wärme erhalten. In älteren Kakteenbüchern empfahl man für eine optimale Keimung 25 bis 30 °C Wärme. Nach Erfahrungen vieler Praktiker keimen manche Arten bei niedrigerer Temperatur besser. Das betrifft u. a. hauptsächlich Parodien, Rebutien, Gebirgsgymnocalycien. Durch exakte Versuche in den letzten Jahren hat man überraschend niedrige Optimaltemperaturen für einige Arten festgestellt: *Rebutia minuscula* 15 °C, *Rebutia marsoneri* und *Oreocereus trollii* 15 bis 20 °C, *Cleistocactus straussii* 20 °C, *Cereus peruvianus* 20 bis 25 °C und *Astrophytum myriostigma* 20 bis 25 °C. Wenn diese Werte überschritten werden, beginnt die Keimfähigkeit schnell zu sinken. Einmal überhitzte Samen keimen selbst dann nicht mehr gut, wenn die Temperatur wieder auf das Optimum sinkt. Wenn man einmal die optimalen Keimtemperaturen aller Arten kennen wird, wird sich der Prozentsatz der Keimfähigkeit beträchtlich erhöhen. Das wird jedoch noch lange dauern, da man zur Durchführung exakter Versuche ziemlich komplizierte Apparaturen und große Mengen Samen braucht. Bei wärmeliebenden Arten sollte die Temperaturgrenze von 25 °C und bei Gebirgsarten von 20 °C nicht überschritten werden.

In der älteren Literatur wurde empfohlen, bei Kakteen eine gleichmäßige Temperatur einzuhalten. Später wurde behauptet, daß die Samen besser keimen, wenn die Temperatur schwankt, so daß sie tagsüber höher ist als in der Nacht. Die neuesten Versuche sprechen dafür, daß solche Schwankungen eher hemmend als stimulierend wirken.

Will man zeitig im Frühjahr oder sogar im Januar oder Februar aussäen, braucht man irgendeine Einrichtung zur Einhaltung einer ständigen, gleichmäßigen Temperatur. Zu diesem Zweck wurden einfache Saatbeete konstruiert, die aus zwei Teilen bestehen. Im Bodenteil befindet sich die Wärmequelle, im oberen Teil die Saatschale. Beide Elemente sind wasserdicht durch eine waagrechte Metallplatte, die auch die Wärme gut leitet, abgetrennt. Zwischen Trennwand und Saatschale muß ein Abstand von ca. 3 cm Höhe frei bleiben, damit Luft zirkulieren kann. Als Wärmequelle wird oft eine 25 W Glühbirne verwendet. Bei Sonnenschein muß die Heizung ausgeschaltet werden, damit sich die Samen und Sämlinge nicht übermäßig erwärmen. Es wäre am besten, wenn Ein- und Ausschalten der Heizung durch einen Thermostat automatisch geregelt würde. Eine gute Wärmequelle ist auch ein elektrisches Heizkissen. Das Heizkissen schützt man durch einen Plastiksack vor Feuchtigkeit und Schmutz. Jede derartige Bodenheizung sollte zunächst einige Tage ausprobiert werden.

Aber auch ohne beheiztes Saatbeet erzielt man gute Erfolge, wenn man die Aussaat verschiebt, bis die natürliche Wärme für die Keimung ausreicht. Parodien lassen sich schon im Dezember säen, da die Zimmertemperatur vollständig zum Keimen genügt. Die meisten Arten, hauptsächlich Mammillarien oder chilenische Kakteen sät man am besten im März oder April. Wärmeliebende Arten wie Astrophyten, Melokakteen und Pilosocereen bringen an den heißesten Sommertagen ein optimales Ergebnis, wohlverstanden im Schatten. Besonders gut keimen sie bei schwüler Hitze.

Ganz allgemein keimt frischer, soeben gereifter Samen am besten. Es gibt jedoch Arten, bei denen gerade frischer Samen meist ausfällt und erst ein oder zwei Jahre nach der Ernte einen höheren Prozentsatz erreicht. Erfahrene Züchter kennen diese Arten. Nach der Ernte keimen schlecht *Pyrrhocactus umadeave, Echinocereus subinermis, Mammillaria armillata, Mammillaria pilispina, Mammillaria vierekkii, Echinocactus horizonthalonius* u. a. Im ersten Jahre keimen die Samen von *Gymnocalycium friedrichii* oder *Gymnocalycium megatae* unbefriedigend. Noch weiß man nicht, wie man diese Arten zu besserer Keimung bringen könnte. Manchmal empfiehlt es sich, wenn man diese Samen drei Tage lang in weichem Wasser schwellen läßt. Samen gewisser Arten keimen während dieser Zeit schon im Wasser. Manche Spezialzüchter lassen Samen von *Frailea* auf diese Weise ankeimen. Die gekeimten Samen sinken zu Boden und man überträgt sie auf das Substrat. Leider ist der Keimvorgang anderer Arten bei weitem nicht so einfach. Astrophyten z. B. keimen oft schon am zweiten Tag, die Mehrzahl folgt binnen einer Woche. Echinocereen und Opuntien keimen erst nach viel längerer Zeit. Deswegen sät man Arten mit sehr unterschiedlicher Keimdauer nie in die gleiche Saatschale. Selbst die Samen derselben Art keimen nicht gleichzeitig. Nach der ersten Phase, in der nur vereinzelt Samen aufgehen, folgt eine zweite mit der Mehrzahl der Sämlinge. Dann kommt die dritte Etappe, das Nachkeimen. Vierzehn Tage nach dem Erscheinen der ersten Sämlinge kann das Keimen als beendet betrachtet werden.

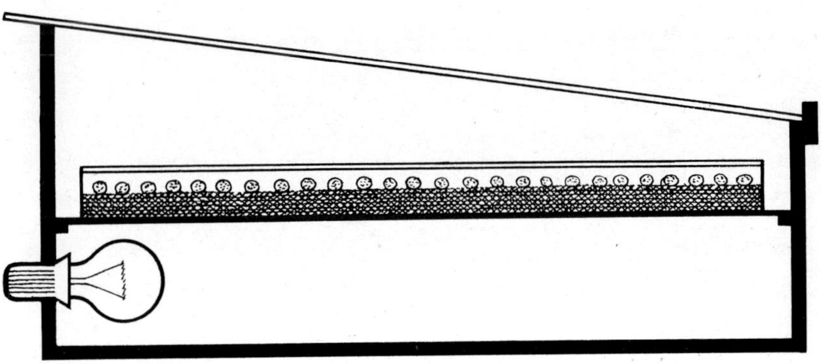

Heizbarer Saatkasten.

Bevor die Samen zu keimen beginnen und noch, wenn sie nachkeimen, soll die Aussaat mit der Glasscheibe bedeckt sein. Die Oberfläche des Substrates darf nie austrocknen, sonst wäre der Keimfortgang gestört. Erst nach dem Abschluß des Keimens kann man lüften. Zuerst hebt man die Glasscheibe nur sehr wenig auf und unterlegt ein Zündhölzchen. Die Zufuhr frischer Luft wird dann allmählich gesteigert. Für mehrere Arten mit unterschiedlicher Keimdauer in derselben Saatschale ist das Lüften hinderlich. Falls man schon ausgekeimte Arten lüften sollte, wäre der Keimvorgang der anderen gestört. Es empfiehlt sich deshalb, schon vorher jede Art gesondert in ein kleines Gefäß oder Plastiktöpfchen auszusäen.

Es bleibt noch, die Herbstaussaat zu erwähnen. Eine genauere Bezeichnung wäre Spätsommeraussaat, da die beste Zeit zwischen Mitte August und Mitte September liegt. Zu dieser Zeit ist es noch ausreichend warm, aber die Nächte sind bereits ziemlich kühl. Es nähert sich die Zeit der Tagundnachtgleiche. Der Wechsel zwischen Licht und Dunkel entspricht zu dieser Zeit mehr den Bedingungen in der Heimat vieler Kakteen. Dies klärt, warum gerade im Spätsommer die Aussaaten besonders gut gedeihen. In diese Zeit fällt auch die Reife der meisten Früchte. Die geernteten Samen haben in der Regel maximale Keimfähigkeit und Keimkraft und können sofort ausgesät werden.

Frisch geerntete Samen keimen tatsächlich im Herbst zumeist sehr gut. Das gilt vor allem für die Samen von *Frailea.* Sie keimen innerhalb von 24 bis 36 Stunden oft ohne jeden Ausfall. Einen Monat nach der Ernte sinkt die Keimfähigkeit und erneuert sich erst nach etwa 6 Monaten wieder. Auch Samen der Rebutien, Gymnocalycien und anderen südamerikanischen Gattungen keimen im Herbst am besten und haben auch die geringsten Verluste. Es bedeutet jedoch einen Nachteil, daß die Sämlinge bis zum Abschluß der Vegetationsperiode noch klein und schwieriger bis zum Frühjahr am Leben zu erhalten sind. Aus diesem Grund müssen die im Herbst gewonnenen Sämlinge bei höherer Wärme, etwa 16 bis 18 °C und viel Licht überwintert werden. Unter solchen Temperaturen wachsen sie, wenn auch sehr langsam während des ganzen Winters. Bei geringerer Wärme stellen sie das Wachstum für etwa 2 Monate ein. Aber schon im Februar, wenn die Sonne mehr wärmt, schreitet das Wachstum fort.

Opuntia (syn. *Tephrocactus*) *diademata* LEM.

Opuntia (syn. *Tephrocactus*) *glomerata* HAW.

Kakteensammlung in Gewächshaus

Kakteen, floristisch gestaltet.

Aussaat in Einmachgläser

Bei der Aussaat ist sehr stark darauf zu achten, daß die Samen nicht austrocknen. Sie werden zwei- bis dreimal pro Tag besprüht oder die Saatschale öfter in ein Gefäß mit warmem Wasser gestellt, damit sich das Substrat das Wasser von unten durch die Abzugslöcher ansaugen kann. Durch Nebeln und Gießen überträgt man in das ursprünglich sterile Substrat wieder Algen und Moose, die sich schnell verbreiten. Das zwingt zum vorzeitigen Pikieren. Oft erscheinen aber auch gefährliche Schimmelpilze. Eine infizierte Aussaat macht wenig Freude. Oft hilft selbst das Pikieren nicht, da immer einige angesteckte Sämlinge, bei denen die Infektion nicht erkennbar ist, übertragen werden.

Damit diese Probleme ausgeschlossen sind und das Vorkommen sekundärer Infektionen verhindert wird, wurde die Methode der Aussaat in einem hermetisch abgeschlossenen Raum entwickelt. Dazu eignen sich am besten 1-Liter—Einmachgläser, wie sie im Haushalt Verwendung finden. Die Gläser sind für diese Zwecke deswegen günstig, weil sie einen größeren Luftinhalt, also auch mehr Kohlendioxid haben als kleinere Gefäße. Als Substrat verwendet man dieselbe Mischung wie bei normaler Aussaat, also eine Hälfte Ziegelsplitt,

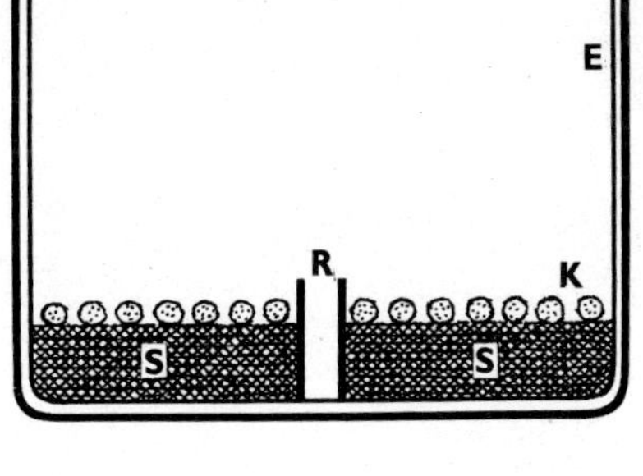

Aussaat in ein Einmachglas. D = Deckel; E = Einmachglas; F = Federspanne; K = keimende Sämlinge; R = Röhrchen zum Einfüllen der Nährlösung; S = sterilisiertes Substrat.

ein Viertel gröberen Sand mit der Körnung von 3 mm und ein Viertel feineren Sand, dazu noch etwa 15 % durchgesiebten Torf. Diese Mischung sterilisiert man erst in den Gläsern. Das Substrat wird auf den Boden der Einweckgläser etwa 2 cm hoch aufgeschüttet. In die Mitte stellt man ein gläsernes Röhrchen mit einem Durchmesser von etwa 1 cm. Dieses Röhrchen soll bis zum Boden des Glases reichen und die Oberfläche des Substrates etwa 2 cm überragen. Damit erleichtert man sich die Bewässerung des Substrats.
Es folgt eine wichtige Arbeit, die Sterilisation des Substrats und der Einmachgläser. Ähnlich wie beim Einwecken von Obst werden die Gläser, jedoch ohne Gummiringe und ohne Deckel abgekocht. Diese sterilisiert man zwar gleichzeitig, aber in einem separaten Gefäß. Die Einmachgläser sollen so hoch im Wasser stehen, daß der Wasserspiegel in der gleichen Höhe wie die Substratoberfläche ist. Der Vorgang der Sterilisation läuft eine Stunde lang bei 100 °C. Dann läßt man alles abkühlen. Zum Kühlen deckt man die Gläser ab, damit keine neue Keime aus der Luft eindringen können. Jeder Deckel wird jedoch mit einem Zahnstocher oder Zündhölzchen unterlegt. Sonst könnte er nach dem Abkühlen fest auf den Gläsern haften und ließe sich nur schwer lockern.
Die Samen werden schon vorher vorbereitet. Es ist sehr wichtig, daß alle gründlich gewaschen und von Fruchtfleischresten gesäubert wurden. Man untersucht sie sorgfältig mit einer Lupe und sondert diejenigen aus, die nicht vollständig sauber sind. Fruchtreste könnten Infektionen verursachen und den Erfolg in Frage stellen. Man darf nicht vergessen die Samen mit einer Trockenbeize, z. B. Thiuram zu beizen. Die präparierten Samen werden mit einem Löffel leicht schüttelnd ausgestreut. Mit der linken Hand dreht man langsam das Glas, damit die Samen gleichmäßig verteilt werden.
Schließlich ist das Substrat in den Gläsern zu begießen. Man setzt die Nährlösung an (1 g Vollnährdünger/1 Liter abgekochtes, weiches Wasser) und gießt sie durch das Glasröhrchen in der Mitte des Substrates. Man benützt einen Trichter oder eine Pipette. Wenn die Feuchtigkeit die Oberfläche des Substrats erreicht hat, hört man auf. Auf dem Boden soll kein Wasser stehen bleiben. Überschüssige Nährlösung wird mit einer Pipette abgesaugt. Das Anfeuchten kann sowohl vor als auch nach der Aussaat durchgeführt werden.

Es bleibt nur noch, die Gummiringe und die Glasdeckel auf die Einmachgläser aufzulegen und die Federspangen überzuziehen. Der Zutritt der Außenluft in die Gläser wird damit verhindert und die Aussaat ist in einem luftdicht abgeschlossenen Raum. Damit sind die wichtigsten Arbeiten beendet.

Die Gläser mit den Samen müssen warm gehalten werden, dürfen aber nicht der direkten Sonne ausgesetzt werden. Durch die Hitze könnten Samen und Keimlinge vernichtet werden. Das Gießen entfällt, da sich in den Gläsern dauernd feuchte Luft befindet und die Feuchtigkeit nicht entweichen kann. Wenn die Wärme sinkt, setzen sich die Tropfen des Kondenswassers an den Wänden und am Deckel ab und fließen in das Substrat zurück. In den Gläsern herrschen ideale Bedingungen für die Keimung.

Als wichtigste Vorteile dieser Saatmethode sind folgende anzusehen:

1. Das Auftreten von Pilzinfektionen und die Verbreitung von Algen und Moosen wird verhindert.
2. Das Substrat kann nicht austrocknen und die Aussaat ist somit nicht bedroht.
3. Oftmaliges Gießen und Sprühen entfällt. Bei Verwendung von hartem Wasser wäre das Substrat bald alkalisiert. Das könnte wiederum die Keimfähigkeit sehr stark herabsetzen und den Zustand der schon aufgegangenen Sämlinge ernsthaft bedrohen. Man kann die Aussaaten sogar einige Tage ohne Kontrolle lassen.
4. Die im sterilen und geschlossenen Raum gekeimten Sämlinge werden lange nicht gelüftet. Dadurch entfallen die Schwierigkeiten, die infolge des uneinheitlichen Keimens verschiedener Arten entstanden sind. Indem man nicht lüftet, wird das Keimen nicht unterbrochen und alle Samen können aufgehen. Man erreicht also einen viel höheren Anteil gekeimter Pflanzen.
5. Die Sämlinge entwickeln sich schneller als bei traditionellen Saatmethoden. Das ist besonders bei den feinsamigen Arten, deren Sämlinge im ersten Jahr nur langsam wachsen, von großer Bedeutung. Das gilt für Arten der Gattungen *Parodia, Blossfeldia, Strombocactus,* Gymnocalycien aus der Untergattung *Microsemineum.* Früher endeten Aussaaten dieser Arten meist mit einem Mißerfolg. Erst durch das Säen in Gläser ist es möglich, sie in großen Mengen heranzuziehen.

Trotz aller Sorgfalt kann es passieren, daß sich in einem Glas doch Schimmelpilze entwickeln. Sie bilden weiße durcheinander geflochtene Fäden, die wie ein Stück weißen Filzes aussehen. Dieser Schimmelpilz wurde als *Fusarium moniliforme* var. *subglutinans* identifiziert. Da er bei gewissen Arten vorkommt, auch wenn sie in verschiedenen Gläsern ausgesät wurden, kann man annehmen, daß die Samen bereits infiziert waren. Die Keime werden weder durch Waschen noch durch Beizmittel vernichtet. Der Schimmelpilz entwickelt sich nie in trockener Luft. Er breitet sich zwar nicht besonders schnell aus, aber mit der Zeit vernichtet er die Sämlinge doch. Abhilfe bietet ein einfacher Handgriff: Man öffnet die Gläser und verhindert dadurch eine weitere Entwicklung der Infektion. Diese Gläser bleiben auch weiterhin offen.
Sobald die Sämlinge das Pikierstadium erreicht haben, öffnet man nach und nach die Gläser. Astrophyten können schon nach sechs Wochen gelüftet werden. Meistens bleiben die Gläser etwa drei Monate lang zu. Feinsämige Arten bleiben manchmal ein ganzes Jahr unter Verschluß. Sollte während einer so langen Zeit Feuchtigkeit entwichen sein, muß der Verlust ersetzt werden. Man befeuchtet mit reinem, abgekochtem Regenwasser ohne Nährsalzzugabe. Damit aus der Luft keine Keime in die Gläser eindringen, führt man das ganze über einem Topf mit warmem Wasser durch. Der warme Luftstrom steigt nach oben und verhindert den Einflug von Erregern. Beim Öffnen des Einmachglases erneuert sich auch die Luft und damit der Vorrat des Kohlendioxids.
Pikieren darf man nie unmittelbar nach dem Öffnen der Gläser. Man wartet immer etwa drei Wochen ab. Während dieser Zeit gießt man nicht und läßt die Gläser offen stehen, damit sich die Sämlinge einigermaßen abhärten. In der Zwischenzeit verlieren sie die frischgrüne Farbe, schrumpfen etwas und das Gewebe wird fester. Gerade das soll erreicht werden. Schließlich hebt man die Sämlinge mit einem Löffel aus dem Glas und kann sofort pikieren.

Pikieren der Sämlinge

Nach jeder Aussaat, ohne Unterschied wie sie durchgeführt wurde, muß man früher oder später umsetzen oder pikieren. Im neuen

Substrat wachsen die Sämlinge weit besser. Man pikiert in flache, etwa 3 cm hohe Schalen aus Kunststoff oder Metall. Nach vielen Versuchen hat sich in der Praxis das gleiche Substrat wie für Aussaaten bewährt. Man fügt Thiuram im Verhältnis 1 : 3000 zu oder sterilisiert durch Dämpfen. Das Substrat muß mäßig feucht sein. Bewässert wird erst nach zwei Tagen, am besten durch Anstauen. Zum Gießen verwendet man die normale Nährlösung mit 1 g Vollnährstoffdünger in 1 Liter abgekochtes Wasser. Wenn man zur Nährlösung 2 bis 3 g eines Präparates mit Captan zugibt, läßt man Thiuram weg.

Zum Pikieren benötigt man eine Pinzette, denn die Sämlinge dürfen nicht verletzt oder zerdrückt werden. Zuerst macht man mit der Pinzette in das Substrat ein kleines Loch. Dann nimmt man den Sämling und setzt ihn so, daß die Wurzeln frei in die Öffnung hineinhängen. Sie dürfen niemals verdreht oder nach oben gebogen werden. Wir drücken die Wurzeln lieber mit der Pinzette leicht zusammen und schieben das Ganze vorsichtig in das Substrat. Nach dem Öffnen der Pinzette bleiben die Wurzeln gerade und in senkrechter Lage. Die Sämlinge werden nur wenig tiefer gesetzt, als sie in der Saatschale wuchsen. Zuletzt schiebt man das Substrat zu den Wurzeln, aber man sollte es nie andrücken.

Nach dem Pikieren müssen die Sämlinge untereinander den richtigen Abstand haben. Meist wird der Fehler gemacht, daß sie zu weit gesetzt werden. Der richtige Abstand zwischen zwei Sämlingen soll so groß wie ihr Durchmesser sein. Nur stärker wüchsige Arten kann man etwas weiter pflanzen, aber nie mehr als das ein- bis eineinhalbfache des Durchmessers. Die Erfahrung zeigt, daß die Sämlinge am besten wachsen, wenn sie sich fast gegenseitig berühren. Dagegen welken oder kränkeln die in einem größeren Abstand pikierten Sämlinge oft.

Dicht nebeneinander wachsende Sämlinge beschatten die Substratoberfläche und verhindern das schnelle Austrocknen. Das gut durchwurzelte Substrat hat die richtige Struktur, ist luftig und verschlechtert seine guten Eigenschaften nicht so leicht.

Wenn die pikierten Sämlinge zu dicht stehen, müssen sie nochmals umgesetzt werden. Der Ablauf ist der gleiche wie beim ersten Pikieren. Es geht allerdings leichter, da die Pflanzen schon größer sind. Man verwendet wieder Schalen mit 4 cm Höhe. Das Substrat hat dieselbe Zusammensetzung wie vorher. Man setzt wieder so, daß die Entfernung gleich dem Pflanzendurchmesser ist und achtet wiederum auf die richtige Lage der Wurzeln. Zwei Tage lang wird nicht gegossen, erst dann bewässert man mit der Nährlösung. Die Nährlösung wird etwa alle 14 Tage gegeben, dazwischen gießt man nur reines weiches Wasser. Für das zweite Pikieren läßt sich auch schon die normale Erdmischung verwenden, wie sie für ältere Pflanzen benutzt wird. Dann gießt man jedoch nur mit reinem Wasser. Wenn die Sämlinge weiterhin in Hydrokultur gehalten werden sollen, pflanzt man sie so lange in das Aussaatsubstrat, bis sie einen Durchmesser von mehr als 2 cm erreicht haben. Erst dann kommen sie in das feste Substrat, wie es für die Kieskultur empfohlen wurde. Kleine Pflanzen wachsen in weichem Substrat mit Torfzusatz entscheidend besser.

Aussaat auf Agar-Agar und ähnliche Methoden

Kakteensamen lassen sich auch auf Agar-Agar oder Eßgelatine aussäen. Agar-Agar oder Gelatine zerschneidet man mit einer Schere in feine Streifen, läßt sie im Wasser anschwellen und bringt sie zum Sieden. Nach dem Zerkochen gießt man die warme Lösung in eine Schale oder in ein Glas. Nach dem Abkühlen bleibt auf dem Boden ein sulzartiger Stoff zurück. Nun werden die Samen einfach auf der Oberfläche ausgesät und das Gefäß mit einem Stück Glas bedeckt. Die Aussaat erhält die entsprechende Wärme. Die Samen keimen meist sehr gut und deswegen ist diese Methode bei manchen Kakteenfreunden beliebt. Beim Pikieren treten jedoch Schwierigkeiten auf. Die Wurzeln dringen nämlich nicht in das Substrat ein, sondern sie bleiben auf der Oberfläche. Man muß die Keimlinge in einem sehr frühen Stadium pikieren und das ist nicht leicht.
Es besteht auch die Möglichkeit, auf feuchte Löschpapierstücke auszusäen. Auch hier keimen die Samen meist gut, aber das zeitige Pikieren ist mit Schwierigkeiten verbunden. Die Handhabung der eben ausgekeimten Sämlinge ist schwierig und erfordert große Vorsicht und Geduld. Diese Aussaatarten werden hier nur der Vollständigkeit wegen angeführt. Die Ergebnisse sind meist bei weitem nicht so gut wie bei der Aussaat in Einmachgläser.

Aussaaten bei Kunstlicht

Schon seit Jahren werden Versuche mit der Aussaat bei Kunstlicht gemacht. Sei es, daß die Kakteenliebhaber Aussaaten vor der Überwärmung durch Sonnenschein nicht ausreichend schützen können und umgekehrt den negativen Einfluß ungenügender Beleuchtung verhindern wollen.

Es wurden verschiedene Prismen und Kegel konstruiert, bei denen sich im oberen Teil eine Glühbirne befindet. Solche Einrichtungen haben sich höchstens in der Zeit der Keimung bewährt. Für normales Wachstum der Sämlinge war dieses Kunstlicht völlig ungenügend. Kakteen brauchen eine Lichtintensität von 8000 bis 12 000 Lux, um sich gut entwickeln zu können. Mit Glühbirnen läßt sich diese Beleuchtungsstärke bei weitem nicht erreichen.

Das Problem wurde erst gelöst, als Leuchtstoffröhren verwendet wurden. Um die entsprechende Beleuchtungsstärke zu erzielen, müssen jedoch drei bis fünf solcher Röhren nebeneinander installiert werden. Der Abstand sollte nur 15 bis 30 mm betragen. Die sogenannten Tageslichtröhren sollen 30 Watt haben. Die Sämlinge werden knapp unter die Röhren gestellt. Ihre Scheitel sollen einen Abstand von nur 1 bis 3 cm von den Leuchtröhren haben. Die optimale Entfernung für verschiedene Arten muß versuchsweise festgestellt werden. Die Aussaatschalen stellt man in eine Kiste, die, um Wärmeverlusten vorzubeugen mit isolierenden Platten ausgelegt ist. Auf die Kiste werden die Leuchtröhren gestellt und das ganze mit einem Deckel, der innen mit einer reflektierenden Alufolie verkleidet ist, abgedeckt. Die beiden Enden der Leuchtröhren sind jedoch zu heiß und müssen außerhalb des Kulturraumes bleiben, da sonst die Innentemperatur zu hoch werden könnte.

Aussaaten und Sämlinge sollen nur etwa 6000 Lux erhalten. Man stellt sie in der ersten Phase mit etwas weiterem Abstand von den Röhren auf. Die Kakteen werden acht bis zwölf Stunden täglich beleuchtet. In der übrigen Zeit stehen die Pflanzen im Dunkeln.

KRANKHEITEN, SCHÄDLINGE, BEKÄMPFUNG

Die Freude an einer schönen Kakteensammlung wird oft durch das Auftreten verschiedener Krankheitserreger getrübt, von denen es nicht wenige gibt. Schon jetzt muß aber betont werden, daß gut gepflegte Kakteen den Erregern viel besser widerstehen als vernachlässigte, schlecht ernährte oder an einem ungünstigen Platz aufgestellte Pflanzen. Oft kann ein Kulturfehler, z. B. das Übergießen schädliche Folgen verursachen. Durch Krankheiten und Schädlinge werden hauptsächlich geschwächte Pflanzen heimgesucht. Kakteen müssen im Winter eine Zeit der Vegetationsruhe durchmachen. Auch infolge der sommerlichen Hitze stellen viele Arten das Wachstum ein. Diese üblichen natürlichen Unterbrechungen bedeuten ein gewisses Absinken der Widerstandsfähigkeit gegen Infektionen oder Schädlingsbefall. Sie können demnach auch in gut gepflegten Sammlungen vorkommen.

Die Grundbedingung einer erfolgreichen Bekämpfung von Krankheiten und Schädlingen ist ihre rechtzeitige Erkennung. Das ist nicht immer einfach, besonders bei den Pilz- (Mykosen) und Viruskrankheiten (Virosen). Es treten außerdem immer neue, bisher unbekannte Krankheiten auf. Meist ist es dem Kakteenliebhaber unmöglich, alle Krankheitssymptome und Schädlinge unterscheiden zu können. Auf diesem Sektor gibt es noch zahlreiche Aufgaben für die Wissenschaft.

PHYSIOLOGISCHE KRANKHEITEN

Meistens werden die Kakteen durch ungünstige Umwelteinflüße geschädigt. Derartige, nicht von einem Parasiten verursachte Krankheiten bezeichnet man als physiologische Krankheiten. Jede Verletzung der elementaren Grundsätze der Kakteenkultur kann zu Störungen der Lebensvorgänge in den Pflanzen führen. Die wichtigsten Ursachen physiologischer Erkrankungen werden im folgenden erläutert.

Niedrige Temperaturen

Allzu niedrige Temperaturen bremsen das Wachstum der Kakteen. Die Wurzeln können nicht arbeiten und werden im feuchten Substrat leicht von Fäulniserregern befallen. Kakteen dürfen deswegen während der Vegetationszeit nicht unter Kälte leiden. Wenn die Temperaturen unter den Nullpunkt sinken, erfrieren die meisten Kakteen. Eine erfrorene Pflanze ist hart und die Epidermis hat einen matten Glanz. Nach der Erwärmung wird der Körper weich und fault. Man muß also verhindern, daß die Temperatur unter die Grenze sinkt, die im Abschnitt „Überwinterung" genannt wurde. Besonders gefährlich sind die Spätfröste im Frühjahr, die die Pflanzen am Sommerstandort bedrohen. Herbstfröste sind nicht mehr so gefährlich. Wenn es nun passiert, daß die Kakteen anfrieren, läßt man sie nicht schnell auftauen, sondern stellt sie kühl und schattig, damit sie sich langsam erwärmen.

Hohe Temperaturen und intensiver Sonnenschein

Ein plötzlicher Temperaturanstieg in einem geschlossenen Raum führt zum Verbrennen der Pflanzen, besonders bei trockener Luft. Die Knospen werden abgeworfen, die Epidermis färbt sich rot und zuletzt erscheinen wirkliche Verbrennungssymptome. Derartige Stellen zeigen sich als weißliche, mehr oder weniger eingesunkene Flächen, je nach dem Grad der Schädigung des inneren Gewebes. Die größte Verbrennungsgefahr besteht im Frühjahr nach dem Übertragen der Pflanzen vom Winterstandort in das Fenstergewächshaus oder in das Frühbeet. Ernsthaft sind Kakteen auch nach längeren Schlechtwetterperioden bedroht. Besonders empfindlich reagieren junge Sämlinge. Man schützt die Sammlung durch Schattieren und Lüften. Pflanzen mit Verbrennungserscheinungen stellt man schattig. Wenn sie nicht vollständig zerstört wurden, treiben sie nach einer Erholungsphase wieder aus. Unschöne Narben bleiben jedoch lange sichtbar.

Mangel an Feuchtigkeit

Kakteen, die während der Vegetationsperiode an Wassermangel leiden, stellen das Wachstum ein. Sie schrumpfen und sterben sogar ab. Als mögliche Ursache kommt in Frage, daß das Substrat so zusammengeklebt ist, daß es Wasser selbst bei ausgiebigem Gießen nicht annimmt. Man sollte immer so reichlich gießen, daß die Feuchtigkeit bis zum Boden der Gefäße dringt. Die Pflanzen, die selbst bei ausreichenden Wassergaben nicht wachsen, pflanzt man um.

Übermäßige Feuchtigkeit

Übermäßige Wassergaben oder dauernd nasses Substrat beschädigen das Wurzelsystem. Die Wurzeln werden von Pilzen befallen und faulen. Schon beim Pflanzen ist dafür zu sorgen, daß die Abzugslöcher nicht verstopft sind, eine gute Drainage stauende Nässe verhindert und das Substrat gut durchläßig ist. Wenn in einem Gefäß das Substrat ständig naß bleibt, muß man unverzüglich umpflanzen.

Luftfeuchtigkeit

Eine ständige hohe Luftfeuchtigkeit in Gewächshäusern und Frühbeeten führt zur Verweichlichung der Kakteen. Geschwächte Pflanzen werden von Fäulnispilzen oder anderen durch Pilze verursachten

Krankheiten befallen. Andererseits ist ständig trockene Luft genauso ungünstig. Das Wachstum verlangsamt sich und es entstehen gute Voraussetzungen für das Auftreten von Läusen und der Roten Spinne. Wenn die Luft übermäßig feucht ist, lüftet man ausgiebig. Bei Lufttrockenheit hilft man sich mit Sprühen und gießt auch die Umgebung der Sammlung.

Lichtmangel

Für eine gute Entwicklung brauchen die Kakteen viel Licht. Bei Lichtmangel kommt es zu Deformationen der Pflanze. Die Körper wachsen extrem in die Höhe, es entwickeln sich dünne, hellgrüne bis weißliche Sprosse. Solche Erscheinungen lassen sich besonders im Winter beobachten, wenn die Kakteen zuviel Wärme haben. Das winterliche Wachsen wird durch Kälte verhindert. Gewächshäuser und andere Kultureinrichtungen sollten so wenig Schatten wie möglich werfen.

Bodenreaktion

In einem übermäßig sauren bzw. alkalischen Substrat können die Kakteen nicht wachsen. Bodenreaktionen niedriger als pH 4 und höher als pH 7 führen zu ähnlichen Erscheinungen wie Feuchtigkeitsmangel. Die Bodenreaktion des Substrates bzw. die Reaktion der Nährlösung soll sich zwischen pH 5,5 und 6,5 bewegen. Man gießt mit weichem oder entkalktem Wasser. Wenn das Substrat eine ungünstige Reaktion aufweist, pflanzt man die Kakteen um.

Nährstoffmangel

Der Mangel an den Grundnährstoffen oder an Spurenelementen äußert sich in verschiedenen Wachstumsstörungen. Die Symptome sind bei jedem Element unterschiedlich. Bei Wachstumsstörungen ist das Umpflanzen in ein neues Substrat die beste Lösung.

Schädliche Chemikalien

Die Kakteen können von vielen chemischen Stoffen beschädigt werden. Am häufigsten sind es Rauchgase, Dämpfe verschiedender Anstriche und Imprägnierungsmittel oder Schwefeldioxid aus Industrieanlagen, die Pflanzen in Mitleidenschaft ziehen. Ernste Beschädigungen können auch nach Verwendung nicht geeigneter Insektizide oder Fungizide erfolgen. Treten braune Flecken oder Verkorkungen auf, ist es meistens zu spät. Die unmittelbare Ursache der Erkrankung sollte so schnell wie möglich beseitigt und daneben ausgiebig gelüftet werden. Spritzschäden lassen sich durch Anwendung bewährter Mittel in den vorgeschriebenen Konzentrationen vermeiden.

VIROSEN

Erkrankungen dieser Art werden von Viren hervorgerufen. Dies sind extrem kleine Partikel, die an der Grenze zwischen lebenden und nichtlebenden Organismen stehen. Virosen sind bei den Kakteen relativ selten. Symptome zeigen sich als eingesenkte, gelbgrüne Flecken von unregelmäßiger Form und Begrenzung. Besonders stark werden die jungen Pflanzenteile angegriffen und fallen oft ab. Das Wachstum befallener Kakteen ist je nach dem Grad der Krankheit schwächer oder die Pflanze wächst überhaupt nicht und stirbt ab. Bei manchen Arten sind keine Zeichen einer Erkrankung festzustellen. *Peireskia aculeata* und andere als Pfropfunterlagen benutzte Arten zeigen überhaupt keine Symptome der Krankheit, aber den Pfröpfling stekken sie sofort an. Viren werden durch Verletzungen, beim Schneiden der Stecklinge, durch stechende Insekten usw. übertragen. Am häufigsten sind sie bei Arten aus den Gattungen *Zygocactus, Rhipsalidopsis* und *Epiphyllum* festzustellen. Viren sind meist nicht durch Samen übertragbar. Aus Samen infizierter Pflanzen wachsen in der Regel gesunde Kakteen. Sie sind manchmal nur etwas abgeschwächt, wie es bei Samen viröser Mutterpflanzen gewöhnlich vorkommt. Gegen die Virosen gibt es keine Abwehrmittel. Infizierte Pflanzen sollte man nicht vermehren. Das beste ist, sie sofort aus der Sammlung zu entfernen und zu vernichten.

BAKTERIOSEN

Krankheiten, die durch die Bakterien verursacht werden, sind bei Kakteen nicht bekannt, so daß man in den Sammlungen mit derartigen Krankheiten nicht in Berührung kommt.

MYKOSEN

Auf Kakteen schmarotzen viele Pilzarten. Wir wollen nur den wichtigsten unsere Aufmerksamkeit schenken. Pilzkrankheiten können sich nur dort entwickeln, wo sie günstige Bedingungen, d. h. hohe Luftfeuchtigkeit und wenig frische Luft, vorfinden. Sie befallen hauptsächlich Pflanzen, die durch physiologische Störungen oder durch tierische Schädlinge geschwächt sind. Die beste Vorbeugung ist das genaue Einhalten der Pflegemaßnahmen. Manche Pilze wachsen nur an der Pflanzenoberfläche, wo sie Beläge oder Flecke bilden. Andere dringen in die Zellen ein, vernichten sie und rufen Fäulen des Gewebes hervor. *Phytophthora omnivora* verursacht eine Wurzelfäule und eine Fäulnis der basalen Pflanzenteile. Die Krankheit schreitet sehr schnell fort. Braune Flecke erscheinen am ganzen Körper und die Pflanze stirbt bald ab. Erkrankte Stücke müssen sofort aus der Sammlung herausgenommen und die Nachbarkakteen kontrolliert werden. Wenn Kakteen in einem Kasten ausgepflanzt sind, ist es notwendig, alle in ein neues Substrat umzupflanzen. Im Anfangsstadium der Krankheit könnte man versuchen, die Pflanzen noch zu retten. Alle befallenen Teile werden bis zum gesunden Gewebe abgeschnitten. Man schneidet so lange, bis nicht mehr die kleinste Spur braun gefärbten Gewebes zu sehen ist. Die Wunde bestreut man mit Alumi-

niumstaub oder Gips. Nach dem Abtrocknen, das ziemlich lange dauern kann, zieht man die entstandene Kruste ab, unter der man oft schon die neuentwickelten kurzen Wurzeln beobachten kann. Der gesunde Rest der Pflanze läßt sich auch durch Pfropfen retten.
Helminthosporium cactivorum ist ein Pilz mit einer besonders vernichtenden Wirkung in Sämlingskulturen. Befallen werden Pflanzen bis zu dem Alter von zwei Jahren, selten auch ältere. Die Infektion dringt durch die Spaltöffnungen in den Körper ein. Der infizierte Sämling welkt und innerhalb von zwei Tagen trocknet er vollständig aus. Das abgestorbene Gewebe ist hart, die ganze Oberfläche samtartig und schwarz. Diese Seuche kann ganze Aussaaten bedrohen. Bei Aussaaten in Gläsern tritt dieser Pilz nicht auf. Einer Infektion kann man durch Beizen mit Thiuram oder Captan vorbeugen. Die Sterilisation (Dämpfen) des Aussaatsubstrates und das Gießen mit abgekochtem Wasser haben ebenfalls vorbeugende Wirkung.
Botrytis cinerea ist ein weit verbreiteter Fäulnispilz. Er lebt vorwiegend auf abgestorbenen Pflanzenteilen, kann aber auch intakte Gewebe befallen. *Botrytis* bildet graue Beläge, die unzählige Konidien (Sporen) tragen. Bei Berührung staubt es stark. Durch die Konidien kann sich die Infektion schnell verbreiten. Im späten Herbst werden hauptsächlich Blütenreste von *Gymnocalycium damsii* und *Gymnocalycium mihanovichii* angegriffen. Oft dringt der Pilz in den gesunden Scheitel ein und die ganze Pflanze wird durch Fäulnis vernichtet. Vorbeugend wirkt eine Erhöhung der Temperatur. Dadurch sinkt die Luftfeuchtigkeit und der nächtliche Tauniederschlag auf den Pflanzenkörper wird vermieden. Das Keimen der Sporen kann man auch durch Spritzen mit kupferhaltigen Präparaten verhindern.
Erreger von Vermehrungskrankheiten wie *Rhizoctonia* oder *Pythium* treten vor allem in den Vermehrungshäusern auf. Das Myzel (Pilzgeflecht) verbreitet sich zunächst auf der Substratoberfläche, dringt später in die Pflanzen ein und verursacht den Zerfall des Gewebes. Zuerst greift es den Wurzelhals knapp über der Erde an. Die befallene Pflanze neigt sich auf die Seite, auf der sie befallen wurde. Oft kommen Vermehrungspilze dort vor, wo die Pflanzen frei in ein Frühbeet oder in Handkästen gepflanzt wurden. Wenn diese Pilzkrankheit festgestellt wird, bleibt nichts anderes übrig, als alle Kakteen aus dem Kasten herauszunehmen, wenigstens aber in der weiteren Umgebung

der befallenen Pflanze. Leider werden oft weit mehr Pflanzen befallen als man ursprünglich angenommen hat. Die weniger geschädigten Kakteen, bei denen noch die Hoffnung besteht, sie retten zu können, taucht man in Wasser, in dem die vorgeschriebene Menge Fundazol oder Benlate aufgelöst wurde. Nach diesem Bad läßt man die Kakteen abtrocknen. Die Krankheit tritt vorwiegend im Sommer bei stürmischem Wetter, schwüler Wärme und hoher Luftfeuchtigkeit auf. Wenn die Nachttemperaturen unter 7 °C absinken, wird die Vermehrung des Pilzes gestopt und selbst bei erkrankten Pflanzen vernarben oft die befallenen Stellen. Dieser Heilungsprozess läßt sich unterstützen, indem man die Kakteen in einen Kühlschrank mit Temperaturen von 3 bis 4 °C überträgt. Als vorbeugende Maßnahme hat sich das Spritzen mit einer 0,15 prozentigen Thiuram-Lösung oder 0,3 prozentiger Captan-Suspension bewährt.

Fusarium verursacht eine Fäule, die sich schnell von den Wurzeln oder vom basalen Teil der Pflanze aus verbreitet. Angegriffene Kakteen werden weich und sterben bald ab. Die Krankheit erscheint oft an älteren, dicht beieinander wachsenden Sämlingen. Tote Pflanzen sind von einem weißen oder leicht rosafarbenen Belag bedeckt. Diese Krankheit tritt besonders oft im Herbst auf. Sie kann sich auch von obenher verbreiten, wenn die Pflanze irgendeine Verletzung erlitten hat. Falls man den Befall rechtzeitig erkennt, kann man die Pflanze retten. Die Maßnahmen sind die gleichen wie bei einer Infektion mit *Phytophthora omnivora.* Manchmal entwickelt sich *Fusarium* auch bei sterilen Aussaaten in Einmachgläsern. Diese Infektion geht offensichtlich von befallenen Samen aus. Die Abhilfe ist sehr einfach. Wenn man das Glas öffnet, sinkt die Luftfeuchtigkeit und der Schimmel kann sich nicht weiter verbreiten.

Alle bisher genannten parasitischen Pilzarten dringen mit ihrem Mycel (Pilzgeflecht) in das Pflanzeninnere vor, wo sie Fäulen hervorrufen. Es existieren auch andere Arten, die nur die Epidermis zerstören und die darunterliegenden Zellenschichten nicht angreifen. Diese Pilze verursachen Flecken und Verkorkungen. Sie breiten sich zwar langsamer und in gewissen Intervallen aus, bedecken aber nach und nach größere Flächen der Epidermis. Die Pflanzen kränkeln, da sie nicht assimilieren können und sterben oft ab. Eine Art wurde als *Staganospora assans* bestimmt. Diese Fleckenkrankheit verbreitet sich meist im Frühjahr und im Sommer. Als Schutzmaßnahme hat sich das Spritzen mit kupferhaltigen Präparaten bewährt. Man sollt jedoch die Spritzmittel wechseln und auch andere mit Zink und Schwefel verwenden. Stark befallene Pflanzen badet man längere Zeit, etwa eine Stunde lang, in einer Lösung.

TIERISCHE SCHÄDLINGE

L ä u s e. Wenn diese unangenehmen Parasiten einmal in die Sammlung eingeschleppt wurden, ist es nicht leicht, sie vollständig auszurotten. Aus diesem Grund sollte man jede neu erworbene Pflanze, bevor man sie in die Sammlung einreiht, gründlich mit einem wirksamen Insektizid desinfizieren. Danach läßt man sie noch einige Zeit isoliert stehen und erst, wenn sie garantiert ungezieferfrei ist, stellt man sie zwischen andere Kakteen. In größeren Sammlungen ist das vorbeugende Spritzen notwendig, damit die Vermehrung der Schädlinge verhindert wird. Als Spritzmittel können moderne Präparate mit Systemwirkung verwendet werden, die durch die Epidermis in die Pflanze eindringen und das Gewebe für den Schädling giftig machen. Sie wirken gleichzeitig als Fraß-, Kontakt- und Atemgifte. Gespritzt wird im Frühjahr dreimal im Abstand von zehn Tagen. Man wiederholt diese Maßnahme im Juli oder September. Besonders wichtig sind die Anwendungen im Herbst. Manche Züchter gießen ihre Sammlung alle 14 Tage mit einer Lösung systemischer Insektizide. So werden auch die an den Wurzeln lebenden Schädlinge und Ameisen getroffen. Es sind viele Läusearten bekannt. Man teilt sie aus praktischen Gründen in drei Kategorien ein: Wurzelläuse, Woll- oder Schmierläuse, Schildläuse.

Wurzelläuse bilden an den Wurzeln der Kakteen weiße, wachsartige Fäden. Sie vermehren sich schnell. Im Jugendstadium sind sie sehr beweglich und können sich bald auch auf weiter entfernten Pflanzen ausbreiten. In trockener und luftiger Erde kommt es oft zu einer massenhaften Vermehrung. Die Wurzeln werden von einem dichten weißen Belag bedeckt, in dem Tausende von Individuen leben. Oft verliert die Pflanze alle Wurzeln. Die Wurzellaus ist ein weit verbreiteter Schädling und in größeren Sammlungen läßt er sich kaum vollständig vernichten. Das saure Substrat, Verwendung von Sphagnum und das Pflanzen in nicht poröse Töpfe begrenzt die Vermehrung der Wurzelläuse. Sehr wirksam ist das Gießen mit einem systemischen Insektizid. Derartige Präparate dürfen jedoch bei sonnigem und warmen Wetter nicht ausgebracht werden, da sonst Verbrennungen an den Pflanzen entstehen können.

Bei den Wolläusen und Schmierläusen existieren mehrere Arten. Sie setzen sich auf allen möglichen Pflanzenteilen fest, besonders zwischen den Rippen, in den Axillen, in den Lücken zwischen der Unterlage und dem Pfröpfling. In kalten Gewächshäusern befallen sie die Wurzeln. Sie erzeugen weiße, watteartige Klumpen, in denen sie sich vermehren. Die jungen Maden sind sehr beweglich und kriechen auf andere Pflanzen. Wenn sie sich übermäßig vermehren, können sie auch Fäulnis hervorrufen. Man bekämpft sie durch Spritzen mit systemischen Insektiziden.

An den Kakteen parasitieren mehrere Arten von Schildläusen. Die bedeutendste ist *Diaspis echinocacti.* Beweglich sind sie nur in den jüngsten Stadien. Sie saugen sich aber bald an den Pflanzen fest und können sich dann nicht mehr bewegen. Zum Schutz ihres weichen Körpers bilden sie wachsartige Schilde aus. Die erwachsenen Schildläuse sind gegen Spritzmittel sehr widerstandsfähig. Es helfen nur wiederholte Bespritzungen mit systemischen Präparaten.

Nematoden. Die auch als Älchen bezeichneten, mikroskopisch kleinen Würmer leben an den Wurzeln der Kakteen und saugen sie an. Am meisten verbreitet ist *Heterodora cacti.* An den Wurzeln der befallenen Kakteen entstehen weiße, später braune Zysten, die anfangs die Größe eines Mohnkorns haben, später größer werden. Das sind die Weibchen, deren Körper sich in Zysten umgewandelt haben, in denen sich unzählige Eier befinden. Aus den Eiern schlüpfen wiederum kleine Älchen aus, die sich neue Kakteenwurzeln suchen, an denen sie sich festsaugen. Als wirksam gilt das chemische Präparat Nemafos. Ansonsten kann man die Wurzeln von Nematoden befreien, indem man sie in Wasser von 51 °C Wärme eintaucht. Diese Methode ist aber gefährlich, da bei etwaigem Anstieg der Wärme über die angegebene Grenze die Pflanzen schwer beschädigt werden können.

Niedrigere Temperaturen vernichten aber die Eier nicht. Die Erde muß separat sterilisiert werden.

Rote Spinne. Sie gehört zu den Milben (Akarinen), die die Epidermiszellen ansaugen. Die befallene Pflanze wird graugrün und später rostig verfärbt. Am meisten kommt die Hopfenmilbe *Tetranychus telarius* vor. Es ist sehr wichtig, den Schädling rechtzeitig zu erkennen. Von den älteren Bekämpfungsmitteln sind Präparate, die Schwefel enthalten immer noch wirksam. Sonst sollen nur Spritzmittel mit akarizider Wirkung benutzt werden. Es empfiehlt sich jedoch, abwechselnd verschiedene Präparate zu verwenden, da sich bei den Spinnmilben immer sehr schnell widerstandsfähige Generationen entwickeln.

Ameisen. Die Ameisen sind zwar unangenehme Gäste, aber keine direkten Parasiten. Sie bauen ihre Kolonien, Systeme von unterirdischen Gängen im Gewächshaus oder im Frühbeet mit Vorliebe direkt unter den Kakteen. Außerdem häufen sie auf der Substratoberfläche Erde an, die oft die Pflanzen vollständig bedeckt. Die Verbindung der Wurzeln mit der Erde wird oft unterbrochen, so daß sie in ihrer Funktion beeinträchtigt sind. Außerdem pflegen die Ameisen verschiedentliche Läuse, denen sie den süßen Honigtau entnehmen. Oft zerstören sie auch die Blüten und verschleppen die Samen. Aus diesen Gründen können Ameisen nicht in den Kakteensammlungen geduldet werden. Das Vernichten ist jedoch nicht leicht. Wenn man die Kolonie gründlich mit systemischen Insektiziden gießt, wird nur der obere Teil betroffen, die unteren Etagen bleiben oft unberührt. Aus den tiefer liegenden Teilen werden die Ameisen nur durch die Gase vertrieben.

Sciara-Fliege. Es handelt sich um kleine Fliegen, deren Larven zwar im Humus leben, aber oft auch ganz kleine Sämlinge befallen, die sie von innen ausfressen. Abhilfe schafft das Spritzen mit nikotinhaltigen Mitteln oder das Gießen mit systemischen Insektiziden.

Schnecken. Sie verursachen besonders in feuchten Jahren große Schäden. Sie fressen hauptsächlich weichere Kakteen an. Man bekämpft sie mit speziellen Lockmitteln. Den Köder streut man auf Scherben oder Pappe, die zwischen die Kakteen in einer Entfernung von etwa 0,5 m plaziert werden. Die Schnecken werden von Lockmitteln angezogen, werden geätzt und sterben ab.

Kellerasseln. Sie schaden meist im Winter, wenn sie weichere Kakteen anfressen. Besonders oft werden Epiphyten befallen. Man fängt sie z. B. mit halbierten Kartoffeln als Köder.

Mäuse. Auch sie fressen einige Kakteen außen an. Besonders oft wird *Gymnocalycium denudatum* angegriffen. Mäuse fressen auch gern die Samen. Die größte Gefahr besteht im Herbst, wenn sich die Mäuse stark vermehren.

Zum Abschluß sei noch etwas über die Grundsätze zur Anwendung der Bekämpfungsmittel gesagt. Es gibt kein Universalmittel gegen alle Krankheiten und Schädlinge. Oft wird ein neuer Schädling entdeckt und noch öfter werden neue Mittel entwickelt. Es ist nicht immer einfach zu erkennen, welches Mittel für bestimmte Krankheiten oder Schädlinge das richtige ist. Ohne Versuche geht es nicht. Bei den Spritzmitteln richtet man sich nach der Gebrauchsanweisung, überschreitet nicht die angegebene Konzentration und achtet auf die Vorsichtsmaßnahmen, die für den Umgang angegeben sind. Ein neues Präparat setzt man nie sofort in der ganzen Sammlung ein. Es sollte immer erst an einigen Exemplaren ausprobiert und die Wirkung beobachtet werden. Durch Vorsicht lassen sich große Schäden vermeiden. Man darf auch nie spritzen, wenn die Kakteenkörper durch die Sonne erwärmt sind.

ARBEITSKALENDER

In der chronologischen Aufzählung der wichtigsten Arbeiten des Kakteenhalters folgt dieses Buch hauptsächlich den Bedürfnissen der Praxis. Man kann sich schnell orientieren, welche Arbeiten in den einzelnen Monaten auszuführen sind. Da die Einzelheiten in den vorigen Kapiteln enthalten sind, beschränkt sich der Arbeitskalender auf kurze Hinweise.

Januar

Im Januar, der Mitte des Winters, sollen sich alle terrestrischen Kakteen in vollständiger Vegetationsruhe befinden. Die Pflege beschränkt sich darauf, die Wärme im Überwinterungsraum nicht unter die kritische Grenze, die bei den meisten Kakteen zwischen 3 und 5 °C liegt, sinken zu lassen. An frostfreien Tagen wird zwar gelüftet, aber die Pflanzen sollen vor Zugluft geschützt werden. Etwa einmal pro Woche untersucht man alle Kakteen auf beginnende Fäulen. Angegriffene Pflanzen sind sofort zu isolieren. Gleichzeitig kontrolliert man, ob Schädlinge auftreten. An wärmeren Standorten droht hauptsächlich der Befall mit Roter Spinne sowie mit Woll- und Schildläusen.
Die wärmeliebenden Kakteen und die Winterblüher wie *Rhipsalis*

und *Zygocactus,* beläßt man in einem wärmeren Raum und sorgt dafür, daß das Substrat immer leicht feucht bleibt. Je höher die Temperatur, desto größer muß die Feuchtigkeit sein und umgekehrt. Die Pflanzen, die umgepflanzt werden, sollen können schon jetzt aus der Erde herausgenommen werden, sofern noch nicht geschehen. Zu lange Wurzeln werden gekürzt, kranke Wurzeln entfernt. Danach läßt man die Kakteen etwa zwei Tage in einem warmen und trockenen Raum liegen, setzt sie auf leere Blumentöpfe und beläßt sie weiterhin in Ruhe. Im Januar sät man Parodien und Rebutien bei Zimmerwärme aus. In der zweiten Monatshälfte werden auch andere Arten gesät, sie brauchen aber mehr Wärme. Die Bodenheizung der Saatbeete läßt man einige Tage laufen und kontrolliert, ob die Wärme nicht zu hoch oder zu tief ist. Jetzt ist es auch schon höchste Zeit für die Erstellung des Aussaatplans und zur Beschaffung der notwendigen Handkästen, Schalen und Töpfe. In der freien Zeit repariert man die Fenstergewächshäuser und die Terrassenkästen oder besorgt sich neue.

Februar

Der Februar wurde in älteren Kakteenbüchern und Zeitschriften als der „Sterbemonat der Kakteen" bezeichnet. Das war in den Zeiten, als man die Kakteen im Winter noch angefeuchtet hat, angeblich damit die Saugwurzeln nicht absterben. Seitdem man die Pflanzen trocken überwintert, manchmal sogar mit bloßen Wurzeln, hat der Februar seinen schlechten Ruf verloren.

Die bisherigen Pflegemaßnahmen werden fortgesetzt. Der Gewächshausbesitzer hat schon mehr Arbeit. Es ist Zeit, alles das umzupflanzen, was im Herbst nicht umgesetzt wurde. In der zweiten Februarhälfte kann man bei günstigem Wetter die Pflanzen in geheizte Frühbeete übertragen.

Im Gewächshaus ist es an sonnigen Tagen bereits sehr warm. Man muß also ausgiebig lüften. Bei den Sämlingen auf den Hängen beginnt das Wachstum, deswegen nebelt man öfter und gießt mäßig, wenn nötig. Im geschlossenen Raum droht Verbrennungsgefahr.

Wenn nicht ausgiebig gelüftet wird, muß mittags schattiert werden. Die Aussaaten in der Wohnung müssen noch immer warmgehalten werden. Die Sämlinge der Januar—Aussaat gewöhnt man allmählich an weniger feuchte Luft.

März

Im Gewächshaus beginnt schon das Wachstum. Bei schönem Wetter gießt man die ganze Sammlung zum ersten Mal und zwar mit handwarmem Wasser. Auch den Kakteen, die im Zimmer überwintern, tut es gut, wenn man sie an einer sonnigen Stelle oder wenigstens nahe am Fenster plaziert. Sie bleiben aber noch immer trocken. Wenn die Kakteen jedoch mehr Licht haben, können sie auch mehr Wärme erhalten, wodurch die Ausbildung der Wartewurzeln unterstützt wird. Am Anfang des Monats wird auch die Pflanzerde durch Dämpfen sterilisiert. Bevor man die Erde zum Pflanzen verwendet, muß sie wenigstens 14 Tage an der Luft ruhen. Sobald die Pflanzen mit entblößten Wurzeln Wartewurzeln entwickeln, pflanzt man sie ein und hält das Substrat danach immer mäßig feucht. Es beginnt nun die Vegetationszeit auch der am Fenster, auf Terasse und Balkon gehaltenen Kakteen.
Die in den vorhergegangenen zwei Monaten durchgeführten Aussaaten müssen regelmäßig kontrolliert werden. An der Substratoberfläche erscheinende Schimmelpilzfäden entfernt man sofort mit einem Hölzchen, spritzt mit 0,15 prozentiger Thiuram-Lösung oder besser mit 0,2 bis 0,3 prozentiger Lösung eines Captan-Präparates. Bei stärkerem Befall läßt man das Substrat austrocknen und setzt die Sämlinge vorzeitig um. Die Saatschale mit den restlichen Samen stellt man an eine trockene Stelle und versucht im Herbst sein Glück mit Nachkeimen. Es droht die erste Gefahr von Verbrennungen, da die Sonne schon sehr hoch steht. Deshalb sollte man die Glasscheiben der Gewächshäuser, Fenstergewächshäuser und Frühbeete mit einem starken Kalkanstrich überziehen. Wenn trotz aller Vorsicht irgendeine Pflanze doch verbrannt wird, bringt man sie in den Schatten, damit die Brandwunden heilen können.

April

Anfang April müssen alle Kakteen unbedingt an den Sommerstandort, in das Fenstergewächshaus, auf die Terasse oder in das kalte Frühbeet übertragen werden. Es versteht sich von selbst, daß zum Umzug ein schöner Tag mit angemessener Wärme zu wählen ist. Besonders sorgfältig schattiert man alle Pflanzen, die sich in Überwinterungsräumen befanden, wo bei weitem nicht die Lichtfülle gegeben war wie jetzt. Sie müssen sich langsam angewöhnen. In erhöhtem Maß gilt das für Kakteen die in voller Dunkelheit überwintert wurden. Es wird nur mäßig gegossen und das auch nur an sonnigen Tagen. Man sollte nie befeuchten, wenn es bedeckt ist. Weil die Nächte noch kühl sind, lüftet man nur bei schönem Wetter immer nur kurze Zeit. In einem geschlossenen Raum mit gespannter und warmer Luft bewurzeln die Kakteen viel besser.

Für den Fall, daß die Unterlagen schon im Trieb sind, können die Sämlinge aus der Herbstaussaat, auch die im Januar und Februar ausgesäten Keimlinge gepfropft werden. Warmes und trockenes Pfropfwetter ist Voraussetzung. Jetzt ist auch Zeit zum Pfropfen größerer Sämlinge oder Sproße auf *Eriocereus jusbertii.* Diese Unterlage nimmt Pfröpflinge an, auch wenn sie sich noch nicht in vollem Wachstum befindet. Alle Pfröpflinge sind warm, trocken und sonnig zu stellen, damit die Schnittwunden so bald als möglich vernarben und gute Bedingungen für das weitere Wachstum geschaffen sind. Etwa eine Woche später nimmt man die Gummiringe ab und versucht, Unterlagen und Pfröpflingen Voraussetzungen für ein üppiges Wachstum zu bieten.

In der zweiten Aprilhälfte kann man, wenn es schön ist, eine kalte Aussaat der meisten Arten durchführen. Besonders vorteilhaft ist das Säen in Einmachgläser, da bei dieser Methode die Samen immer dann keimen, wenn die optimale Wärme vorhanden ist. Es lohnt sich, ähnliche Sorgfalt wie bei Laborarbeiten einzuhalten. Gegen Ende des Monats beginnt die Blüte der Rebutien und Aylostereen. Man soll die Blüten vor übermäßiger Feuchtigkeit schützen, da bei feuchtem Pollen die Bestäubung nicht gelingt. Den Pollen überträgt man mit einem Haarpinsel. Vor unkontrolliertem Kreuzen sollte man sich hüten.

Mai

Die ganze Sammlung ist in vollem Wachstum, die Scheitel der Kakteen glänzen, jede Pflanze zeigt Ansätze neuer Dornen und viele zeigen auch Knospen. Rebutien und Mammillarien blühen den ganzen Monat hindurch. Es öffnen sich auch die Blüten der ersten Gymnocalycien, z. B. *Gymnocalycium bruchii, Gymnocalycium uruguayense* usw., und andere haben schon gut entwickelte Knospen. Knospen zeigen sich auch bei den Notokakteen und zahlreichen anderen Arten. Wenn irgendwelche Pflanze „sitzt", untersucht man die Wurzeln, entfernt sie gegebenenfalls, bewurzelt die Kakteen neu oder pfropft sie auf. Um nicht zu sehr schattieren zu müssen, lüftet man stärker.
Eine ernste Gefahr sind die Fröste in der Zeit der Eisheiligen. Man gießt sehr vorsichtig, damit bei einem plötzlichen Absinken der Temperatur das Substrat nicht übermäßig naß ist. Diese wenigen kühlen Tage und Nächte können, wenn das Substrat zu feucht ist, den Verlust aller feinen Wurzeln verursachen. Eine Wachstumsstockung wäre die Folge und es würde lange dauern, bis dieser Kulturfehler wieder korrigiert wäre.
In der zweiten Maihälfte, wenn es wieder wärmer ist, können die härteren Kakteen an eine sonnige Stelle im Garten übertragen oder sogar auf Beete ausgepflanzt werden. Auch die härteren Unterlagen lassen sich im Freien halten. Sie werden zwar nicht schnell wachsen, aber ihr Gewebe wird fest und sie werden die Pfröpflinge gut annehmen. Wenn man die Veredelungen schließlich an einen mehr geschützten Platz bringt, werden sie besonders gut weiterwachsen. Auch die Epiphyten kann man schon im Garten aufstellen, aber sie müssen halbschattig stehen.
Das Pikieren der Sämlinge wird fortgesetzt. Eine tägliche Kontrolle ihres Gesundheitszustand ist nötig, um bei etwaigem Auftreten einer Pilzkrankheit, sofort mit Fungiziden spritzen zu können. Die Pflanzenkörper dürfen von der Sonne nicht erwärmt sein. Bei warmem Wetter pfropft man Sämlinge und auch größere Kakteen. Jeder Tag, den man im Frühjahr gewonnen hat, zahlt sich durch einen größeren Zuwachs im Herbst aus.

Juni

Anfang Juni herrscht meist schon schönes Sommerwetter, die Tage sind sonnig und die Nächte warm. Man kann die Frühbeetfenster und die Abdeckungen der Fenstergewächshäuser abnehmen und die Pflanzen der vollen Sonne und der frischen Luft aussetzen. Wo es wegen Staub und Luftverschmutzung nicht möglich ist, stellt man wenigstens die Fenster schräg, oder schützt die Pflanzen mit Folien bei freiem Luftzutritt von beiden Seiten.

Aber auch in diesem Monat kann es oft zu einem plötzlichen Wetterumschwung kommen. Es ist bekannt, daß manchmal um den 8. Juni plötzlich die Temperatur sinkt und eine lange Regenperiode beginnt. Schlecht geht es den Kakteen, die beim Eintritt dieses Umschwungs in nassem Substrat stehen. Das Substrat trocknet lange nicht ab und die Wurzeln beginnen zu faulen. Mit dieser Möglichkeit sollte man immer rechnen.

Im Juni öffnen sich immer neue Blüten. Manche schon am Morgen, andere mittags und andere wieder am Nachmittag. Deswegen wird die Sammlung dreimal täglich kontrolliert, um die günstigste Zeit zum Bestäuben nicht zu versäumen.

Ameisen machen sich ebenfalls schon unangenehm bemerkbar. Oft fallen ihnen gerade die ersten Früchte zum Opfer. Ihre Zutrittswege stäubt man mit Vertilgungsmitteln und gießt ihre Nester mit systemischen Insektiziden.

Das Pfropfen wird fortgesetzt. Die ersten Frühjahrspfropfungen sind schon so groß geworden, daß man sie umpfropfen kann, um Mutterpflanzen zu gewinnen. Damit die unteren Teile der Pfröpflinge, die auf den Unterlagen bleiben, nicht austrocknen, pfropft man auf sie die Kopfstücke der Unterlagen. Dieses Verfahren wird „Deckelpfropfung" genannt. Später entfernt man von diesem Kopfstück alle Areolen und zwingt so den Rest des Pfröpflings, obwohl er sehr dünn ist, zum Sprossen.

Jetzt ist auch die beste Zeit zur Aussaat der wärmeliebenden Arten und der Astrophyten. Bei der Juniaussaat erreicht man eine hohe Prozentzahl an Keimlingen. Die *Zygocactus* -Arten sind in der Vegetationsruhe.

Juli

Während der schwülen Tage leiden selbst die Kakteen durch die Hitze. Man lüftet Tag und Nacht ausgiebig. Das Substrat trocknet bald aus, deshalb wird ausgiebig gegossen und zwar abends, wenn die Pflanzenkörper nicht mehr durch die Sonnenbestrahlung allzu erwärmt werden. Bei der Kieskultur kann man die Nährlösung oder das Wasser zwei bis drei Tage lang in den Untersätzen stehen lassen, bis sie aufgesaugt oder verdunstet sind.

Wenn man merkt, daß die Kakteen ihr Wachstum einstellen, beginnt die Zeit der sommerlichen Stagnation. Man gießt vorsichtiger, da auch die Wurzeln der stagnierenden Pflanzen nicht voll leistungsfähig sind und bei übermäßiger Nässe beschädigt werden könnten. Die Wurzelfäule schreitet manchmal so schnell fort, daß von der Pflanze nichts, was man retten könnte, übrigbleibt. Am meisten sind Rebutien, Lobivien und Parodien aus höheren Lagen bedroht.

Auch die Schalen mit den Sämlingen sind gefährdet. Bei heißem Wetter tritt Wurzelfäule auf. Am meisten sind diejenigen Pflanzen, die in sehr humosem Substrat eingepflanzt sind, bedroht. Das beste ist, alle Sämlinge aus der Erde herauszunehmen, abtrocknen zu lassen und sie, wenn möglich, in den Kühlschrank zu stellen, wo sie bei 3 bis 4 °C einige Tage bleiben. Sonst läßt man sie uneingepflanzt, bis es wieder kälter wird.

Sobald die Nächte kühler werden, endet die Wachstumsstagnation und die Pflanzen wachsen flott weiter. Für alle Kakteen ist es wohltuend, sie einige Stunden dem Regen auszusetzen. Es darf jedoch nur ein leichter und warmer Regen sein. Selbst heftige Regengüsse beschädigen die Pflanzen zwar nicht, sie würden jedoch verunreinigt. Von besonderer Wichtigkeit ist, wenigstens die in Hydrokultur gepflegten Kakteen einmal dem Regen auszusetzen. Das Regenwasser löst die Nährsalzkristalle und schwemmt sie ab. Unmittelbar nach einem derartigen Bad folgt das normale Gießen mit der Nährlösung.

August

Die Kakteenpflege in der ersten Monatshälfte unterscheidet sich nicht von der Ende Juli. Der 15. August ist der letzte Tag für das Pfropfen. Es ist aber besser, wenn diese Arbeiten schon früher beendet wurden. Die spät gepfropften Pfröpflinge wachsen zwar gut an, aber werden sich nie zufriedenstellend weiterentwickeln. Dagegen beginnt die beste Zeit für die Herbstaussaat.

Blüten gibt es schon weniger, dagegen reifen immer mehr die Samen. Man erntet, reinigt und lagert die Samen. Die Tüten mit den Samen werden beschriftet. Am besten keimen frischgeerntete Samen, deswegen sollte die Aussaat der Arten, die wir vermehren wollen, nicht verschoben werden. Die Kakteen entwickeln jetzt die längsten und schönsten Dornen. Es erscheint auch eine sehr dichte Wolle. Die Pflanzen reifen aus und bereiten sich auf die Winterruhe vor. Das Ausreifen wird gefördert, wenn man ständig lüftet und, wenn möglich, die Sammlung ohne Glasabdeckung läßt.

Im August vermehren sich die Schädlinge oft epidemisch, besonders die Wolläuse. Man spritzt mit irgendeinem systemischen Spritzmittel. Die Spritzungen werden immer nach zehn Tagen wiederholt. Spritzen soll man nur bei Windstille und wenn die Sonne nicht scheint. Die Epiphyten, die den Sommer über schattig gehalten wurden, überträgt man gegen Ende des Monats auf einen sonnigen Standort. *Zygocactus* beginnt wieder zu wachsen. Die Zeit ihrer Vegetationsruhe endet jetzt. Diese epiphytischen Pflanzen entwickeln nun neue Glieder und einen reichen Blütenansatz.

In der Kieskultur bekommen die Kakteen gegen Ende des Monats noch einmal frische Nährlösung. Künftig wird dann nur mit weichem oder entkalktem Wasser gegossen, eventuell mit Zugabe von phosphorsaurem Kali. Dadurch wird das Ausreifen des Gewebes unterstützt. Die *Ariocarpus*—Arten stellt man an die sonnigste Stelle, da sie bald blühen werden.

September

Solange es noch warm ist und die Sonne scheint, schreitet der Reifeprozess der Kakteen fort. Die Herbstmammillarien blühen, es blühen die Neoporterien und es ist die Hauptblütezeit der *Ariocarpus*–Arten. Sie blühen bis Oktober. Copiapoas sind in bestem Wachstum, besonders wenn man ihnen den ausgiebigen Morgentau gönnt.
Sobald das Wetter in der zweiten Monatshälfte schlechter wird, lüftet man nur während der wärmeren Tage, sonst bleiben die Fenster zu. Die verwelkten Blüten müssen beseitigt werden, sonst faulen sie und die Fäulnis dringt oft in die Pflanzenkörper ein. Unzählige wertvolle *Ariocarpus*–Arten wurden durch die Fäulnis sofort vernichtet, nachdem sie die ersten Blüten brachten. Auch auf die Knospen, die sich nicht weiterentwickeln, ist zu achten, denn auch sie werden oft von Fäulnis befallen. Während eines warmen Tages spritzt man das letzte Mal mit Insektiziden und Fungiziden.
Die Epiphyten kommen unter das Dach, die *Zygocactus*-Arten stellt man auf die Fensterbank in einem Zimmer ohne Zentralheizung, wo man sie gießt und düngt.

Oktober

Jetzt werden alle Kakteen eingeräumt. Nur die widerstandsfähigsten Arten können bis Ende November im Frühbeet bleiben. Beim Einräumen sollten alle Kakteen trocken sein. Nichtsdestoweniger stellt man sie noch für einige Tage in einen beheizten Raum, bis das Substrat genügend abgetrocknet ist. Erst dann kommen sie in den kühlen Überwinterungsraum. Dasselbe geschieht, wenn die Pflanzen mit entblößten Wurzeln überwintern sollen. Die kleinen Sämlinge stellt man, wenn möglich zwischen die inneren und äußeren Fensterflügel oder im Gewächshaus auf das Hängebrett und hält sie bei schwachem Wachstum. Aus dem Garten werden auch die härtesten Stücke, die frei ausgepflanzt wurden, entfernt.
Peireskiopsis, egal ob gepfropft oder ungepfropft, brauchen im Winter Zimmertemperatur, sonst werfen sie die Blätter ab und viele gehen ein. Sie vertragen jedoch auch keine trockene Luft.
Man bringt sie am besten in einer Vitrine unter, wo sie gegossen und

bei schwachem Wachstum gehalten werden. Es hat sich auch folgende Einrichtung bewährt: Die Pflanzen werden in eine Holzkiste oder in einen Karton gestellt und das ganze wird in einen Plastikbeutel eingeschoben. Den Beutel bläst man auf und bindet ihn zu. So etwas läßt sich auch in einem kalten Gewächshaus einrichten, aber man muß zusätzlich heizen. Bei kleineren Mengen genügt eine Glühbirne von 25 bis 30 Watt als Heizquelle.

November — Dezember

Jetzt ist auch in den Gewächshäusern nur noch wenig Licht vorhanden. Deswegen dürfen die Kakteen nicht wachsen, damit ihre Gestalt nicht verdorben wird. Man läßt die Temperatur auf 8 bis 10 °C sinken. Wärmeliebende Arten brauchen etwas höhere Temperaturen. Alles, was nun noch in den Frühbeeten zurückgeblieben ist, überträgt man in das Winterquartier. Wer die Wurzeln kürzen will, nimmt alle Kakteen im November aus der Erde und läßt sie einige Tage warm liegen bis das Substrat abgetrocknet ist. Dann werden die Wurzeln von Substratresten gesäubert und gekürzt. Wenn nach einigen Tagen die Wundstellen vernarbt sind, werden die Kakteen auf leere Pflanztöpfe gesetzt, damit sich die Wurzeln nicht abbiegen und dort aufgestellt, wo sie bis zum Frühjahr bleiben. Die einzelnen Pflanzen können auch in Papier eingeschlagen und in einer Schachtel gelagert werden. Wer Kakteen im Keller überwintert, muß den entsprechenden Raum zuerst desinfizieren, um Keime der Schimmelpilze zu vernichten. Sämlinge bis Kirschengröße läßt man in den Schalen, sonst könnten sie allzusehr austrocknen. Auch die gepfropften Pflanzen bleiben besser eingepflanzt. Das Substrat wird von Zeit zu Zeit etwas angefeuchtet.

Die Kakteen, die durch Trockenheit und Kälte im Zustand der Vegetationsruhe sind, erfordern nur minimale Pflege. Etwa einmal pro Woche sollte man sie untersuchen und bei beginnender Fäulnis das kranke Gewebe entfernen. Die Schnittstelle wird mit Aluminiumstaub oder Gips bestäubt und die Pflanze auf einen Heizkörper der Zentralheizung gestellt. Man kann auch den Versuch unternehmen, die Pflanze durch Pfropfen zu retten. Für solche Fälle ist *Trichocereus pachanoi* die beste Unterlage.

KAKTEENSYSTEME UND DIE WICHTIGSTEN GATTUNGEN

Seitdem Carl von Linné im Jahre 1753 alle 22 damals bekannten Kakteen in eine einzige Gattung *Cactus* eingereiht hat, haben sich viele Botaniker bemüht, eine neue systematische Gliederung einzuführen. Aber es ist bisher nicht gelungen, ein endgültiges System zu finden. Ein solches System müßte sowohl die verwandtschaftlichen Beziehungen berücksichtigen und gleichzeitig ein Gesamtbild der Entwicklung der ganzen Familie der Cactaceae wiedergeben. Es wird noch dauern, bis diese Aufgabe endgültig gelöst sein wird. Es wurden mehr als 4000 Arten beschrieben, die man in verwandtschaftliche Gruppen, die Gattungen einordnen sollte. Das ist sehr schwierig, da viele Übergangsformen existieren, die von den verschiedenen Systematikern unterschiedlichen Gattungen zugeordnet werden. Dabei herrschen auch in der Frage der Berechtigung einzelner Gattungen beträchtliche Meinungsverschiedenheiten.

Wie schon erwähnt, hat Linné eine einzige Kakteengattung aufgestellt. Karl Schumann, ein bekannter Systematiker, hat gegen Ende des vorigen Jahrhunderts 21 Gattungen aufgestellt. Die amerikanischen Botaniker Britton und Rose teilten in ihrer Monographie aus den Jahren 1919 bis 1923 die Kakteen schon in 123 Gattungen ein. Das größte modernere Fachwerk „Die Cactaceae", das in den Jahren 1958 bis 1962 herausgegeben wurde, enthält ein auf 220 Gattungen aufgebautes Kakteensystem. Der österreichische Botaniker Franz

Buxbaum arbeitete an einem neuen System, seine Arbeit blieb aber nur ein Torso, da er im Jahre 1979 gestorben ist. Sein provisorisches System zählte vorläufig etwa 150 Gattungen.
Auf die endgültige Lösung wird man noch lange warten. Zuerst muß die ganze Entwicklung der Kakteen von den primitivsten bis zu den am höchsten entwickelten Formen rekonstruiert werden. Man kennt Pflanzen, die zwar sehr ähnlich aussehen, die aber trotz einer parallelen Entwicklung von sehr unterschiedlichen Ahnen abstammen. Eine weitere Schwierigkeit bedeutet der Umstand, daß sich manche Pflanzen zwar von primitiven zu komplizierteren Formen entwickelt, sich aber später wieder auf eine vereinfachte Form zurückentwickelt haben. So ist es oft schwer zu unterscheiden, welche Form primitiv ist, und welche die Folge einer Rückentwicklung darstellt. Für derartige Untersuchungen muß man ausreichende Mengen Pflanzenmaterial, besonders auch der Blüten, Früchte und Samen zur Verfügung haben. Blüte und Frucht müssen in den einzelnen Stadien ihrer Entwicklung studiert, die innere Struktur mit dem Mikroskop untersucht werden. Dabei treten verschiedene Hindernisse auf. Viele Arten blühen nur einmal pro Jahr. Andere sind in den Sammlungen überhaupt nicht vertreten oder nur in wenigen Exemplaren, die in Kultur nicht blühen. Und es gibt auch Arten, die man in keinem botanischen Garten findet und die man nur in der Natur beobachten kann. Wenn man jedoch die riesigen Ausmaße der Verbreitungsgebiete oder die Abgelegenheit mancher Fundorte in Betracht zieht, wird es leicht verständlich, daß verschiedene grundsätzliche Fragen in absehbarer Zeit nicht lösbar sind. Neuentdeckungen widerlegen oft einleuchtende Theorien.
Alle modernen Systeme beruhen auf der Einteilung der Familie Cactaceae in drei Unterfamilien:

I. Peireskioideae K. Sch.
II. Opuntioideae K. Sch.
III. Cereoideae K. Sch.

Peireskioideae sind die primitivsten Kakteen. Sie entwickeln noch normale Blätter, die Blüten sind einfach und in Rispen angeordnet. Opuntioideae sind schon hochsukkulent, die Blätter, wenn noch vorhanden, stark reduziert. Alle Kakteen dieser Unterfamilien haben Glochiden. Die Blüten sind immer einzeln. Alle sonstigen Kakteen gehören in die Unterfamilie Cereoideae und zwar ohne Unterschied,

ob sie kugel- oder säulenförmig oder von anderer Gestalt sind. Hierher gehören die meisten Arten, die sich in den Sammlungen befinden. Sonst sind die Kakteensysteme recht unterschiedlich und es ist belanglos, sich hier mit den Unterschieden weiter zu befassen. Wer sich für die Fragen der Kakteensystematik und Taxonomie näher interessiert, muß ohnehin die umfangreiche Fachliteratur studieren.
Für alle, die sich mit Kakteen beschäftigen, ist die Benennung der einzelnen Pflanzen sehr wichtig. Sie ist aus zwei lateinischen Namen zusammengesetzt: z. B. *Notocactus ottonis*; der erste Name bezeichnet die Gattung, der zweite die Art. Hinter dem botanischen Namen befindet sich meist noch die Abkürzung des Autorennamens. In diesem Falle hat Dr. Lehmann die Art benannt. Die Abkürzung ist folglich Lehm. Er hat diese Art in die Gattung *Echinocactus* eingereiht. Erst später hat sie Alvin Berger in die Gattung *Notocactus* überführt. In solchen Fällen kommt der Name des ursprünglichen Autors in Klammern. Nach den Regeln der botanischen Nomenklatur schreibt man also *Notocactus ottonis* (Lehm.) Berg.
Manche Arten sind einheitlich (uniform). Alle Exemplare sehen gleich aus, so daß es über ihre Artzugehörigkeit keine Zweifel gibt. Als Beispiel sei *Echinocactus grusonii* angeführt. In der Mehrzahl sind die Kakteen jedoch ziemlich variabel. Angehörige derselben Art sind oft schon am gemeinsamen Standort in der Natur sehr verschieden und variieren in der Länge und Farbe der Bedornung, in der Rippenzahl, in der Blütenfarbe usw.
Besonders auffällige Abweichungen werden, wenn sie in der Nachkommenschaft beständig bleiben, als Varietäten bezeichnet. Dies wird durch die Abkürzung „var." hinter dem Namen der Art kenntlich gemacht z. B. *Gymnocalycium gibbosum* (Haw.) Pfeiff. var. *nobile* (Haw.) Ito. Wenn die Unterschiede weniger wichtig sind, wird von einer „Form" gesprochen, die Abkürzung ist dann „f". Eine noch weitergehende Unterteilung in Gattung, Untergattung, Art (species), Unterart (subspecies), Varietät, Subvarietät (subvarietas) usw. ist ebenfalls möglich. Zwischen den Autoren entstehen oft Meinungsverschiedenheiten darüber, ob eine gewisse Pflanze eine selbstständige Art oder nur eine Varietät ist usw.
Die Bezeichnung „Form" wird in verschiedener Bedeutung benutzt. Vor allem steht sie für eine systematische Kategorie. Die Voraussetz-

ung für eine gültige Benennung ist die korrekte Beschreibung nach den Internationalen Regeln der botanischen Nomenklatur. Ein anderes Mal werden als „forma" verschiedene Deformationen bezeichnet, z. B. f. *cristata,* f. *monstrosa,* f. *aurea,* f. *rubra* usw. Schließlich wird das Wort „Form" zur Bezeichnung einer besonderen Qualität der einzelnen Pflanze oder Pflanzengruppe benutzt. So wird oft gesagt *Mammillaria centricirrha,* Form mit besonders langen Dornen, Form mit reinweißen Dornen, Form mit großen oder kleinen Blüten usw. Aus der ganzen Anzahl von über 200 Gattungen und etwa 4000 Arten können im Rahmen dieses Buches nur die wichtigsten erwähnt werden und das auch nur in Kürze. Es sind nur die sammlerisch wertvollsten Gattungen angeführt. Was die Gattungsnamen anbelangt, werden sie allgemeingebräuchlich verwendet, ohne Rücksicht darauf, ob sie der eine oder andere Theoretiker anerkannt hat oder nicht. Gute Kenntnisse vieler Arten kann man sich nur durch ein langjähriges Studium der Fachliteratur aneignen.

GATTUNGEN UND ARTEN

Acanthocalycium Backebg.
Nordwestargentinien

Mittelgroße kugelförmige, schön bedornte Kakteen. Blüten ziemlich groß. Fruchtknoten und Blütenröhre sind von Schuppen bekleidet, die oben zu Dornen umgewandelt sind. Es sind Gebirgspflanzen und verlangen viel frische Luft. Es wurden zwölf Arten beschrieben. Am meisten wird *A. violaceum* (Werd.) Backebg. mit gelben Dornen und violetten Blüten gezogen. *A. klimpelianum* (Weidl. et Werd.) Backebg. blüht weiß, *A. spiniflorum* (K. Sch.) Backebg. rosa. Den zweiten Zweig dieser Gattung bilden Pflanzen, die mehr den Lobivien ähneln. Die Blüten entspringen aus den Seitenareolen, haben aber sonst den Charakter der *Acanthoca—lycium*—Blüten. Hier gehört z. B. *A. chionanthum* (Speg.) Backebg.

Ancistrocactus Br. et R.
Nordmexiko und Texas

Kugelige bis kurze, säulenförmige Pflanzen mit Rübenwurzeln. Ein Mitteldorn ist immer hackenförmig. Es wurden vier Arten beschrieben. Alle sind sehr empfindlich.

Aporocactus Lem.
Süd- und Mittelmexiko

Zeichnet sich durch einen strauchartigen Wuchs aus. Die Äste sind dünn, lang und überhängend. Die Dornen sind kurz und stehen dicht, die Blüten mittelgroß, zygomorph. Sehr bescheidene Kakteen, die ohne besondere Pflege hinter dem Fenster zwischen anderen Zimmerpflanzen gut gedeihen. Es wurden fünf Arten beschrieben. Die bekannteste ist *A. flagelliformis* (L). Lem. mit bis zu 1 m langen Ästen und satt karminroten Blüten. Es werden auch Hybriden mit größeren Blüten gehalten.

Arequipa Br. et R.
Südperu, Nordamerika

Anfangs kugelförmige, später verlängerte, bis 0,5 m hohe, meist dicht bedornte Pflanzen. Blüten sind langröhrig. Es wurden acht Arten beschrieben. Für kleinere Sammlungen weniger geeignet.

Ariocarpus Scheidw.
Mittel- und Nordmexiko, Südtexas

Nicht besonders große, flache, den verwitterten, mit Flechten bewachsenen Steinen ähnliche Pflanzen (Mimikri). Körperoberfläche aus graugrünen bis graubraunen Warzen zusammengesetzt. Blüten weiß, rosa, violett und gelb. Die Kultur ist ziemlich schwierig, aber ihres außergewöhnlichen Aussehens wegen gehören sie zu den beliebtesten Kakteen. Für einige Arten wurde eine selbstständige Gattung *Roseocactus* aufgestellt. Diese Benennung hat sich jedoch allgemein nicht durchgesetzt. Alle Arten verlangen ein gut durchlässiges, mineralisches Substrat wie die Astrophyten, volle Sonne und außerhalb der Vegetationszeit absolute Trockenheit. Es wurden acht Arten beschrieben. Bei *A. furfuraceus* (Wats.) Thomps., *A. trigonus* (Web.) K. Sch., *A. retusus* Scheidw. und *A. scaphorostrus* Böd. sind die Mamillen dreieckig, zugespitzt, mit mehr oder weniger gebogener Spitze. Bei *A. fissuratus* (Eng.) K. Sch., *A. lloydii* Rose, *A. intermedius* Becklog. und *A. kotschoubeyanus* (Lem.) K. Sch. sind die Mamillen stark zusammengedrückt, auf der Oberfläche gefurcht und durch eine Längsrille aufgeteilt. Nach neueren Forschungen soll zu dieser Gattung auch *A. agaviodes* (Castaneda) E. F. Anderson, früher die selbstständige Gattung *Neogemesia,* gehören. Die Gattungen *Roseocactus* und *Neogomesia* haben anders plazierte Vegetationspunkte als *Ariocarpus* und sind demnach voll berechtigt.

Astrophytum Lem.
Mittel- und Nordmexiko, Südtexas

Diese Gattung unterscheidet sich von allen anderen durch besondere weiße Wollflöckchen, die mehr oder weniger dicht den Pflanzenkörper bedecken. Die Samen sind groß, weich und schalenförmig. Blüten groß, gelb, manchmal mit roter Mitte. Astrophyten gehören zu den schwieriger zu kultivierenden Kakteen. Ihres außerordentlich interessanten Aussehens wegen zählen sie zu den beliebtesten und am meisten gehaltenen Kakteenarten. Sie gedeihen in mineralischem, sehr durchlässigem Substrat und verlangen volle Sonne. Es wurden acht Arten beschrieben, von denen mehrere Varietäten bekannt sind. *A. asterias* (Zucc.) Lem. ist ganz flach, scheibenartig, achtrippig und dornenlos. *A. myriostigma* Lem. hat ebenfalls keine Dornen. Der vier- bis achtrippige Körper ist dicht beflockt. *A. myriostigma* var. *nudum* R. Mey. hat jedoch keine Flocken. *A. coahuilense* (Möll.) Kays. sieht ähnlich wie *A. myriostigma* aus, ist jedoch mit größeren und weißeren Flocken dicht besetzt. Von dieser Art unterscheidet sich die Pflanze auch durch die Blüten, deren Mitte rot gefärbt ist. *A. capricorne*

(Dietr.) Br. et R., *A. senile* Frič und *A. niveum* Haage et Sadovsky sind achtrippige Pflanzen mit langen Dornen. *A. ornatum* (DC.) Web., das größte von allen, erreicht mehr als 1 m Höhe, hat acht Rippen und gerade, steife Dornen. In den Sammlungen finden sich auch sehr interessante Hybriden.

Aylostera Speg.
Nordwestargentiniern, Südbolivien

Kleine, kugelige bis etwas längliche Pflanzen, die gerne sprossen und kleine Rasen bilden. Sie sehen wie *Rebutia* aus. Von diesen unterscheiden sie sich hauptsächlich dadurch, daß die Blütenröhre mit dem Griffel verwachsen und mit Haaren und Borsten besetzt ist. Es sind dankbare Gebirgspflanzen, die einen weniger sonnigen Standort vertragen. Blühen sehr bald und reich. Es wurden mehr als 20 Arten beschrieben. *A. deminuta* (Web.) Backebg. blüht dunkelorange, *A. fiebrigii* (Gürcke) Backebg. gelbrot, *A. pseudodeminuta* (Backebg.) Backebg. dunkelpurpur, *A. spinosissima* (Backebg.) Backebg. ist dicht bedornt, Blüten sind ziegelrot, *A. kupperiana* (Böd.) Beckebg. hat orange Blüten. Der Kakteensammler W. Rausch hat in den Kordilleren einige neue Arten gefunden. Die schönste ist *A. heliosa* Rausch, die der mexikanischen *Solisia pectinata* ähnelt. Blüht orange.

Aztekium Böd.
Mittelmexiko, Nuova Léon

Die einzige bekannte Art *Aztekium ritteri* (Böd.) Böd. ist ein kleines, graugrünes Pflänzchen mit neun bis elf niedrigen Rippen, zwischen denen Nebenrippen eingeschoben sind. In der Areole sind nur eine bis drei winzige Dornen. Die rosa Blüten haben nur 8 mm Durchmesser. Schwer zu kultivierende, heikle Art. Das Pfropfen wird empfohlen. *Aztekium* gehört zu den seltenen mexikanischen Raritäten.

Bartschella Br. et R.
Kalifornien

Die einzige bekannte Art *Bartschella schumannii* (Hildm.) Br. et R. ist eine kleine, den Mammillarien ähnliche Pflanze. Sie wird fast ausschließlich gepfropft auf *Eriocereus jusbertii* kultiviert.

Blossfeldia Werd.
Nordargentinien, Südbolivien

Es sind die kleinsten bekannten Kakteen überhaupt. Sie erreichen nur 10 bis 15 mm im Durchmesser. Sie sprossen und bilden kleine Kolonien, haben weder Rippen noch Dornen. Die Blüten sind klein. Es sind Gebirgspflanzen, die Kultur ist ziemlich schwierig. Pfropfen wird empfohlen. Besonders sind sie bei den Sammlern von Miniaturkakteen beliebt. Es wurden sechs Arten beschrieben, die sich nur wenig unterscheiden.

Brasilicactus Backebg.
Südbrasilien (Rio Grande do Sul)

Diese Kugelkakteen erreichen bis 10 cm im Durchmesser. Zahlreiche Rippen sind vollständig in kleine Warzen zerlegt. Die Körper sind dicht mit kurzen Dornen besetzt. Die Blüten sind ziemlich klein. Ihre Kultur ist nicht schwierig, nur Vorsicht vor heißer Sonne ist geboten. Es sind schöne und beliebte Pflanzen. Drei Arten wurden beschrieben. In den Sammlungen sind nur zwei verbreitet und zwar *B. graessneri* (K. Sch.) Backebg. mit goldgelben Dornen und grünen Blüten und *B. haselbergii* (Hge.) Backebg., ganz in weiße Dornen eingehüllt, mit orangeroten Blüten.

Carnegia Br. et R.
Arizona

Monotypische Gattung. Einzige Art *Carnegia gigantea* (Eng.) Br. et R., erreicht in der Natur bis 12 cm Höhe. Eine durch die Zivilisationseinflüsse in ihrer Existenz bedrohte Art.

Cephalocereus Pfeiff.
Mittelmexiko (Hidalgo)

In diese Gattung gehört die einzige Art, *Cephalocereus senilis* (Haw.) Pfeiff., das bekannte „Greisenhaupt". In der Natur bis 15 m hohe Säulen, in den Sammlungen meist nur niedrige, in lange, dichte, weiße Haare eingehüllte Säulen. Gehört zu den ziemlich harten Arten. Ihres sehr attraktiven Aussehens wegen ist diese Pflanze immer gesucht. Gehalten wird sie in sehr durchlässigem, mineralischem Substrat, vollsonniger Standort. Haltbar bei vorsichtigen Wassergaben und in der Wachstumsruhe bei vollständiger Trockenheit. Im Winter soll die Temperatur nicht unter 10 °C sinken.

Cereus Mill.
Südamerika östlich der Kordilleren

Säulenförmige, in Südamerika sehr verbreitete Kakteen. Sind mehr unter der älteren Bezeichnung *Piptanthocereus* bekannt. Ihre Äste haben nur wenige Rippen, oft nur vier. Die Pflanzen sind sehr wüchsig, man kann sie im Sommer in ein Gartenbeet im Freien auspflanzen. Es wurden 45 Arten beschrieben. Besonders oft werden *C. dayamii* Speg. und *C. stenogonus* K. Sch. als sehr gute Pfropfunterlagen gezogen. Gute Unterlagen sind ferner *C. peruvianus* (L.) Mill. und *C. jamacaru* DC. In botanischen Gärten blühen sie reichlich. Es entstehen auch zahlreiche Hybriden.

Chamaecereus Br. et R.
Nordargentinien

Die einzige Art, *Ch. silvestrii* (Speg.) Br. et R. gehört zu den sehr verbreiteten Kakteen. Hellgrüne, fingerdicke Stengel bilden dichte, kleine Sträucher. Sehr widerstandsfähig, die Pflege ist leicht. Im Winter verlangt sie einen sehr kühlen Standort. Wenn zusammengeschrumpft, verträgt sie mehrere Grade unter dem Null. Blüht im Frühjahr mit leuchtend roten Blüten.

Chileorebutia Frič
Chile

Diese Miniaturkakteen mit Rübenwurzeln sind inzwischen sehr beliebt. Die Körperfarbe ist sehr verschiedenartig, die Dornen kurz, weiß bis schwarz. Wurzelecht sind sie schwierig zu halten, deswegen ist Pfropfen angebracht. Es sind etwa 20 Arten bekannt. Die am meisten bekannte ist *Ch. glabrescens* Ritt. und *Ch. esmeraldana* Ritt. Die schönsten sind *Ch. odieri* (Lem.) Ritt. und *Ch. malleolata* Ritt.

Cleistocactus Lem.
Bolivien, Peru, Paraguay, Uruguay, Nordargentinien

Schlanke, nicht besonders hohe, strauchartig wachsende Säulenkakteen. Die Areolen liegen nahe beieinander, die Dornen sind dicht und fein. Sehr interessant sind die Blüten. Sie sind röhrenartig, die Röhre ist gebogen. Es wurden etwa 50 Arten beschrieben. Die schönste ist *C. strausii* (Hesse) Backebg., eine schlanke, weiß bedornte Art. Die Dornen von *C. baumannii* (Lem.) Lem. sind verschiedenartig gefärbt. Bald blühend.

Copiapoa Br. et R.
Nordchile

Diese kugeligen bis kurz säulenförmigen, oft sprossenden Kakteen haben den Scheitel mit dichter Wolle bedeckt. Sie wachsen in extrem trockenen Wüstengebieten. Meist gedeihen sie auch wurzelecht gut. Man pflanzt sie in mineralisches, durchlässiges Substrat und lüftet ausgiebig. Es wurden etwa 50 Arten beschrieben. Die schönsten sind *C. cinerea* (Phil.) Br. et R. und *C. lembkei* Backebg., beide kreidig weiß mit schwarzen Dornen, ferner die olivgrünen *C. haseltoniana* Backebg., *C. gigantea* Backebg. usw. Lange weiße Haare hat *C. krainziana* Ritt. Von zwergigem Wuchs sind *C. hypogaea* Ritt. und *C. tenuissima* Ritt., beide dunkelbraun bis schwarz. Sie blühen leicht mit gelben Blüten.

Coryphantha (Eng.) Lem.
Mexiko, USA, Südkanada

Es sind meist kleine, kugelige bis kurzsäulige Pflanzen. Einige sprossen und bilden kleine Kolonien. Der Körper ist in Warzen aufgegliedert, die ähnlich wie bei Mammillarien spiralförmig angeordnet sind. Auf der Warzenoberfläche ist eine Längsfurche, aus der die Blüten entspringen. Diese sind groß, scheitelständig. Wir teilen sie in drei Pflegegruppen: Die spärlich bedornten sind Wiesenpflanzen, die Kultur erfolgt wie bei den Mammillarien. Die dicht bedornten, harten Coryphanthen werden wie Astrophyten gezogen. Die dritte Gruppe sind die winterharten Arten der nördlichen Standorte. Sie vertragen eine sehr kühle Überwinterung und im Sommer eine freie Kultur. Es wurden 50 Arten beschrieben. In die erste Gruppe gehören *C. elephantidens* (Lem.) Lem., *C. bumamma* (Ehrenbg.) Br. et R. und *C. andreae* J. A. Purp. et Böd., in die zweite *C. cornifera* (DC.) Lem., *C. pallida* Br. et R., *C. difficilis* (Quehl.) Berg., in die dritte *C. vivipara* (Nutt.) Eng. und weitere.

Denmosa Br. et R.
Nordwestargentinien

In der Natur erreichen sie bis 30 cm Durchmesser und werden 1,5 m hoch. Die Blüten sind eigenartig geformt, röhrenförmig, oben etwas verengt, von korallroter Farbe. Die Art *D. rhodacantha* (SD.) Br. et R. hat in der Jugend lange, starke, rote Dornen. Später werden sie durch Borsten und Haare ersetzt. Aus diesem Grund werden die jungen Pflanzen für eine andere Art gehalten und wurden als *D. erythrocephala* (K. Sch.) Berg. beschrieben. Der richtige Name für die Pflanze ist *D. rhodacantha* (SD.) Br. et R. In der Kultur sind sie anspruchslos.

Discocactus Pfeiff.
Brasilien, Paraguay, Bolivien

Flache, scheibenförmige Pflanzen mit Cephalium im Scheitel. Alle blühen nachts mit verhältnismäßig großen, meist weißen Blüten. Es sind über 20 Arten bekannt und immer neue werden entdeckt. Am meisten bekannt ist *D. horstii* Buin. et Bred., eine schöne Miniaturpflanze. Alle Arten sind gegenwärtig sehr beliebt. Sie sind wärmebedürftig.

Dolichothele (K. Sch.) Br. et R.
Mittel- und Nordmexiko, Südtexas

Verwandt mit der Gattung *Mammillaria,* unterscheidet sie sich durch sehr lange Warzen und oft auch durch große Blüten. Die Pflege ist nicht schwierig. Es wurden etwa 15 Arten beschrieben. *D. camptotricha* (Dams.) Tieg. und *D. decipiens* (Scheidw.) Tieg. gehören zu den anspruchlosesten Kakteen. Auch *D. longimamma* (DC.) Br. et R. mit besonders langen Warzen und die ähnlichen *D. sphaerica* (Dietr.) Br. et R. und *D. melaleuca* (Karw.) Craig sind sehr beliebt. Sie haben große, gelbe Blüten. *D. baumii* (Böd.) Werd. ist eine kleine, weiß bedornte Pflanze. *D. surculosa* (Böd.) Buxb. bildet sehr niedrige, dichte Polster und blüht reich mit gelben Blüten.

Echinocactus Lk. et O.,
Mittel- und Nordmexiko, Süden der USA

Es sind meist große, kugelförmige, später kurzsäulige Kakteen. Einige von ihnen sind die größten Kugelkakteen, die man kennt. Sie haben mächtige Rippen, starke Dornen und die Scheitel sind mit dichtem Filz bedeckt. Bei uns gedeihen sie gut und wachsen schnell, blühen aber nur sehr selten. Es sind etwa zehn Arten bekannt. Sehr oft wird *E. grusonii* Hildm. gehalten. Er ist einer der schönsten Kakteen, goldgelb bedornt. *E. ingens* Zucc., *E. grandis* Rose, *E. palmeri* Rose und *E. visnaga* Hook. sind in der Jugend voneinander nicht zu unterscheiden. In der Natur erreichen sie bis 1 m im Durchmesser und 3 m in der Höhe, so daß sie mehrere Tonnen wiegen. Ihr Lebensalter kann man auf mehrere hundert Jahre schätzen. *E. horizonthalonius* Lem. ist kleiner und in Kultur nicht lange haltbar.

Echinocereus Eng.,
Mittel- und Nordmexiko, USA

Weichfleischige Pflanzen mit dünnen Ästen oder von kurzem, säulenförmigem Wuchs. Große Blüten in schönen Farben mit grünen Narben. Fruchtknoten und Blütenröhre sind bedornt. In der Mehrzahl bilden sie große Kolonien. Für die Sammler sind besonders die Arten aus dem Kreis von *E. pectinatus* (Scheidew.) Eng. wichtig. Sie bleiben klein und ihre Körper sind dicht mit kurzen Dornen besetzt. Die kleinste Art ist *E. davisii* A. D. Houghton, die schon bei dem Durchmesser von 8 bis 10 mm blüht. Es wurden etwa 90 Arten benannt.

Echinofossulocactus Lawr.
Mittel- und Nordmexiko

Kugelige, mittelgroße Pflanzen. Sie zeichnen sich durch eine große Anzahl Rippen (bis über 100) aus. Die Rippen sind verschiedenartig gewellt. Die Dornen sind einmal gerade und lang, zum anderen flach und pergamentartig. Die Kultur in einer mineralischen, sehr durchlässigen Erdmischung ist nicht schwer. Sie brauchen viel Sonne und im Winter einen trockenen und kühlen Standort. Wenn sie im Winter genug Licht haben, blühen sie zeitig im Frühjahr. Es sind etwa 40 Arten bekannt. Die wenigsten Rippen hat *E. coptonogonus* (Lem.) Lawr., die meisten *E. multicostatus* (Hildm.) Br. et R. und *E. zacatecasensis* Br. et R. Der Name *Stenocactus* ist ein Synonym.

Echinomastus, Br. et R.
Nordmexiko, Süden der USA

Mittelgroße, kugelige bis kurzsäulige Kakteen. Die Rippen sind sehr stark in Warzen zerlegt. *Echinomastus* ist mit der Gattung *Thelocactus* nahe verwandt, unterscheidet sich aber u. a. durch die viel dichtere Bedornung. Es sind alle sehr schöne Pflanzen, aber ihre Kultur ist mit großen Schwierigkeiten verbunden. Am besten gedeihen sie gepfropft. Elf Arten sind bekannt. Meistens wird *E. macdowellii* (Reb.) Br. et R. gezogen. Diese Pflanze ist von einem dichten weißen Dornenbesatz eingehüllt und die verhältnismäßig dankbarste Art.

Echinopsis Zucc.
Bolivien bis Südargentinien, Südbrasilien, Uruguay, Paraguay

Kugelige, bis säulenförmige, oft reichsprossende Pflanzen. Die Rippen sind gerade und mächtig. Charakteristisch sind die langen, trichterförmigen Blüten, die sich nachts öffnen. Die Kultur ist leicht, heiße Sonne wird jedoch nicht so gut vertragen. Man kennt etwa 50 Arten. *E. eyriesii* (Turp.) Zucc. wird oft als Zimmerpflanze gezogen, eine der am meisten verbreiteten Kakteen, *E. leucantha* (Gill.) Walp. auch *E. camptotricha* genannt, hat lange, nach oben gebogene Dornen. *E. chacoana* Schütz aus Paraguay hat einen langen, gerade vorgestreckten Mitteldorn, *E. werdermanniana* Fleischer hat die größten rosa Blüten.

Epiphyllum Haw.
Mexiko bis Südamerika

Diese Pflanzen sind allgemein unter der unrichtigen Benennung *Phyllocactus* bekannt. Diese Sträucher mit flachen oder dreirippigen Ästen werden auch als Blattkakteen bezeichnet. Es sind überwiegend Hybriden mit großen, schönen Blüten. Sie werden laut Anleitung im Kapitel Epiphyten gepflegt.

Epithelantha (Web.) Br. et R.
Westtexas und Nordmexiko

Kleine, den Mammillarien ähnliche Pflanzen, mit sehr feinen, weißen Dornen besetzt. Sie sehen schön aus, aber ihre Kultur ist schwierig. Meist werden sie gepfropft. Es wurden mehrere Arten beschrieben, aber man kann sie nur schwer unterscheiden. Die bekannteste ist *E. micromeris* (Eng.) Web.

Eriocactus Backebg.
Paraguay, Südbrasilien

Den Notokakteen nahe verwandt. Unterscheiden sich durch größere Dimensionen, der Scheitel ist immer schräg gestellt. In der Natur sind sie über 1 m, manchmal sogar über 2 m hoch. Ursprünglich waren drei Arten bekannt: *E. leninghausii* (Haage jr.) Backebg. mit langen, goldgelben Haaren, am meisten geschätzt, ferner *E. schumannianus* (Nic.) Backebg., dessen Scheitel mit dichtem weißen Filz bedeckt ist, und *E. grossei.* Unlängst wurden neue Arten entdeckt und zwar *E. magnificus* Ritt. und *E. claviceps* Ritt.

Eriocereus (Berg.) Ricc.
Paraguay, Uruguay, Südbrasilien, Ostargentinien

Schlanke, in der Natur meist kletternde oder überhängende Cereen.

Sie werden hauptsächlich als Pfropfunterlagen gehalten wie *E. jusbertii* (Reb.) Ricc., *E. bonplandii* (Parm.) Ricc. und *E. tortuosus* (Forb.) Ricc.; *E. martinii* (Lab.) Ricc. blüht bald und reich mit großen Blüten, die sich nachts öffnen.

Eriosyce Phil.
Chile

Sie sind die größten südamerikanischen Kugelkakteen. In der Natur erreichen sie 0,5 m im Durchmesser und werden über 1 m hoch. Diese Gebirgspflanzen verlangen viel frische Luft und im Winter einen kühlen und trockenen Standort. Auf eigenen Wurzeln wachsen sie sehr langsam, deswegen wird Pfropfen empfohlen. Es wurden mehrere Arten beschrieben, aber sie sind in der Jugend sehr einheitlich, so daß sie einige Autoren für Varietäten einer einzigen Art, *E. ceratistes* (O.) Br. et R. halten. In den Sammlungen sind sie selten vertreten.

Escobaria Br. et R.
Nordmexiko, Süden der USA

Kleine Pflanzen, mit der Gattung *Coryphantha* verwandt, sie haben jedoch kleinere Blüten. In letzter Zeit werden sie bei den Sammlern von Miniaturkakteen immer beliebter. Die Kultur ist ziemlich schwer. Am besten gedeihen sie in der Kieskultur. Besonders schön sind *E. nelliae* (Croiz.) Backebg., *E. leei* Böd., *E. hesteri* (Wright) Buxb. Etwa 20 Arten sind bekannt.

Espostoa Br. et R.
Südecuador, Nordperu

Diese säulenförmigen Kakteen sind vollständig in weiße Fäden eingehüllt, die am Scheitel ein Filzgeflecht, ähnlich einem Stück Watte, bilden. Schon als kleine Sämlinge sind sie auffallend schön. Sie wachsen zwar im Gebirge, aber in unmittelbarer Nähe des Äquators. Bei kühlem Wetter muß man sie vorsichtig gießen, im Winter verlangen sie über 8 °C Wärme. Es sind insgesamt zehn Arten bekannt, eingeschlossen die zweifelhafte Gattung *Pseudoespostoa.* Vollständig weiß ist *E. lanata* (HBK) Br. et R., *E. mirabilis* Ritt. hat rote Mitteldornen, *E. melanostele* (Vpl.) Borg mit weniger dichten Haaren ist schnellwachsend.

Ferocactus Br. et. R.
Süden der USA, Mexiko, Kalifornien

Außer den Echinokakteen sind es die größten Kugelkakteen. Sie haben mächtige Rippen, starke Dornen, die oft hackenförmig gebogen und bis 10 mm breit sind. Sämlinge wachsen gut, größere Pflanzen vertragen alkalisches Substrat nicht. Unter entsprechenden Bedingungen, bei genug Licht und Luft, erreichen sie bald große Ausmaße. Es sind etwa 40 Arten bekannt. Am meisten werden die Arten mit geraden Dornen gehalten: *F. histrix* (DC.) Linds. (syn. *F. electracanthus* und *F. melocactiformis), F. glaucescens* (DC.) Br. et R. mit einem blau bereiften Körper und goldgelben Dornen; *F. pringlei* (Coult.) Br. et R. ist rot bedornt und hat weiße Haare. Aus der Gruppe der Ferokakteen mit hackenförmigen Dornen ist *F. latispinus* (Haw.) Br. et R. am bekanntesten. Es handelt sich um eine flache Art mit mächtigen Dornen. Auch alle anderen Angehörigen dieser Gattung sind sehr schön.

Frailea Br. et R.
Uruguay, Paraguay, Bolivien, Südbrasilien, Nordargentinien

Diese Gattung umfaßt ausgesprochene Miniaturkakteen. Die Körper sind verschiedenartig verfärbt, die Dornen kurz. Es blühen schon ganz kleine Pflanzen, aber die Blüten öffnen sich nur in voller Sonne. Sonst werden schon aus den Kospen direkt Früchte mit reifen Samen gebildet, ohne daß sich die Blüten öffnen (Kleistogamie). In der Mehrzahl sehr dankbare und beliebte Pflanzen. In letzter Zeit wurden viele Neuheiten, besonders in Paraguay und Südbolivien entdeckt, so daß die Zahl der beschriebenen Arten auf etwa 40 stieg. Die schönsten sind *F. cataphracta* (Dams.) Br. et R., grün mit halbmondartigen Zeichnungen unter den Areolen, *F. asteroides* Werd. und *F. castanea* Backebg., beide mit braunem Körper, ähnlich dem *Astrophytum asterias.*

Gymnocalycium Pfeiff.
Bolivien, Paraguay, Uruguay, Südbrasilien, Argentinien

Mittelgroße Kugelkakteen, einige Miniaturen. In Körperform und Epidermisfarbe sehr unterschiedlich. Alle sind blühwillig. Blüten sind groß. Dankbare Kulturpflanzen, sie vertragen auch einen weniger sonnigen Standort. Bei den Kakteenfreunden sind sie sehr beliebt. Es sind etwa 100 Arten bekannt. Man teilt sie nach der Samenform in fünf Untergattungen. Die Untergattung *Gymnocalycium* zeichnet sich durch große Samen aus. Hierher gehören *G. denudatum* (Lk. et O.) Pfeiff. mit anliegenden Dornen, *G. uruguayense* (Ar.) Br. et R. mit gelb und rosa Blüten, *G. fleischerianum* Backebg. und *G. paraguayense* (K. Sch.) Schütz haben weiße Blüten mit roter Mitte. *Ovatisemineum* Schütz als weitere Untergattung hat kugelige, schwarze Samen, die etwa 1 mm groß sind. Die am meisten verbreitete Art ist *G. gibbosum* (Haw.) Pfeiff. mit vielen Varietäten. Sie blüht weiß und ist sehr widerstandsfähig. *G. baldianum* Speg. hat schöne rote Blüten. Pflanzen aus der Untergattung *Microsemineum* Schütz haben sehr kleine Samen, die 1 mm im Durchmesser nicht erreichen. In diese Untergattung gehören viele Arten. Die bekannteste ist *G. saglionis* (Cels.) Br. et R., die größte von allen Gymnocalycien, mit elegant gebogenen Dornen; *G. multiflorum* (Hook.) Br. et R. und *G. monvillei* (Lem.) Br. et R. haben bernsteinfarbige Dornen, *G. weissianum* Backebg. und *G. nidulans* Backebg. sind lang bedornt; ferner die neueren *G. bicolor* Schütz mit steifen, zweifarbigen Dornen, *G. horridispinum* Frank mit langen, wild abstehenden Dornen. Die Untergattung *Muscosemineum* Schütz hat kleine, braune, wie mit Kakaostaub bepuderte Samen. Zu ihr gehören *G. mihanovichii* (Frič et Gürke) Br. et R., *G. friedrichii* (Werd.) Paz., *G. anizitsii* (K. Sch.) Br. et R., *G. damsii* (K. Sch.) Br. et R. und ferner *G. pungens* Fleischer mit langen abstehenden Dornen und das ziemlich große *G. megatae* Ito. In die letzte Untergattung *Trichomosemineum* gehören Gymnocalycien mit muschelförmigen Samen, die meist mit einem auffallenden Arillus versehen sind. Hierher gehören das bekannte *G. quehlianum* (Haage jr.) Berg., sehr flach und graugrün, ferner *G. asterium* Ito, *G. riojense* Paz., *G. occultum* Schütz, *G. moserianum* Schütz, *G. kozelskyanum* Schütz usw.

Haageocereus Backebg.
Peru

Überwiegend sehr schön bedornte, schlanke, gefärbte Säulen. Sie wirken besonders im Gewächshaus, wo man sie als schöne Farbgruppen aufstellen kann. Die Kultur ist nicht schwierig. Etwa 50 Arten und zahlreiche Varietäten sind bekannt.

Hamatocactus Br. et R.
Nordmexiko, Texas, Neu-Mexico

Mit der Gattung *Ferocactus* nahe verwandt. Es sind schöne, wüchsige und leicht blühende Pflanzen. Kultur wie bei den Ferokakteen. *H. setispinus* (Eng.) Br. et R. ist eine kleine, dankbare Pflanze. Blüten gelb, Blütenmitte rot. *H. hamatocanthus* (Mühlenfrd.) Knuth ist größer, die Dornen sind sehr lang, gelb und rot.

Helianthocereus Backebg.
Gehört zur Gattung *Trichocereus.*

Heliocereus (Berg.) Br. et R.
Mexiko, Guatemala

Diese strauchartigen Pflanzen blühen mit großen, farbigen Blüten. Sie werden wie Epiphyten kultiviert. *H. speciosus* (Cavan.) Br. et R. und *H. cinnabarinus* (Eichl.) Br. et R. werden oft mit *Epiphyllum* gekreuzt.

Homalocephala Br. et R.
Texas, Neu-Mexiko, Nordmexiko

Die einzige bekannte Art, *H. texensis* (Hopf.) Br. et R. ist eine scheibenförmige Pflanze, die bis zu 30 cm im Durchmesser erreicht. Die Kultur ist sehr anspruchsvoll, das Pfropfen wird empfohlen.

Horridocactus Backebg.
Chile

Die Berechtigung dieser Gattung wird von einigen Autoren bestritten und die Pflanzen den Gattungen *Pyrrhocactus* und *Neochilenia* angeordnet. Es sind alles mittelgroße, schön bedornte Kakteen. Die Kultur ist nicht einfach, sie werden meist gepfropft. Im Winter verlangen sie einen kalten und trockenen Standort.

Islaya Backebg.
Südperu

Mittelgroße, kurzsäulige Pflanzen mit zahlreichen steifen Dornen in verschiedenen Farben. Blüten sind überwiegend gelb, breit geöffnet. Die Blütenröhre ist kurz. Es wurden mehrere Arten beschrieben. Ziemlich bekannt sind *I. bicolor* Akers et Buin., *I. flavida* Ritt., *I. copiapoides* Rauh et Backebg., *I. minor* Backebg. In Kultur sehr schwierig.

Krainzia Backebg.
Mexiko

Den Mammillarien ähnliche Pflanzen mit Hackendornen und großen Blüten. Sie werden meist gepfropft kultiviert, da sie wurzelecht oft Schwierigkeiten machen. Es wurden zwei Arten beschrieben: *K. guelzowiana* (Werd.) mit dichten weißen Haaren und roten Mitteldornen und *K. longiflora* (Br. et R.) Backebg. mit ähnlichen weniger dichten Haaren, Blüten kleiner, rosa.

Leuchtenbergia Hook.
Mittel- und Nordmexiko

Die einzige Art, *L. principis* Hook. gehört zu den eigenartigsten Kakteen. Die Mamillen sind dünn, dreikantig und bis 10 cm lang. Die Areolen sitzen auf den Spitzen der Warzen und die Dornen sind lang, papierartig. Blüten sind groß, gelb. Kultur wie *Ariocarpus.*

Lobivia Br. et R.
Nordargentinien, Bolivien, Mittelperu

Kleinere Körper, die oft sprossen. Blüten in Form kurzer Trichter, die Röhre behaart. Sie wachsen wurzelecht gut, verlangen aber wie andere Gebirgskakteen frische Luft und niedrige Überwinterungstemperaturen. Es existieren über 100 Arten, die sich in Gestalt, Bedornung und Blütenform sehr unterscheiden. Die längsten Dornen hat *L. boliviensis* Br. et R. die schönsten Blüten mit dem sogenannten Hymen haben *L. jajoiana* Backebg., *L. nigrostoma* Krzgr. et Buin., *L. haageana* Backebg. und ferner alle Arten aus dem Formenkreis der *L. famatimensis* (Speg.) Br. et R.

Lophophora Coult.
Mittelmexiko, Südtexas

Kleine, abgeflachte, kugelige, graue, dornenlose Kakteen mit kleinen Blüten. Sie enthalten Alkaloide mit narkotischer Wirkung. Aus diesem Grund wurden sie von den Eingeborenen bei festlichen Anlässen verzehrt. Es wurden sieben Arten beschrieben. Am meisten wird *L. williamsii* (Lem. et SD.) Coult. kultiviert. Pflege wie bei *Ariocarpus.*

Loxanthocereus Backebg.
Peru

Von strauchartigem Wuchs, einzelne Äste sind dünne Säulen, manchmal auch kriechend. Charakteristisch ist die symmetrische (zygomorphe) Blüte, die sich am Tage breit öffnet. Sie blühen schon als verhältnismäßig junge Pflanzen, aber trotzdem sind sie in den Sammlungen nur selten vertreten. Sie verlangen wärmere Überwinterung und leichte Schattierung, wenn es zu heiß ist. Das langsame Wachstum kann durch Pfropfen beschleunigt werden. Von den 27 beschriebenen Arten kommen folgende öfter vor: *L. acanthurus* (Vpl.) Backebg., der ähnliche *L. eriotrichus* (Werd. et Backebg.) Backebg. und der kriechende *L. gracilis* (Ackers et Buin.) Backebg.

Mammillaria Haw.
Süden der USA, Mexiko, bis Venezuela und Kolumbien

Mammillarien haben keine Rippen, die Körperoberfläche ist in Warzen (Mamillen) zerlegt. Blüten entspringen aus den Achseln zwischen den Mamillen (Axillen) und zwar in mehreren Kreisen nahe dem Scheitel. Sie sind nicht groß, aber in der Regel sehr zahlreich. Früchte sind glatt, ohne Schuppen und chlorophyllos. Sie reifen innerhalb des Körpers und erst wenn sie reif sind, werden sie ausgestülpt und erscheinen auf der Oberfläche. In den Sammlungen wachsen diese Arten meist gut und sind mit Recht bei den Kakteenfreunden beliebt. Sie brauchen volle Sonne und ausgiebige Lüftung. Über 300 Arten wurden beschrieben, und es werden immer wieder Neuentdekkungen gemeldet. Sehr praktisch ist die Aufteilung in Gruppen von äußerlich ähnlichen Arten. Und so unterscheidet man grüne Mammillarien, z. B. *M. centricirrha* Lem., *M. carnea* Zucc., *M. karwinskiana* Mart., farbige Mammillarien, *z. B. M. rhodantha* Lk. et O., *M. pringlei* (Coult.) Brand., *M. spinosissima* Lem., weiße Mammillarien, z. B. *M. elegans* DC., *M. plumosa* Web., *M. hahniana* Werd., hackenstachelige Mammillarien, z. B. *M. bocasana* Pos., *M. bombycina* Quehl, *M. moelleriana* Böd. u. a. m. Es sind auch einige Miniaturen bekannt. Die schönsten und seltensten Arten sind *M. herrerae* Werd., *M. lasiacan-*

tha Eng., *M. albicoma* Böd. Besonders geschätzt sind die großblütigen *M. saboae* Glass, *M. theresae* Cutak und *M. goldii* G. et Fos.

Matucana Br. et R.
Peru

Schöne, im Alter säulenförmige Kakteen aus Gebirgslagen. Alle haben symmetrische (zygomorphe) Blüten. Es wurden 13 Arten beschrieben. Viele andere werden vorläufig mit Feldnummern bezeichnet. Am meisten ist die rotblühende *M. haynei* (O.) Br. et R. bekannt.

Mediolobivia Backebg.
Nordargentinien (Salta, Jujuy)

Kleine, im Habitus den Rebutien ähnliche Pflanzen, während die Blüten in ihrer Bauart denen der Lobivien gleichen. In dieser Gattung sind die früheren Gattungen *Pygmaeolobivia* Backebg., *Digitorebutia* Frič und *Cylindrorebutia* Frič vereinigt. Sie wachsen im allgemeinen gut. Nach kühler Überwinterung blühen sie im Frühjahr sehr reichlich. Gepfropfte Pflanzen erreichen größere Ausmaße und bringen eine Menge Blüten. Es wurden mehr als 20 Arten beschrieben. *M. aureiflora* Backebg. mit einigen schönen Varietäten blüht goldgelb, weitere dankbare Arten sind *M. euanthema* (Backebg.) Krainz mit roten Blüten und die sehr ähnliche *M. pectinifera* Backebg. mit Varietäten. Die seinerzeit von A. V. Frič eingeführten *M. einsteinii, M. steineckei, M. karreri* und *M. rubriviridis* gehören zu den größten Seltenheiten und werden noch oft unter dem Gattungsnamen *Cylindrorebutia* geführt.

Melocactus Lk. et O.
Mexiko, Guatemala, Westindische Inseln, Brasilien, Venezuela, Peru

Diese Pflanzen haben schon bei den Entdeckern von Amerika

Bewunderung hervorgerufen. Die Melokakteen sind sehr auffällig, da sie Cephalien bilden. In entsprechendem Alter stellt der Körper das Wachstum ein und aus dem Scheitel entwickelt sich eine filzartige Scheibe, das Cephalium. Es ist nicht bedornt und aus ihm entspringen nur kleine, den Mammillarien ähnliche Blüten. Die Melokakteen gehören zu den schwierig zu kultivierenden Kakteen. Einige binnenländische Arten gedeihen gut, wenn sie im Sommer feuchte Wärme haben. Alle Arten verlangen eine warme Überwinterung. Ausgiebiges Gießen und eine gute Ernährung in der Vegetationszeit fördern ein schnelles Wachstum, so daß die Pflanzen schon im achten bis zehnten Lebensjahr Cephalien bilden. Es werden immer neue Arten entdeckt. Die Melokakteen sind beliebt, da sie sehr attraktiv sind. Von den älteren Arten ist *M. oreas* Miq. mit langen Dornen immer begehrt. Von den neuen sind *M. azureus* Buin. et Bred., *M. concinnus* Buin., *M. uebelmannianus* n. n. mit bis 15 cm langen Dornen besonders schön. Sehr dankbar ist *M. breederoianus* Buin., der schon als kleine Pflanze ein Cephalium ausbildet.

Monvillea Br. et R.
Ostbrasilien, Venezuela, Ecuador, Peru, Nordargentinien, Paraguay

Eine nicht besonders auffällige Gattung. Die Äste sind schwach, manchmal kriechend oder strauchartig angeordnet. Sie wachsen üppig, aber werden nicht sehr oft kultiviert. Von den 16 Arten sind *M. cavendishii* (Monv.) Br. et R. und die *M. spegazzinii* (Web.) Br. et R. mit marmorierten Trieben am bekanntesten. Bei guter Pflege blühen sie bald.

Myrtillocactus Cons.
Mexiko, Guatemala

Sträucher bis niedrige Bäume, deren Kronen von vielen Ästen gebildet werden. Blüten sind klein, weiß. Aus einer Areole können mehrere Knospen austreiben. Die Früchte sind klein, sehen aus wie größere Heidelbeeren und sind eßbar. Es wurden vier Arten beschrieben. Oft gehalten wird *M. geometrizans* (Mart.) Cons., weil die Sämlinge gut wachsen und blau bereift sind. Die Japaner pfropfen auf *M. geometrizans* die rote Form von *Gymnocalycium friedrichii.* Diese Art verträgt keine allzu niedrigen Temperaturen im Winter.

Navajoa Croiz.
Arizona

Kleine, in Sammlungen früher unbekannte Pflanzen. Von anderen Kakteen unterscheiden sie sich durch ihre korkartige Dornenstruktur. zwei Arten wurden beschrieben: *N. peeblesiana* Croiz. mit kürzeren, weißen Dornen und *N. fickeiseni* Backebg. mit 35 mm langen, ebenfalls weißen Dornen. Beide Arten werden meist auf *Trichocereus pasacana* gepfropft. Sie vermehren sich leicht durch Sprosse, aber trotzdem sind sie selten, da sie sehr gefragt sind.

Neobesseya Br. et R.
Texas, Oklahoma, Montana, Neu-Mexiko, Colorado, Kansas

Vielköpfige, polsterbildende Pflanzen, die den Coryphanthen sehr nahestehen. Unterscheiden sich durch rote Früchte und schwarze Samen. Im Sommer gedeihen sie am besten im Freien, sind aber vor Dauerregen zu schützen. Nach dem Abblühen gießt man sie nur mäßig. In Europa haben sie manchmal sogar strenge Fröste überstanden. Es sind sechs Arten bekannt, die sich gegenseitig sehr ähneln. Wegen der schwierigen Kultur sind sie sehr selten. *N. missouriensis* (Sweet.) Br. et R. ist öfter in Sammlungen zu finden.

Neobuxbaumia Backebg.
Mexiko

In der Natur mächtige Säulen, die oft in großen Mengen vorkommen. Es sind vier Arten bekannt, von denen *N. polylopha* (DC.) Backebg. am besten gedeiht, besonders wenn sie im Gewächshaus frei ausgepflanzt wird. Sie verlangt eine wärmere Überwinterung. *N. tetetzo* (Web.) Backebg. wird in ihrer Heimat bis 15 m hoch.

Neochilenia Backebg.
Chile

Mittelgroße Pflanzen mit Blüten in verschiedenen Farben. Die Blütenröhre ist behaart oder mit watteartigem Belag besetzt. Backeberg zählt zu dieser Gattung auch Pflanzen, die als Chileorebutien geführt wurden. Die echten Neochilenien sind *N. jussieui* (Monv.) Backebg., *N. fusca* (Mühlpfg.) Backebg. und *N. hankeana* (Först.) Dölz. Schön blaugrau bereift ist *N. paucicostata* (Ritt.) Backebg. Sie wachsen am besten gepfropft und verlangen einen mäßig beschatteten Standort.

Neogomesia Cast.
Mexiko (Tamaulipas)

Die einzige Art *N. agavoides* Cast. gehört zur Verwandschaft von *Ariocarpus* und wird wie dieser kultiviert.

Neolloidia Br. et R.
Mexiko, Texas

Verwandt mit *Coryphantha.* Blüten aus dem Scheitel in verschiedenen Farben. Körper sind mehr zylindrisch, einige wachsen rasenförmig. Die Frucht trocknet aus und ist mit einer papierartigen Haut überzogen. Die Samen sind mattschwarz. *Neolloidia* wächst gut, wenn auf Echinopsis gepfropft oder noch besser auf *Trichocereus schickendantzii.* Allzu üppige Unterlagen vertragen sie auf Dauer nicht. Es sind acht Arten bekannt. Die am meisten gefragten sind *N. ceratites* (Quehl) Br. et R., *N. conoidea* (DC.) Br. et R. und *N. grandiflora* (O.) Berg. Sehr unterschiedlich ist *N. odorata* (Böd.) Backebg., früher als eigene Gattung *Cumarinia* Knuth geführt. Sie hat eine andersartige Frucht und die vier Mitteldornen sind hackenförmig.

Neoporteria Br. et R.
Chile

Kugelförmige, später säulenförmige Pflanzen mit charakteristischen, immer roten, ziemlich langen Blüten mit schlanker Blütenröhre. Die Blüten sind bei einzelnen Arten nur wenig unterschiedlich. Neoporterien vertragen eine kühle Überwinterung. Einige blühen im Herbst bis Spätherbst. Es sind etwa 20 Arten bekannt, manche sind sehr schön. Als schönste wird *N. gerocephala* Ito angesehen, bekannt auch unter dem Namen *N. senilis* (Phil.) Backebg. Sie ist in weiche, weiße Haare eingehüllt. Sehr nahe verwandt ist *N. multicolor* mit dichten Haaren in verschiedenen Farben von rein weiß über gelb bis fast schwarz.

Notocactus (K. Sch.) Berg.
Uruguay, Paraguay, Südbrasilien, Argentinien

Eine sehr beliebte und bekannte Gattung. Die meisten Arten zeichnen sich durch große, gelbe Blüten mit roten Narben aus. Die Kultur ist ziemlich leicht. Im Frühjahr dürfen sie nicht allzu sehr austrocknen. Diese Gattung wurde in neuerer Zeit um viele Neuentdeckungen bereichert, so daß die Zahl der Arten und Varietäten mehr als 150 beträgt. Die bekannteste Art ist *N. ottonis* (Lehm.) Berg. mit mehr als 40 Varietäten. Sehr geschätzt ist der rotblühende *N. ottonis* var. *vencluianus* Schütz. Die schönste Art ist *N. scopa* (Spreng.) Berg. mit verschiedenfarbigen Formen. Die Blüten sind kleiner, gelb. Rosa Blüten hat *N. rutilans* Dän. et Krainz., eine Miniaturpflanze. Die größte Art ist *N. herteri* Werd., sie erreicht bis 15 cm im Durchmesser und blüht rot. Von den neueren Arten ist *N. uebelmannianus* Buin. besonders interessant. Blüht ebenfalls rot.

Obregonia Frič
Mexiko (Tamaulipas)

Monotypische Gattung mit der einzigen Art *O. denegrii* Frič. Sehr charakteristisch sind die Warzen, die wie Zapfenschuppen aussehen.

Eine Rarität, die in den Sammlungen nur selten vertreten ist. *Obregonia* verlangt eine durchlässige Erdmischung und Schattierung vor direkter Sonne. Wenn sie starker Sonnenbestrahlung ausgesetzt wird, wird die Epidermis braun und die Pflanze stirbt langsam ab. Diese Art gehört zu den bedeutendsten Entdeckungen von A. V. Frič.

Opuntia (Tournef.) Mill.
Kanada bis Patagonien

Die Opuntien besiedeln von allen Kakteen das größte Gebiet. Die Äste setzen sich aus Gliedern zusammen, die meist flach sind. Im Querschnitt kreisförmige Glieder haben die verwandten Gattungen *Austrocylindroopuntia* Backebg., *Cylindroopuntia* (Eng.) Knuth und *Tephrocactus* Lem. Es existieren noch weitere verwandte Gattungen. Die Opuntien erreichen meist größere Ausmaße, sie wachsen sehr schnell und sind für Sammlungen weniger geeignet. Eine der schönsten ist *O. robusta* Wend. Ihre blauen, bereiften, runden Glieder erreichen bis zu 25 cm im Durchmesser. Sehr beliebt ist *O. microdasys* (Lehm) Pfeiff. Sie wächst gedrungener und hat verschiedenfarbige Glochiden. Für kleinere Sammlungen eignen sich einige Arten von *Tephrocactus* Lem. Sie haben kugelförmige Glieder und interessante Dornen. Besonders dankbar sind sie, wenn sie auf andere Opuntien gepfropft wurden. Von den vielen Opuntienarten sind einige winterhart, so daß man sie im Steingarten halten kann. Es sind *O. humifusa* Raf., die auch unter dem Namen *O. rafinesquei* Eng. verbreitet ist, ferner *O. rhodantha* K. Sch., *O. fragilis* (Nutt.) Haw.

Oreocereus (Berg.) Ricc.
Nordargentinien, Bolivien, Peru

Wächst cereoid, bildet reich verzweigte Sträucher, die 1 m oder noch höher sind. Die Äste werden bis 12 cm im Durchmesser. Die größte Zierde sind die langen, weißen Haare, aus denen die farbigen Dornen hervorragen. Sie wachsen gut wurzelecht oder gepfropft, wenn man berücksichtigt, daß es Gebirgspflanzen sind, die viel frische Luft verlangen. Das Substrat soll nahrhaft sein. Bei falscher Kultur entstehen auf der Epidermis unschöne braune Flecken. Die bekanntesten Arten Sind *O. neocelsianus* Backebg. mit goldgelben odet roten Dornen und *O. trollii* (Kupp.) Backebg. aus dem Hochgebirge bis 3500 m, vollständig in feine seidige Fäden eingehüllt. *O. hendriksenianus* Backebg. und *O. fossulatus* (Lab.) Backebg. sind schlanker. Ersterer hat dunkelbraune bis schwarze Scheitelwolle. Alle Arten zeichnen sich durch außerordentliche Variabilität aus. Eine Spezialsammlung verschiedener Formen ist sehr interessant.

Oroya Br. et R.
Peru

Kugelkakteen, die durch ihre anliegenden Dornen sehr attraktiv wirken. Die scheitelständigen Blüten sind klein und nackt, orange und rot und sehen aus wie aus Wachs. Es sind sechs Arten bekannt, die alle in hohen Hochgebirgslagen wachsen. *O. neoperuviana* Backebg. kommt in einer Seehöhe von 5000 m vor. Auf eigenen Wurzeln wächst sie ziemlich langsam, Pfropfen ist angebracht. Sie blüht zwar selten, trotzdem ist sie in den Sammlungen sehr geschätzt.

Pachycereus (Berg.) Br. et R.
Nord- und Mittelmexiko

Monumentale, zuerst säulenförmige, später reich verzweigte Bäume, 10 m hoch und höher. Es werden Samen von sieben Arten angeboten, die Sämlinge sind jedoch sehr ähnlich. Sie wachsen zunächst gut, später fehlt ihnen in der Sammlung der Raum zur weiteren Entwicklung.

Parodia Speg.
Südbolivien, Nordargentinien, Paraguay, Süd- und Mittelbrasilien

Sie gehören in die Verwandschaft der Notokakteen, aber ihre Samen sind viel kleiner und die Früchte im reifen Zustand mit einer dünnen

Haut überzogen. Es sind über 200 Arten bekannt und alljährlich erscheinen weitere Neuheiten. Alle Parodien sind mit weißen oder farbigen Dornen verziert. Sie blühen reich und in verschiedenen Farbabstufungen von gelb bis rot. Diese Gattung wird in zwei Untergattungen aufgeteilt. In die Untergattung *Protoparodia* Buxb. gehören Pflanzen mit größeren, schwarzen Samen. Strittig ist die Stellung der brasilianischen Arten, die in ihrem Habitus den Parodien gleichen, während ihre Samen denen von *Notocactus* entsprechen. Sie werden entweder zu den Notokakteen gestellt oder in eine eigene Gattung *Brasiliparodia* Ritt. Die schönsten roten Blüten hat *P. sanguiniflora* Frič, die längsten Dornen, bis 15 cm lang, entwickelt *P. maxima* Ritt.

Pediocactus Br. et R.
USA (Colorado, Montana, Neu-Mexiko, Idaho)

Kugelförmige, später etwas verlängerte Pflanzen, die in ihren Heimatländern sehr starken Frösten ausgesetzt sind. *P. simpsonii* (Eng.) Br. et R. sieht auf den ersten Blick wie eine *Mammillaria* aus. In der Kultur sehr heikel. Der in neuerer Zeit beschriebene *P. knowltonii* L. Bens. aus Colorado ist eine Miniaturpflanze. Gedeiht besser und ist in den Sammlungen weit verbreitet.

Peireskia (Plum.) Mill.
Tropisches Amerika

Das Aussehen wie belaubte Sträucher: Wird als Unterlage für *Zygocactus* usw. verwendet.

Peireskiopsis Br. et R.
Mexiko, Guatemala

Im Habitus den Peireskien ähnlich, aber sie gehört in die Unterfamilie Opuntioideae. Die *Peireskiopsis*–Arten sind noch belaubt, der Wuchs ist strauchartig. *P. velutina* Rose und *P. spathulata* (O.) Br. et R. finden

Verwendung als Pfropfunterlagen für kleine Keimlinge, da sie das Wachstum sehr beschleunigen.

Pelecyphora Ehrenbg.
Mexiko

Kleine Pflanzen, deren Warzen wie von beiden Seiten zusammengedrückt aussehen, so daß die Areolen lang und eng werden. Die Dornen sind kammartig gestellt. Der Körper ist außerordentlich hart. Die Kultur ist schwierig, nur für erfahrene Züchter. Es sind zwei Arten bekannt: *P. asseliformis* Ehrenbg., deren Dornen so angeordnet sind, daß sie wie eine Kellerassel aussehen. *P. pseudopectinata* Backebg. hat ebenfalls pektinate Dornen, aber sie sind nicht so dicht aneinander angeordnet. Beide Arten gehören zu den eigenartigsten Kakteen.

Pilosocereus Byl. et Rowl.
Mexiko bis Nordperu, Mittelbrasilien

Säulenförmige Kakteen, die in der Blütenzone mehr oder weniger dichte Watte entwickeln. Die Blüte ist glockenförmig. Pflanzen verlangen warme Überwinterung und im Sommer Gewächshausklima. Die Erde soll nahrhaft und durchlässig sein. Es sind etwa 60 Arten bekannt. Am schönsten sind die Arten, deren Areolen auch außerhalb der Blütenzone wollig sind. Die schönste Art ist *P. palmeri* (Rose) Byl. et Rowl.

Pseudolobivia Backebg.
Nordargentinien, Bolivien

Diese Gebirgsarten sind in ihrem Körper den Lobivien sehr ähnlich, aber die Blüten haben die Bauart der Echinopsis-Blüten. Die Kultur ist wie bei *Lobivia.* Etwa 25 Arten sind bekannt. *P. ancistrophora* (Speg.) Backebg. blüht weiß, *P. aurea* (Br. et R.) Backebg. goldgelb, *P.*

kermesina Krainz. matt karminrot. Die längsten Dornen, bis 15 cm lang, hat *P. ducis paulii* (Frič) Krainz. Von den neueren Entdeckungen ist *P. pojoensis* Rausch besonders dankbar. Sie blüht vom Frühjahr bis Herbst mit roten Blüten.

Pyrrhocactus Berg.
Westargentinien

Kugelförmige bis zylindrische, dicht bedornte Kakteen. Der Fruchtknoten und die Blütenröhre sind mit Filz bedeckt. Meist werden sie gepfropft kultiviert und auch dann wachsen sie nur langsam. Im Sommer verlangen sie Schutz vor heißer Sonne und ausgiebigem Lüften. Die längsten Dornen hat *P. strausianus* (K. Sch.) Berg. Die Dornen sind steif und die Pflanze wird dicht umhüllt. Schön ist auch *P. catamarcensis* (Veb.) Backebg. mit elegant gebogenen, biegsamen Dornen. Die schönste und gleichzeitig die heikelste Art sit *P. umadeave* Frič. *P. subaianus* Backebg. ist noch selten.

Rebutia K. Sch.
Nordargentinien, Bolivien

Kleinere, kugelige bis abgeflachte Pflanzen, die aus den Seitenareolen blühen. Der Körper ist weichfleischig, flach gehöckert, die Dornen sind kurz und weich. Es sind Gebirgspflanzen, die auf absonnigen Felsen wachsen, wo sie oft vielköpfige Kolonien bilden. Sie sind sehr dankbar und in den Sammlungen reichlich vertreten. Auch einen weniger sonnigen Standort vertragen sie gut. Der heißen Sommersonne kann man sie nur in höheren Lagen aussetzen, ansonsten müssen sie beschattet werden. Viele Arten und Varietäten sind bekannt. Die am meisten bekannte ist *R. minuscula* K. sch. mit roten Blüten und die größere, gelb blühende *R. marsoneri* Backebg.

Rhipsalidopsis Br. et R.
Südbrasilien

Epiphytische Pflanzen mit den Arten *R. rosea* (Lag.) Br. et R., *R. gaertneri* (Regel) Lindgr. und den Hybriden *R. x graeseri* (Werderm.) Moran. schen wie *Zygocactus* aus, aber die Glieder sind kleiner. Es existieren viele verschiedenfarbige Hybriden. *Rhipsalidopsis rosea* blüht nur dann, wenn sie im Winter drei Monate lang in Wachstumsruhe bei 10 °C gehalten wurde. Wächst auch wurzelecht gut, aber oft wird sie auf *Peireskia* gepfropft.

Rhipsalis Gaertn.
Tropisches Amerika, Afrika, Ceylon, Madagaskar

Mit den Gattungen *Hatiora* Br. et R. und *Lepismium* Pfeiff. bildet *Rhipsalis* eine Gruppe von epiphytischen Kakteen, die am besten in Pflanzvitrinen gehalten werden.

Rodentiophila Ritt.
Chile (Atacama)

Verwandt mit der Gattung *Eriosyce.* Es werden vier Arten angeführt. In den Sammlungen findet man nur *R. atacamensis* Ritt. und auch diese Art nur selten. Es ist eine hartfleischige Pflanze, dicht mit steifen, hellen Dornen besetzt.

Sclerocactus Br. et R.
Arizona, Utah, Colorado

Sehr schön bedornte Pflanzen, aber äußert schwierg zu halten. Sie bleiben in einer Sammlung nur selten längere Zeit am Leben. Man pflanzt sie in Kies und gießt sehr spärlich. Sechs Arten wurden beschrieben. Die schönste ist *S. polyancistrus* (Eng. et Big.) Br. et R. Auch *S. whiplei* (Eng. et Big.) und *S. intermedius* Peebl. kommen manchmal vor.

Selenicereus (Berg.) Br. et R.
Tropisches Amerika

Kletterpflanzen mit langen, schlanken, vier- und mehrrippigen Ästen. Sie bilden Luftwurzeln, mit denen sie sich auf den Bäumen oder anderen Stützen verankern. Blüten sind groß, bis 30 cm breit und 25 cm lang. Von den etwa 30 Arten ist *S. grandiflorus* (L.) Br. et R. die uns am meisten bekannte. Man nennt sie auch „Königin der Nacht". Auch viele Kreuzungen sind in den Sammlungen vertreten. Alle *Selenicereus*—Arten sind Nachtblüher und verlangen eine warme Überwinterung.

Soehrensia Backebg.
Argentinien

Der Blüte nach mit den Lobivien verwandt, aber die Körper sind groß, kugelförmig bis kurz zylindrisch. Pflege wie bei Lobivien. Sehr schöne Pflanzen sind *S. bruchii* (Br. et R.) Backebg. und *S. formosa* (Pfeiff.) Backebg. mit langen, schön gefärbten Dornen.

Solisia Br. et R.
Mexiko (Puebla bis Oaxaca)

Die einzige Art *S. pectinata* (B. Stein) Br. et R. ist im Habitus der *Pelecyphora pseudopectinata* sehr ähnlich, aber die Blüten entspringen nicht aus dem Scheitel, sondern aus den Seiten des Körpers. Eine schöne, aber heikle Art. Noch am besten gedeihen sie gepfropft auf *Eriocereus jusbertii.* Vorsicht vor der Roten Spinne!

Spegazzinia Backebg.

Wird unter dem Namen *Weingartia* Werd. geführt

Strombocactus Br. et R.
Mittelmexiko

Monotypische Gattung mit einziger Art *S. disciformis* (DC.) Br. et R. Flache, graugrüne Pflanzen. Die spiralig verlaufenden Rippen sind in kleine Warzen zerlegt. Blüten entspringen aus dem Scheitel. Die Art zeichnet sich durch außerordentlich feine Samen aus. Nicht besonders empfindlich, aber nur für erfahrenere Liebhaber geeignete Art. Sie wird meist gepfropft gehalten.

Submatucana Backebg.
Peru

Diese Kakteen stehen der Gattung *Matucana* sehr nahe, aber die Blütentöhre ist behaart und die Blüten sind symmetrisch (zygomorph). Es wurden etwa zehn Arten beschrieben. Die Pflege ist nicht schwierig.

Sulcorebutia Backebg.
Bolivien

Die Blüten sind ähnlich wie bei Rebutien, aber der Körper entspricht eher den Lobivien. Die Dornen sind viel stärker als bei den Rebutien. Lange war nur *S. steinbachii* (Werd.) Backebg. als einzige Art bekannt, aber in neuerer Zeit wurden viele weitere Arten eingeführt. Derzeit sind etwa 30 bekannt. Die schönsten sind *S. arenacea* (Card.) Ritt. und *S. rauschii* Frank, beide noch immer ziemlich selten. Gelb blühen *S. kruegeri* (Card.) Ritt. und *S. candiae* (Card.) Backebg., während die *S. tiraquensis* (Card.) Backebg. und *S. hoffmanniana* Backebg. tiefviolette Blüten haben. *S. canigueralii* (Card.) Backebg. blüht zweifarbig, orange und rot. Sulcorebutien werden wie Rebutien gehalten, sie gedeihen wurzelecht recht gut. Sie werden besonders auch von den Kakteenfreunden geschätzt, denen nur das Zimmerfenster als Standort zur Verfügung steht.

Thelocactus Br. et R.
Mittel- und Nordmexiko, Texas

Flache, kugelförmige bis kurz zylindrische Pflanzen, deren Rippen durch Querfurchen in Höcker oder Mamillen zerlegt sind. Von der Areole zieht sich nach oben eine Rille, an deren Ende sich die Blüte entwickelt. Von den Coryphanthen unterscheiden sie sich hauptsächlich durch den beschuppten Fruchtknoten und durch die Frucht. Sie verlangen volle Sonne und eine gut durchlässige Erdmischung. In Hydrokultur wachsen sie gut mit Ziegelsplitt als Substrat. Als Unterlage haben sich *Echinopsis* und *Eriocereus jusbertii* bewährt. Etwa 20 Arten sind bekannt. Sehr schöne graue oder blaue, bereifte Körper und lange Dornen haben *T. fossulatus* (Scheidw.) Br. et R., *T. nidulans* (Quehl) Br. et R. und *T. lophothele* (SD.) Br. et R. Prächtige, seidenglänzende Blüten hat *T. bicolor* (Gal.) Br. et R. mit Varietäten. Sehr satte Farben hat auch die Zwergart *T. schwarzii* Backebg.

Thrixanthocereus Backebg.
Nordperu

Der Gattung *Espostoa* sehr ähnlich, unterscheidet sich hauptsächlich durch andersartige Cephalien. Die Arten *T. blossfeldiorum* (Werd.) Backebg. und *T. senilis* Ritt. gehören zu den schönsten Säulenkakteen. Sie werden gepfropft und warm überwintert.

Toumeya Br. et R.
Neu-Mexiko, Nordarizona

Die Art *T. papyracantha* (Eng.) Br. et R. ist eine Miniaturpflanze mit flachen, papierartigen biegsamen Dornen. Gedeiht am besten, wenn sie auf weichfleischige Unterlagen gepfropft wurde, z. B. *Trichocereus schickendantzii, Echinocereus,* im Sommer im Freien in voller Sonne und im Winter sehr kühl. Sie verträgt zwar Frost, kann aber nicht den ganzen Winter im Freien durchhalten.

Trichocereus (Berg.) Ricc.
Mittelargentinien, Chile bis Ecuador

Säulenförmige, schnell wachsende Arten, deren große Blüten sich nachts öffnen. *T. spachianus* (Lem.) Ricc., *T. macrogonus* (SD.) Ricc., *T. pachanoi* Br. et R. und *T. schickendantzii* (Web.) Br. et R. sind bekannte Unterlagen. *T. pasacana* (Web.) Br. et R. und *T. terscheckii* (Parm.) Br. et R. bilden mächtige Säulen. Die schönste Art ist *T. chilensis* (Colla) Br. et R. Die langdornige Varietät *T. chilensis* var. *zizkaanus* wurde von B. Roezl eingeführt und von dem Prager Kakteenfreund Seitz benannt. Insgesamt sind etwa 30 Arten bekannt.

Turbinicarpus Buxb. et Backebg.
Mittelmexiko

Der Gattung *Toumeya* sehr ähnlich, von manchen Autoren in diese eingeordnet. Es sind kleine, schöne Pflanzen, meist gepfropft kultiwiert und bei den Sammlern sehr beliebt. Von den acht Arten ist *T. schmiedickeanus* (Böd.) Buxb. et Backebg. am meisten bekannt.

Uebelmannia Buin.
Brasilien (Minas Gerais)

Neuere Gattung, beschrieben im Jahr 1967. Die ganze Körperoberfläche ist von kleinen warzenartigen Auswüchsen bedeckt. Bei der schönsten Art *U. pectinifera* Buin. sind diese Auswüchse mit weißem, wachsartigem Belag bedeckt. Einige Arten wie *U. gummifera* (Backebg. et Voll.) Buin., scheiden, wenn sie durchgeschnitten werden, einen milchartigen Saft aus. Man hält sie in einem Substat von pH 5 bis 6. Im Winter verlangen sie mindestens 10 °C.

Utahia Br. et R.
Nordarizona

Die einzige Art *U. sileri* (Eng.) Br. et R. wächst in der Natur auf verwittertem Gipsgestein. Außerordentlich heikel. Als relativ bestes Substrat hat sich Ziegelsplitt mit Zugabe von etwa 5 % Gips bewährt. Minimale Wassergaben in großen Zeitabständen sind Voraussetzungen für eine erfolgreiche Kultur.

Weingartia Werd.
Bolivien, Nordargentinien

Kugelkakteen, die oft und sehr reichlich blühen. Die Blütenröhre ist kurz und nackt. Am besten bekannt ist *W. neocumingii* Backebg., blüht gelb bis orange. Die Arten *W. fidaiana* (Backebg.) Werd. und *W. neumanniana* (Backebg.) Werd. wachsen in die Höhe. Es wurden auch weitere Arten beschrieben, so daß deren Anzahl auf 15 gestiegen ist.

Wigginsia A. M. Porter
Brasilien, Uruguay, Artentinien

Wigginsia ist ein anderer Name für die bekannte Gattung *Malacocarpus* SD. Die ursprüngliche Benennung stammt aus dem Jahr 1849. Es hat sich aber gezeigt, daß dieser Name schon früher verwendet wurde, so daß die Gattung umbenannt werden mußte. Es sind kugelförmige, meist einzeln wachsende Kakteen, deren Scheitel mit dichter Wolle bedeckt ist. Aus den Scheitelareolen entspringen gelbe, tellerartige Blüten. Alle Wigginsien sind dankbare Pflanzen, sie verlangen etwas Schutz vor zu heißer Sonne. Im Winter vertragen sie niedrige Temperaturen, aber sollten nicht allzu sehr austrocknen. Etwa zwölf Arten wurden beschrieben, in neuerer Zeit wurden weitere Arten entdeckt.

Wilcoxia Br. et R.
Texas, Nord- und Mittelmexiko, Halbinsel Kalifornien

Kleinere Sträucher bildend. Wenn auf *Opuntia* gepfropft, blühen sie reich mit verhältnismäßig großen Blüten. Acht Arten sind bekannt. Sie werden nur wenig gehalten, am meisten noch *W. schmollii* (Wgt.) Backebg. mit satt rosa Blüten. Die Wilcoxien sind mit der Gattung *Echinocereus* verwandt, zu der sie früher gezählt wurden.

Zygocactus K. Sch.
Brasilien

Der bekannte Weihnachtskaktus, wurde auch unter dem unrichtigen Namen *Epiphyllum* geführt. Es sind kleine Sträucher mit flachen Gliedern, aus deren Enden die Blüten entspringen. *Z. truncatus* (Haw.) K. Sch. blüht im Winter. Mehrere Kultivare sind bekannt, die in verschiedenen Farben blühen. Sie wachsen wurzelecht gut, werden aber oft gepfropft, so daß schöne Kronenbäumchen entstehen. Es sind sehr dankbare, unseren Bedingungen angepaßte Pflanzen, die häufig hinter Zimmerfenstern gehalten werden. Die Kultur erfolgt wie im Abschnitt über Epiphyten beschrieben wurde.

LITERATUR

Backeberg C., Die Cactaceae, Jena 1958 bis 1962
Backeberg C., Das Kakteenlexikon, Jena 1966
Berger A., Kakteen, Stuttgart 1929
Berger A., Entwicklungslinien der Kakteen, Jena 1926
Buxbaum F., Kakteenpflege biologisch richtig, Stuttgart 1959
Haage W., Freude mit Kakteen, Radebeul 1945
Hecht H., Fortschritte der Kakteen- und Sukkulentenkunde, München 1965
Krainz H., Die Kakteen, Stuttgart 1957 bis 1970
Pažout F., Valníček J. Šubík R., Kaktusy, Praha 1960
Werdermann E., Meine Kakteen, Berlin 1937

REGISTER DER KAKTEENNAMEN

Seitenzahlen mit Sternchen* verweisen auf Abbildungen

SACHREGISTER

Seitenzahlen mit Sternchen* verweisen auf Abbildungen